2019 年版 全国二级造价工程师职业资格考试辅导

建设工程造价管理基础知识
应试指南与模拟试题

马　楠　柳　锋　卫赵斌　主编

江苏凤凰科学技术出版社

图书在版编目（CIP）数据

建设工程造价管理基础知识应试指南与模拟试题/马楠，柳锋，卫赵斌主编．—南京：江苏凤凰科学技术出版社，2019.4

2019年版全国二级造价工程师职业资格考试辅导

ISBN 978-7-5713-0258-0

Ⅰ.①建…　Ⅱ.①马…　②柳…　③卫…　Ⅲ.①建筑造价管理—资格考试—自学参考资料　Ⅳ.①TU723.3

中国版本图书馆CIP数据核字（2019）第065126号

2019年版全国二级造价工程师职业资格考试辅导

建设工程造价管理基础知识应试指南与模拟试题

主　　编	马　楠　柳　锋　卫赵斌
项目策划	凤凰空间/杨　易
责任编辑	刘屹立　　赵　研
特约编辑	杨　易
出版发行	江苏凤凰科学技术出版社
出版社地址	南京市湖南路1号A楼，邮编：210009
出版社网址	http://www.pspress.cn
总　经　销	天津凤凰空间文化传媒有限公司
总经销网址	http://www.ifengspace.cn
印　　刷	固安县京平诚乾印刷有限公司
开　　本	787mm×1092mm　1/16
印　　张	16
版　　次	2019年4月第1版
印　　次	2019年4月第1次印刷
标准书号	ISBN 978-7-5713-0258-0
定　　价	70.00元

前　言

根据中华人民共和国人力资源社会保障部《关于公布国家职业资格目录的通知》（人社部发〔2017〕68号），住房城乡建设部、交通运输部、水利部、人力资源社会保障部联合印发了《造价工程师职业资格制度规定》和《造价工程师职业资格考试实施办法》（建人〔2018〕67号），对我国造价工程师考试制度做出了重大调整，将原来的造价工程师分为一级造价工程师和二级造价工程师。为此，住房和城乡建设部、交通运输部、水利部组织有关专家制定了2019年版《全国二级造价工程师职业资格考试大纲》。该考试大纲是2019年及以后全国二级造价工程师考试命题和应考人员备考的依据。

广大应试的工程造价人员大多奋战在工程建设第一线，平时任务繁重，备考时间紧，很难在短期内掌握考试大纲的要求和考试培训教材的内容。针对这种现实情况，为了帮助考生尽快适应二级造价工程师职业资格考试的最新考试大纲、最新培训教材、最新考试命题动态，在较短的时间内顺利通过考试，我们特别聘请了工程造价领域的相关专家，在仔细剖析最新大纲、准确把握命题规律、全面预测考题动向的基础上，严格按照2019年最新发布的考试大纲和考试培训教材编写了本套考试辅导用书。在编写本书过程中，专家们紧紧把握最新命题动向，深度模拟应试考题，逐题推敲，优化设计，权威逼真，便于考生掌握考试重点，熟悉考试题型，增强临场经验，提高应试技巧，适应应试环境，尽快进入应试状态，最终顺利通过考试。

本套考试辅导教材包括《建设工程造价管理基础知识应试指南与模拟试题》《建设工程计量与计价实务（土木建筑工程）应试指南与模拟试题》共两册。每个章节均分为考纲要求、考点汇总、习题精选、参考答案四个模块。考点总结归纳全面，重点和难点突出，题目典型丰富，难易程度适中，编排顺序合理，便于考生配合考试培训教材同步复习。书后附有三套全国二级造价工程师职业资格考试模拟试题，便于考生测试复习效果和考前演练。

本套教材既可作为全国二级造价工程师职业资格考试辅导教材，也可作为建设、设计、施工和工程咨询等单位从事工程造价管理工作的专业人员的学习用书，还可作为高等院校工程造价专业的教学参考书。

《2019年版全国二级造价工程师职业资格考试辅导》在使用中如存在不足之处，还望读者提出宝贵意见和建议，以便再版时修订和完善。

编者

2019年4月

目　　录

第一章　工程造价管理相关法律法规与制度 …… 1
第一节　工程造价管理相关法律法规 …… 1
考纲要求 …… 1
考点汇总 …… 1
习题精选 …… 11
参考答案 …… 26
第二节　工程造价管理制度 …… 27
考纲要求 …… 27
考点汇总 …… 27
习题精选 …… 28
参考答案 …… 31
第二章　工程项目管理 …… 32
第一节　工程项目组成和分类 …… 32
考纲要求 …… 32
考点汇总 …… 32
习题精选 …… 33
参考答案 …… 35
第二节　工程建设程序 …… 35
考纲要求 …… 35
考点汇总 …… 35
习题精选 …… 37
参考答案 …… 40
第三节　工程项目管理目标和内容 …… 40
考纲要求 …… 40
考点汇总 …… 40
习题精选 …… 41
参考答案 …… 43
第四节　工程项目实施模式 …… 43
考纲要求 …… 43
考点汇总 …… 43
习题精选 …… 44
参考答案 …… 46

第三章　工程造价构成 …… 47
第一节　建设项目总投资与工程造价 …… 47
考纲要求 …… 47
考点汇总 …… 47
习题精选 …… 47
参考答案 …… 49
第二节　建筑安装工程费用 …… 49
考纲要求 …… 49
考点汇总 …… 49
习题精选 …… 51
参考答案 …… 60
第三节　设备及工器具购置费用 …… 60
考纲要求 …… 60
考点汇总 …… 61
习题精选 …… 62
参考答案 …… 66
第四节　工程建设其他费用 …… 66
考纲要求 …… 66
考点汇总 …… 66
习题精选 …… 68
参考答案 …… 73
第五节　预备费和建设期利息 …… 73
考纲要求 …… 73
考点汇总 …… 73
习题精选 …… 75
参考答案 …… 77
第四章　工程计价方法及依据 …… 78
第一节　工程计价方法 …… 78
考纲要求 …… 78
考点汇总 …… 78
习题精选 …… 79
参考答案 …… 82
第二节　工程计价依据及作用 …… 82
考纲要求 …… 82
考点汇总 …… 82
习题精选 …… 84
参考答案 …… 88
第三节　预算定额、概算定额和估算指标 …… 88
考纲要求 …… 88

考点汇总 …… 88
习题精选 …… 91
参考答案 …… 94
第四节　人工、材料、机具台班消耗量定额 …… 95
考纲要求 …… 95
考点汇总 …… 95
习题精选 …… 97
参考答案 …… 101
第五节　人工、材料、机具台班单价及定额基价 …… 101
考纲要求 …… 101
考点汇总 …… 102
习题精选 …… 105
参考答案 …… 109
第六节　工程造价信息 …… 109
考纲要求 …… 109
考点汇总 …… 110
习题精选 …… 112
参考答案 …… 116
第五章　工程决策和设计阶段造价管理 …… 117
第一节　决策和设计阶段造价管理工作程序和内容 …… 117
考纲要求 …… 117
考点汇总 …… 117
习题精选 …… 119
参考答案 …… 122
第二节　投资估算编制 …… 122
考纲要求 …… 122
考点汇总 …… 122
习题精选 …… 128
参考答案 …… 132
第三节　设计概算编制 …… 132
考纲要求 …… 132
考点汇总 …… 132
习题精选 …… 135
参考答案 …… 139
第四节　施工图预算编制 …… 139
考纲要求 …… 139
考点汇总 …… 139
习题精选 …… 142
参考答案 …… 145

第六章　工程施工招标投标阶段造价管理 …… 146
第一节　施工招标方式和程序 …… 146
考纲要求 …… 146
考点汇总 …… 146
习题精选 …… 148
参考答案 …… 151
第二节　施工招投标文件组成 …… 151
考纲要求 …… 151
考点汇总 …… 151
习题精选 …… 154
参考答案 …… 158
第三节　施工合同示范文本 …… 159
考纲要求 …… 159
考点汇总 …… 159
习题精选 …… 164
参考答案 …… 168
第四节　招标工程量清单编制 …… 168
考纲要求 …… 168
考点汇总 …… 168
习题精选 …… 170
参考答案 …… 174
第五节　招标控制价编制 …… 174
考纲要求 …… 174
考点汇总 …… 174
习题精选 …… 176
参考答案 …… 178
第六节　投标报价编制 …… 178
考纲要求 …… 178
考点汇总 …… 178
习题精选 …… 181
参考答案 …… 183
第七章　工程施工和竣工阶段造价管理 …… 184
第一节　工程施工成本管理 …… 184
考纲要求 …… 184
考点汇总 …… 184
习题精选 …… 185
参考答案 …… 188
第二节　工程变更管理 …… 188
考纲要求 …… 188

考点汇总…… 188
习题精选…… 190
参考答案…… 192
第三节　工程索赔管理…… 192
考纲要求…… 192
考点汇总…… 192
习题精选…… 193
参考答案…… 196
第四节　工程计量和支付…… 197
考纲要求…… 197
考点汇总…… 197
习题精选…… 199
参考答案…… 201
第五节　工程结算…… 201
考纲要求…… 201
考点汇总…… 202
习题精选…… 203
参考答案…… 205
第六节　竣工决算…… 205
考纲要求…… 205
考点汇总…… 205
习题精选…… 209
参考答案…… 214
模拟试题一…… 215
参考答案…… 224
模拟试题二…… 225
参考答案…… 234
模拟试题三…… 236
参考答案…… 245
参考文献…… 246

第一章　工程造价管理相关法律法规与制度

第一节　工程造价管理相关法律法规

考纲要求

了解工程造价管理相关法律、法规与制度。

考点汇总

一、建筑法

（一）建筑许可

1. 建筑工程施工许可

（1）施工许可证的申领。

（2）施工许可证的有效期限。

（3）中止施工和恢复施工。

2. 从业资格

（1）单位资质。

（2）专业技术人员资格。

（二）建筑工程发包与承包

1. 建筑工程发包

（1）发包方式。

（2）禁止行为。

2. 建筑工程承包

（1）承包资质。

（2）联合承包。

（3）工程分包。

（4）禁止行为。

（5）建筑工程造价。

（三）建筑工程监理

（四）建筑安全生产管理

（五）建筑工程质量管理

二、合同法

（一）合同的订立

1. 合同的形式和内容

（1）合同的形式：有书面形式、口头形式和其他形式。

（2）合同的内容：合同的内容由当事人约定，一般包括：当事人的名称或姓名和住所，标的，数量，质量，价款或者报酬，履行的期限、地点和方式，违约责任，解决争议的方法。

2. 合同订立的程序

当事人订立合同，应当采取要约、承诺方式。

（1）要约：①要约及其有效的条件；②要约的生效；③要约的撤回和撤销；④要约的失效。

（2）承诺：①承诺的期限；②承诺的生效；③承诺的撤回；④逾期承诺；⑤要约内容的变更。

3. 合同的成立

（1）合同成立的时间：当事人采用合同书形式订立合同的，自双方当事人签字或者盖章时合同成立。当事人采用信件、数据电文等形式订立合同的，可以在合同成立之前要求签订确认书。签订确认书时合同成立。

（2）合同成立的地点：承诺生效的地点为合同成立的地点。当事人采用合同书形式订立合同的，双方当事人签字或者盖章的地点为合同成立的地点。

（3）合同成立的其他情形。

4. 格式条款

（1）格式条款提供者的义务：提供格式条款的一方应当遵循公平的原则确定当事人之间的权利义务关系，并采取合理的方式提请对方注意免除或限制其责任的条款，按照对方的要求，对该条款予以说明。

（2）格式条款无效：提供格式条款一方免除自己责任、加重对方责任、排除对方主要权利的，该条款无效。此外，《中华人民共和国合同法》规定的合同无效的情形，同样适用于格式合同条款。

（3）格式条款的解释：对格式条款的理解发生争议的，应当按照通常理解予以解释。对格式条款有两种以上解释的，应当做出不利于提供格式条款一方的解释。格式条款和非格式条款不一致的，应当采用非格式条款。

5. 缔约过失责任

当事人在订立合同过程中有下列情形之一，给对方造成损失的，应当承担损害赔偿责任：

（1）假借订立合同，恶意进行磋商。

（2）故意隐瞒与订立合同有关的重要事实或者提供虚假情况。

（3）有其他违背诚实信用原则的行为。

（二）合同的效力

1. 合同生效

（1）合同生效的时间：依法成立的合同，自成立时生效。依照法律、行政法规规定应当办理批准、登记等手续的，待手续完成时合同生效。

（2）附条件和附期限的合同：

1）附条件的合同：附生效条件的合同，自条件成就时生效；附解除条件的合同，自条件成就时失效。

2）附期限的合同：附生效期限的合同，自期限届至时生效；附终止期限的合同，自期限届满时失效。

2. 效力待定合同

（1）限制民事行为能力人订立的合同效力待定。

（2）无权代理人代订的合同效力待定。

1）无权代理人代订的合同对被代理人不发生效力的情形。

2）无权代理人代订的合同对被代理人具有法律效力的情形。

3）法人或者其他组织的法定代表人、负责人超越权限订立的合同的效力。

4）无处分权的人处分他人财产合同的效力。

3. 无效合同

（1）无效合同的情形：有下列情形之一的，合同无效。

1）一方以欺诈、胁迫的手段订立合同，损害国家利益。

2）恶意串通，损害国家、集体或第三人利益。

3）以合法形式掩盖非法目的。

4）损害社会公共利益。

5）违反法律、行政法规的强制性规定。

（2）合同部分条款无效的情形：合同中的下列免责条款无效。

1）造成对方人身伤害的。

2）因故意或者重大过失造成对方财产损失的。

4. 可变更或者撤销的合同

（1）合同可以变更或者撤销的情形：当事人一方有权请求人民法院或者仲裁机构变更或者撤销的合同如下。

1）因重大误解订立的。

2）在订立合同时显失公平的。

（2）撤销权的消灭：撤销权应由撤销权人行使，并应向人民法院或者仲裁机构主张该项权利。有下列情形之一的，撤销权消灭：

1）具有撤销权的当事人自知道或者应当知道撤销事由之日起 1 年内没有行使撤销权。

2）具有撤销权的当事人知道撤销事由后明确表示或者以自己的行为放弃撤销权。

（3）无效合同或者被撤销合同的法律后果：合同无效或被撤销后，履行中的合同应当终止履行；尚未履行的，不得履行。对当事人依据无效合同或者被撤销的合同而取得的财产应当依法进行如下处理：

1）返还财产或折价补偿。

2）赔偿损失。

3）收归国家所有或者返还集体、第三人。

（三）合同的履行

1. 合同履行的原则

（1）全面履行原则。

（2）诚实信用原则。

2. 合同履行的一般规定

（1）合同有关内容没有约定或者约定不明确问题的处理：

1）质量要求不明确问题的处理方法：质量要求不明确的，按照国家标准、行业标准履行；没有国家标准、行业标准的，按照通常标准或者符合合同目的的特定标准履行。

2）价款或者报酬不明确问题的处理方法：价款或者报酬不明确的，按照订立合同时履行地的市场价格履行；依法应当执行政府定价或者政府指导价的，在合同约定的交付期限内政府价格调整时，按照交付时的价格计价。逾期交付标的物的，遇价格上涨时，按照原价格执行；价格下降时，按照新价格执行。逾期提取标的物或者逾期付款的，遇价格上涨时，按照新价格执行；价格下降时，按照原价格执行。

3）履行地点不明确问题的处理方法：履行地点不明确，给付货币的，在接受货币一方所在地履行；交付不动产的，在不动产所在地履行；其他标的，在履行义务一方所在地履行。

4）履行期限不明确问题的处理方法：履行期限不明确的，债务人可以随时履行，债权人也可以随时要求履行，但应当给对方必要的准备时间。

5）履行方式不明确问题的处理方法：履行方式不明确的，按照有利于实现合同目的的方式履行。

6）履行费用的负担不明确问题的处理方法：履行费用的负担不明确的，由履行义务一方负担。

（2）合同履行中的第三人：

1）向第三人履行合同。当事人约定由债务人向第三人履行债务的，债务人未向第三人履行债务或者履行债务不符合约定，应当向债权人承担违约责任。

2）由第三人代为履行合同。当事人约定由第三人向债权人履行债务的，第三人不履行债务或者履行债务不符合约定，债务人应当向债权人承担违约责任。

（3）合同履行过程中几种特殊情况的处理：

1）因债权人分立、合并或者变更住所致使债务人履行债务发生困难的情况。

2）债务人提前履行债务的情况。

3）债务人部分履行债务的情况。

（4）合同生效后合同主体发生变化时的合同效力。

（四）合同的变更和转让

1. 合同的变更

（1）协议变更。

（2）法定变更。

2. 合同的转让

（1）合同债权转让：债权人转让权利的，债权人应当通知债务人。

（2）合同债务转移：债务人将合同的义务全部或者部分转移给第三人的，应当经债权人同意。

（3）合同权利义务的概括转让。

（五）合同的权利义务终止

1. 合同的权利义务终止的原因

有下列情形之一的，合同的权利义务终止：

（1）债务已经按照约定履行。

（2）合同解除。

（3）债务相互抵销。

（4）债务人依法将标的物提存。

（5）债权人免除债务。

（6）债权债务同归于一人。

（7）法律规定或者当事人约定终止的其他情形。

2. 合同解除

合同解除后，尚未履行的，终止履行；已经履行的，根据履行情况和合同性质，当事人可以要求恢复原状、采取其他补救措施，并有权要求赔偿损失。

3. 标的物的提存

有下列情形之一，难以履行债务的，债务人可以将标的物提存：

（1）债权人无正当理由拒绝受领。

（2）债权人下落不明。

（3）债权人死亡未确定继承人或者丧失民事行为能力未确定监护人。

（4）法律规定的其他情形。

债权人领取提存物的权利期限为5年，超过该期限，提存物扣除提存费用后归国家所有。

（六）违约责任

1. 违约责任及其特点

（1）以有效合同为前提。

（2）以合同当事人不履行或者不适当履行合同义务为要件。

（3）可由合同当事人在法定范围内约定。

（4）是一种民事赔偿责任。

2. 违约责任的承担

（1）违约责任的承担方式：①继续履行；②采取补救措施；③赔偿损失；④违约金；⑤定金。

（2）违约责任的承担主体：

1）合同当事人双方违约时违约责任的承担：当事人双方都违反合同的，应当各自承担相应的责任。

2）因第三人原因造成违约时违约责任的承担：当事人一方因第三人的原因造成违约的，应当向对方承担违约责任。当事人一方和第三人之间的纠纷，依照法律规定或者依照约定解决。

（3）违约责任与侵权责任的选择：因当事人一方的违约行为，侵害对方人身、财产权益的，受损害方有权选择依照《中华人民共和国合同法》要求其承担违约责任或者依照其他法律要求其承担侵权责任。

3. 不可抗力

因不可抗力不能履行合同的，根据不可抗力的影响，部分或者全部免除责任，但法律另有规定的除外。当事人迟延履行后发生不可抗力的，不能免除责任。

（七）合同争议的解决

1. 合同争议的和解与调解

（1）和解：和解是合同当事人之间发生争议后，在没有第三人介入的情况下，合同当事人双方在自愿、互谅的基础上，就已经发生的争议进行商谈并达成协议，自行解决争议的一种方式。

（2）调解：调解是指合同当事人于争议发生后，在第三者的主持下，根据事实、法律和合同，经过第三者的说服与劝解，使发生争议的合同当事人双方互谅、互让，自愿达成协议，从而公平、合理地解决争议的一种方式。

2. 合同争议的仲裁

对于合同争议的解决，实行“或裁或审制”，仲裁裁决具有法律约束力。合同当事人应当自觉执行裁决。不执行的，另一方当事人可以申请有管辖权的人民法院强制执行。

3. 合同争议的诉讼

对于一般的合同争议，由被告住所地或者合同履行地人民法院管辖。建设工程合同的纠纷一般都适用不动产所在地的专属管辖，由工程所在地人民法院管辖。

三、招标投标法及其实施条例

（一）招标投标法

1. 招标

（1）招标的条件和方式：①招标的条件；②招标方式。

（2）招标文件。

（3）其他规定。

2. 投标

（1）投标文件：①投标文件的内容；②投标文件的送达。

（2）联合投标。

（3）其他规定。

3. 开标、评标和中标

（1）开标。

（2）评标。

（3）中标。

（二）招标投标法实施条例

1. 招标

（1）招标范围和方式：

1）可以邀请招标的项目：国有资金占控股或者主导地位的依法必须进行招标的项目，应当公开招标。但有下列情形之一的，可以邀请招标：

① 技术复杂、有特殊要求或者受自然环境限制，只有少量潜在投标人可供选择。

② 采用公开招标方式的费用占项目合同金额的比例过大。

2）可以不招标的项目：有下列情形之一的，可以不进行招标。

① 需要采用不可替代的专利或者专有技术。

② 采购人依法能够自行建设、生产或者提供。

③ 已通过招标方式选定的特许经营项目投资人依法能够自行建设、生产或者提供。

④ 需要向原中标人采购工程、货物或者服务，否则将影响施工或者功能配套要求。

⑤ 国家规定的其他特殊情形。

（2）招标代理机构。

（3）招标文件与资格审查：

1）资格预审公告和招标公告。

2）资格预审：招标人应当合理确定提交资格预审申请文件的时间。依法必须进行招标的项目提交资格预审申请文件的时间，自资格预审文件停止发售之日起不得少于5日。

（4）招标工作的实施：

1）禁止投标限制：招标人有下列行为之一的，属于以不合理条件限制、排斥潜在投标人或者投标人。

① 就同一招标项目向潜在投标人或者投标人提供有差别的项目信息。

② 设定的资格、技术、商务条件与招标项目的具体特点和实际需要不相适应或者与合同履行无关。

③ 依法必须进行招标的项目以特定行政区域或者特定行业的业绩、奖项作为加分条件或者中标条件。

④ 对潜在投标人或者投标人采取不同的资格审查或者评标标准。

⑤ 限定或者指定特定的专利、商标、品牌、原产地或者供应商。

⑥ 依法必须进行招标的项目非法限定潜在投标人或者投标人的所有制形式或者组织形式。

⑦ 以其他不合理条件限制、排斥潜在投标人或者投标人。

2）总承包招标。

3）两阶段招标：

第一阶段，投标人按照招标公告或者投标邀请书的要求提交不带报价的技术建议，招标人根据投标人提交的技术建议确定技术标准和要求，编制招标文件。

第二阶段，招标人向在第一阶段提交技术建议的投标人提供招标文件，投标人按照招标文件的要求提交包括最终技术方案和投标报价的投标文件。如招标人要求投标人提交投标保证金，应当在第二阶段提出。

4）投标有效期：招标人应当在招标文件中载明投标有效期。投标有效期从提交投标文件的截止之日起算。

5）投标保证金：如招标人在招标文件中要求投标人提交投标保证金，投标保证金不得超过招标项目估算价的 2%。投标保证金有效期应当与投标有效期一致。

6）标底及投标限价：招标人可以自行决定是否编制标底。一个招标项目只能有一个标底。标底必须保密。

2. 投标

（1）投标规定。

（2）属于串通投标和弄虚作假的情形：

1）投标人相互串通投标。

① 有下列情形之一的，属于投标人相互串通投标：

a. 投标人之间协商投标报价等投标文件的实质性内容。

b. 投标人之间约定中标人。

c. 投标人之间约定部分投标人放弃投标或者中标。

d. 属于同一集团、协会、商会等组织成员的投标人按照该组织要求协同投标。

e. 投标人之间为谋取中标或者排斥特定投标人而采取的其他联合行动。

② 有下列情形之一的，视为投标人相互串通投标：

a. 不同投标人的投标文件由同一单位或者个人编制。

b. 不同投标人委托同一单位或者个人办理投标事宜。

c. 不同投标人的投标文件载明的项目管理成员为同一人。

d. 不同投标人的投标文件异常一致或者投标报价呈规律性差异。

e. 不同投标人的投标文件相互混装。

f. 不同投标人的投标保证金从同一单位或者个人的账户转出。

2）招标人与投标人串通投标。有下列情形之一的，属于招标人与投标人串通投标：

① 招标人在开标前开启投标文件并将有关信息泄露给其他投标人。

② 招标人直接或者间接向投标人泄露标底、评标委员会成员等信息。

③ 招标人明示或者暗示投标人压低或者抬高投标报价。

④ 招标人授意投标人撤换、修改投标文件。

⑤ 招标人明示或者暗示投标人为特定投标人中标提供方便。

⑥ 招标人与投标人为谋求特定投标人中标而采取的其他串通行为。

3）弄虚作假。骗取中标，包括：

① 使用伪造、变造的许可证件。

② 提供虚假的财务状况或者业绩。

③ 提供虚假的项目负责人或者主要技术人员简历、劳动关系证明。

④ 提供虚假的信用状况。

⑤ 其他弄虚作假的行为。

3. 开标、评标和中标

（1）开标。

（2）评标委员会。

（3）评标。

（4）投标的否决：有下列情形之一的，评标委员会应当否决其投标。

1）投标文件未经投标单位盖章和单位负责人签字。

2）投标联合体没有提交共同投标协议。

3）投标人不符合国家或者招标文件规定的资格条件。

4）同一投标人提交两个以上不同的投标文件或者投标报价，但招标文件要求提交备选投标的除外。

5）投标报价低于成本或者高于招标文件设定的最高投标限价。

6）投标文件没有对招标文件的实质性要求和条件做出响应。

7）投标人有串通投标、弄虚作假、行贿等违法行为。

（5）投标文件的澄清。

（6）中标。

（7）签订合同及履约。

4. 投诉与处理

（1）投诉：如果投标人或者其他利害关系人认为招标投标活动不符合法律、行政法规规定，可以自知道或者应当知道之日起10日内向有关行政监督部门投诉。

（2）处理：行政监督部门应当自收到投诉之日起3个工作日内决定是否受理投诉，并自受理投诉之日起30个工作日内做出书面处理决定

四、其他相关法律法规

（一）价格法

1. 价格形成机制

（1）市场调节价：是指由经营者自主制定，通过市场竞争形成的价格。

（2）政府指导价：是指依照《中华人民共和国价格法》规定，由政府价格主管部门或者其他有关部门，按照定价权限和范围规定基准价及其浮动幅度，指导经营者制定的价格。

（3）政府定价：是指依照《中华人民共和国价格法》规定，由政府价格主管部门或者其他有关部门，按照定价权限和范围制定的价格。

2. 经营者的价格行为

（1）经营者的权利：经营者进行价格活动，享有下列权利。

1）自主制定属于市场调节的价格。

2）在政府指导价规定的幅度内制定价格。

3）制定属于政府指导价、政府定价产品范围内的新产品的试销价格，特定产品除外。

4）检举、控告侵犯其依法自主定价权利的行为。

（2）经营者的义务。

（3）经营者的禁止性行为：经营者不得有下列不正当价格行为。

1）相互串通，操纵市场价格，损害其他经营者或者消费者的合法权益。

2）在依法降价处理鲜活商品、季节性商品、积压商品等商品外，为了排挤竞争对手或者独占市场，以低于成本的价格倾销，扰乱正常的生产经营秩序，损害国家利益或者其他经营者的合法权益。

3）捏造、散布涨价信息，哄抬价格，推动商品价格过高上涨的。

4）利用虚假的或者使人误解的价格手段，诱骗消费者或者其他经营者与其进行交易。

5）提供相同商品或者服务，对具有同等交易条件的其他经营者实行价格歧视。

6）采取抬高等级或者压低等级等手段收购、销售商品或者提供服务，变相提高或者压低价格。

7）违反法律、法规的规定牟取暴利。

8）法律、行政法规禁止的其他不正当价格行为。

3. 政府的定价行为

（1）政府定价的范围：

1）与国民经济发展和人民生活关系重大的极少数商品价格。

2）资源稀缺的少数商品价格。

3）自然垄断经营的商品价格。

4）重要的公用事业价格。

5）重要的公益性服务价格。

（2）政府定价的主要依据。

（二）保险法

1. 保险合同的订立

（1）保险合同的内容：保险合同应当包括下列事项。

① 保险人名称和住所。

② 投保人、被保险人的姓名或者名称、住所，以及人身保险的受益人的姓名或者名称、住所。

③ 保险标的。

④ 保险责任和责任免除。

⑤ 保险期间和保险责任开始时间。

⑥ 保险金额。

⑦ 保险费以及支付办法。

⑧ 保险金赔偿或者给付办法。

⑨ 违约责任和争议处理。

⑩ 订立合同的年、月、日。

（2）投保人与保险人的义务：

1）投保人的告知义务。

2）保险人的说明义务。

2. 保险事故的通知

投保人、被保险人或者受益人知道保险事故发生后，应当及时通知保险人。

3. 赔偿或给付保险金

保险人收到被保险人或者受益人的赔偿或者给付保险金的请求后，应当及时做出核定；情形复杂的，应当在30日内做出核定，但合同另有约定的除外。

4. 诉讼时效

人寿保险以外的其他保险的被保险人或者受益人，向保险人请求赔偿或者给付保险金的诉讼时效期间为两年，自其知道或者应当知道保险事故发生之日起计算。

人寿保险的被保险人或者受益人向保险人请求给付保险金的诉讼时效期间为五年，自其知道或者应当知道保险事故发生之日起计算。

5. 财产保险合同

（1）双方的权利和义务。

（2）保险费的增加或降低。

（3）赔偿标准。

（4）保险事故发生后的处置。

6. 人身保险合同

（1）双方的权利和义务。

（2）保险费的支付。

（3）保险受益人。

（4）合同解除。

（三）税收相关法律法规

1. 税务管理

（1）税务登记。

（2）账簿、凭证管理。

（3）纳税申报。

（4）税款征收。

2. 税率

（1）比例税率：是指对同一征税对象，不论其数额大小，均按照同一比例计算应纳税额的税率。

（2）累进税率：是指按照征税对象数额的大小规定不同等级的税率。

（3）定额税率：是指按征税对象的一定计量单位直接规定的固定的税额，因而也称为固定税额。

3. 税收种类

根据税收征收对象不同，税收可分为流转税、所得税、财产税、行为税、资源税等五种。

习题精选

一、单项选择题

1. 大中型建设工程项目立项批准后，在工程开工前，应当由(　　)按照有关规定申请领取施工许可证。

A. 建设单位　　　　B. 施工单位

C. 总承包单位　　　　D. 监理单位

2. 建设单位申领建筑工程施工许可证后，既不开工，又不申请延期或者超过延期时限的，则(　　)。

A. 建筑施工许可证自行废止　　　　B. 由发证机关收回建筑施工许可证

C. 由建设行政主管机关处以罚款　　　　D. 取消该建设项目

3. 某房地产开发公司在某市老城区拟开发住宅项目涉及拆迁，按照《建筑工程施工许可管理办法》的规定，在以下有关房地产公司申领施工许可证前应具备的条件中，正确的是(　　)。

A. 拆迁工作必须全部完成　　B. 拆迁补偿安置资金全部到位

C. 拆迁工程量已完成 50%　　D. 拆迁进度已符合施工的要求

4. 某公司拟开发建设星级酒店项目，按照国家有关施工许可的规定，该公司必须先确定(　　)，方可取得建筑工程施工许可证。

A. 工程设计企业

B. 工程监理企业（按照规定该工程应委托监理）

C. 工程施工企业

D. 材料供应企业

5. 某公司拟建设高层写字楼，为取得建筑工程施工许可证，该公司向市建设行政主管部门提交的施工图纸及技术资料应当(　　)。

A. 满足施工需要　　B. 已按规定通过审查

C. 符合公司自身的要求　　D. 符合设计单位要求

6. 某市立医院拟新建住院大楼，该医院于 2014 年 3 月 20 日领到施工许可证，根据《中华人民共和国建筑法》的规定，该工程应在(　　)前开工。

A. 2014 年 4 月 20 日　　B. 2014 年 6 月 20 日

C. 2014 年 9 月 20 日　　D. 2015 年 3 月 20 日

7. 某石油公司拟新建总部办公大楼，该公司于 2014 年 10 月 15 日领取施工许可证后因故不能按期开工，遂向发证机关申请第一次延期，但此次延期届满时仍不能开工，不得不申请第二次延期。根据《中华人民共和国建筑法》的规定，该工程施工许可证经过两次延期后，其有效期最迟将于(　　)截止。

A. 2015 年 2 月 14 日　　B. 2015 年 4 月 14 日

C. 2015 年 7 月 14 日　　D. 2015 年 7 月 15 日

8. 某在建综合市场工程因故于 2014 年 6 月 5 日中止施工，根据《中华人民共和国建筑法》的规定，建设单位应当在(　　)前，向施工许可证发证机关报告，并按照规定做好建筑工程的维护管理工作。

A. 2014 年 6 月 19 日　　B. 2014 年 7 月 5 日

C. 2014 年 9 月 5 日　　D. 2014 年 12 月 5 日

9. 某城市道路工程因故于 2005 年 8 月中止施工，建设单位按规定报告了施工许可证发证机关，2006 年 11 月该工程拟恢复施工，根据《中华人民共和国建筑法》的规定，建设单位应当(　　)。

A. 报发证机关核验施工许可证　　B. 重新申领施工许可证

C. 重新办理开工报告　　D. 请发证机关检查施工场地

10. 某大型基础设施工程已按照国务院有关规定批准开工报告，但因故未能按期开工，若开工时间超过了(　　)个月，根据《中华人民共和国建筑法》的规定，该工程应当重新办理开工报告的批准手续。

A. 1　　B. 3　　C. 6　　D. 12

11.《中华人民共和国建筑法》规定的建筑工程发包方式为(　　)。

A. 招标发包和邀请发包　　B. 公开招标和直接招标

C. 招标发包和直接发包　　D. 公开招标和邀请招标

12. 下列对《中华人民共和国建筑法》中关于资质管理规定的理解，表述正确的是(　　)。

A. 建筑施工企业不能超越本企业资质等级许可的业务范围承揽工程

B. 建筑施工企业可以借用其他施工企业的营业执照，但不能以自己名义承揽工程

C. 建筑施工企业可以使用其他企业的资质证书，但禁止超越后者资质等级许可的业务范围承揽工程

D. 建筑施工企业可以允许其他单位使用本企业的资质证书，但不能以本企业的名义承揽工程

13. 甲、乙两家工程承包公司组成联合体共同投标一个体育馆工程项目并中标，则(　　)。

A. 甲、乙双方应签订共同中标协议

B. 甲、乙双方应共同与招标人签订合同

C. 甲或乙中一方代表联合体与招标人签订合同

D. 甲和乙分别与招标人签订合同

14. 甲、乙两家建筑公司组成了一个联合体投标并中标。甲、乙的共同投标协议约定，如果在施工过程中出现质量问题而遭遇业主索赔，各自承担索赔额的50%。施工中由于乙所用施工技术不当出现了质量问题而遭到业主20万元索赔。以下说法不符合法律规定的是(　　)。

A. 虽质量事故是乙的技术所致，但联合承包体各方对承包合同的履行承担连带责任，甲或乙无权拒绝业主单独向其提出的索赔要求

B. 共同投标协议约定甲乙各承担50%的责任，业主只能分别向甲、乙各索赔10万元

C. 业主既可要求甲承担赔偿责任，也可要求乙承担赔偿责任

D. 若甲先行赔付业主20万元，甲可以向乙追偿10万元

15. 甲、乙、丙三家为同一专业的承包单位，其资质等级依次为一级、二级、三级。当三家单位实行联合共同承包时，应按(　　)的业务许可范围承揽工程。

A. 甲　　B. 乙　　C. 丙　　D. 建设单位认可

16. 施工总承包单位与分包单位依法签订了“幕墙工程分包协议”，在建设单位组织竣工验收时发现幕墙工程质量不合格，则下列表述正确的是(　　)。

A. 分包单位就全部工程对建设单位承担法律责任

B. 分包单位可以不承担法律责任

C. 总包单位就分包工程对建设单位承担全部法律责任

D. 总包单位和分包单位就分包工程对建设单位承担连带责任

17. 建设单位应当将工程发包给(　　)的单位。

A. 愿意承包建设　　B. 可以建设完成

C. 任何　　D. 具有相应资质等级的单位

18. 实行施工总承包的，建筑工程(　　)的施工必须由总承包单位自行完成。

A. 基础工程　　B. 主体工程　　C. 装饰工程　　D. 安装工程

19. 甲公司中标成为某写字楼工程合法的施工总承包人。该工程可分为桩基础工程、主体结构工程、暖通水电工程三个部分，甲公司选择了几家符合资质条件的工程公司，经项目业主认可，拟按下列方案之一进行分包。其中《中华人民共和国建筑法》不允许的方案是(　　)。

A. 将桩基础工程交给乙基础工程公司承包，自己负责其余部分的施工

B. 将桩基础和暖通水电工程分别交给乙基础工程公司和丙安装公司承包，自己负责主体结构施工

C. 将桩基础、暖通水电工程和主体结构分别交给乙基础工程公司、丙安装公司和丁公司承包

D. 将暖通水电工程交给丙安装公司承包，自己负责桩基础工程和主体结构的施工

20. 下列各项，符合《中华人民共和国建筑法》中对建设工程监理规定的是(　　)。

A. 工程监理单位应当接受建设单位委托实施监理

B. 工程监理人员发现工程施工不符合规定的，不能直接要求施工单位整改

C. 工程监理人员发现工程设计不符合规定的，有权要求设计单位整改

D. 工程监理单位可以转让工程监理业务

21. 某工程监理单位中标获得某工程项目的监理任务，该监理单位应当就该监理任务与该项目的(　　)签订书面委托合同。

A. 施工单位　　B. 建设单位

C. 设计单位　　D. 建设行政主管部门

22. 在对某工程项目监理过程中，工程监理人员发现工程设计不符合合同约定的质量要求，则工程监理人员根据自己的法定权限和义务，应当(　　)。

A. 要求施工单位改正　　B. 通知设计单位改正

C. 建议建设单位修改合同　　D. 报告建设单位要求设计单位改正

23. 建筑施工现场的安全由(　　)负责。

A. 建设单位　　B. 施工单位　　C. 勘察设计单位　　D. 监理单位

24. 施工现场从事危险作业职工的意外伤害保险由(　　)负责办理，并支付保险费。

A. 建设单位　　B. 施工单位

C. 勘察设计单位　　D. 监理单位

25. 建筑工程的施工质量主要由(　　)负责。

A. 建设单位　　B. 建筑施工单位

C. 勘察设计单位　　D. 监理单位

26. 甲为某高校图书馆工程的总承包单位，甲经过业主同意将该图书馆玻璃幕墙的安装分包给乙施工单位，乙在施工过程中出现了质量事故，则下列说法正确的是(　　)。

A. 该高校只可要求甲承担责任

B. 该高校只可要求乙承担责任

C. 该高校可以要求甲和乙承担连带责任

D. 该高校必须要求甲和乙同时承担全部责任

27. 某建筑工程公司与该省某建设行政部门就其办公楼改建签订工程承包合同，在法律上，其合同当事人是(　　)关系。

A. 领导与被领导　　B. 管理与被管理
C. 平等主体　　D. 行政隶属

28. 当事人依法可以委托代理人订立合同。所谓委托代理人订立合同，是指当事人委托他人以(　　)的名义与第三人签订合同，并承担由此产生的法律后果的行为。

A. 代理人　　B. 当事人自己　　C. 被委托人　　D. 合同签订人

29. 合同订立过程必须经过的程序是(　　)。

A. 担保和承诺　　B. 要约和担保　　C. 要约和承诺　　D. 承诺和公证

30. 下列表述错误的是(　　)。

A. 要约可以撤回　　B. 要约可以撤销
C. 承诺可以撤回　　D. 承诺可以撤销

31. 关于要约的说法，正确的是(　　)。

A. 要约到达受要约人时生效　　B. 要约人发出要约时要约生效
C. 招标文件到达时要约生效　　D. 投标文件发出时要约生效

32. 关于建设工程招投标的说法，正确的是(　　)。

A. 招标是要约，投标是承诺　　B. 投标是要约，中标通知书是承诺
C. 招标是要约邀请，投标是承诺　　D. 开标是要约，中标通知书是承诺

33. 下列文件中，属于要约邀请文件的是(　　)。

A. 投标书　　B. 中标通知书
C. 招标公告　　D. 现场踏勘答疑会议纪要

34. 合同的订立需要经过要约和承诺两个阶段，关于要约和承诺的生效，是指(　　)时生效。

A. 要约到达受要约人、承诺通知发出
B. 要约通知发出、承诺通知发出
C. 要约通知发出、承诺通知到达要约人
D. 要约到达受要约人、承诺通知到达要约人

35. 关于要约有效的说法，正确的是(　　)。

A. 拒绝要约的通知到达要约人
B. 要约人依法撤销要约
C. 承诺期限届满前，承诺通知到达要约人
D. 受要约人对要约的内容做出实质性变更

36. 承诺对要约内容的非实质性变更指的是(　　)。

A. 受要约人对合同条款中违约责任和解决争议方法的变更
B. 承诺中增加的建议性条款
C. 承诺中要求增加价款
D. 受要约人对合同履行方式提出独立的主张

37. 关于承诺的生效，以下无效的是(　　)。

A. 承诺到达要约人时超过承诺期限的，要约人及时通知受要约人因承诺超过期限不接受该承诺

B. 受要约人超过承诺期限发出承诺的，但要约人及时通知受要约人该承诺有效

C. 承诺不需要通知的，根据交易习惯或者要约的要求做出承诺的行为时

D. 承诺对要约的内容做出非实质性变更，但要约人未及时表示反对

38. 合同成立的时间为(　　)。

A. 要约生效的时间　　B. 承诺发出时的时间

C. 要约邀请生效的时间　　D. 承诺到达时的时间

39. 合同成立的地点为(　　)。

A. 要约生效的地点　　B. 承诺发出的地点

C. 要约邀请生效的地点　　D. 承诺生效的地点

40. 关于格式条款的解释，错误的是(　　)。

A. 对格式条款的理解发生争议的，应当按照通常理解予以解释

B. 对格式条款有两种以上解释的，应当做出不利于提供格式条款一方的解释

C. 格式条款和非格式条款不一致的，应当采用格式条款

D. 提供格式条款一方免除自己责任、加重对方责任、该条款无效

41. 合同成立的判断依据是(　　)是否生效。

A. 要约　　B. 承诺　　C. 要约邀请　　D. 投标书

42. 以下不属于无权代理行为的是(　　)。

A. 没有代理权　　B. 超越代理权

C. 代理权授权不明确　　D. 代理权终止

43. 无权代理人代订的合同，未经被代理人追认，相对人又没有正当理由相信行为人有代理权的，其法律后果由(　　)承担。

A. 行为人　　B. 被代理人　　C. 代理人　　D. 相对人

44. 根据《中华人民共和国合同法》的规定，由于合同当事人一方缺乏经验造成重大误解，而订立了损害己方利益的合同，则该当事人可以(　　)。

A. 请求人民法院变更该合同　　B. 拒绝履行合同，宣布合同无效

C. 请求行政主管部门撤销该合同　　D. 请求行政主管部门变更该合同

45. 在合同履行过程中，如逾期交货又遇到标的物的价格发生变化，则处理的原则是(　　)。

A. 遇价格上涨，按原价执行，价格下降，按新价执行

B. 遇价格上涨，按新价执行，价格下降，按原价执行

C. 无论价格上涨还是下降都按原价执行

D. 无论价格上涨还是下降都按新价执行

46. 在合同履行过程中，如逾期提货又遇到标的物的价格发生变化，则处理的原则是(　　)。

A. 遇价格上涨，按原价执行，价格下降，按新价执行

B. 遇价格上涨，按新价执行，价格下降，按原价执行

C. 无论价格上涨还是下降都按原价执行

D. 无论价格上涨还是下降都按新价执行

47. 当事人约定由第三人向债权人履行债务的，若第三人不履行债务，则(　　)。

A. 债务人应当向债权人承担违约责任

B. 第三人应当向债权人承担违约责任

C. 债务人和第三人共同向债权人承担违约责任

D. 债权人选择确定承担违约责任的主体

48. 债权人转让权利的应当(　　)。

A. 使债务人的抗辩只能针对债权人　　B. 与债务人协商

C. 通知债务人　　D. 只转让主权利，不转让从权利

49. 债权人转让权利后，债务人的抗辩可以向(　　)主张。

A. 债权人　　B. 债务人　　C. 让与人　　D. 受让人

50. 债务人转移债务应当(　　)。

A. 通知债权人　　B. 经债权人同意

C. 只转让主债务，不转让从债务　　D. 必须进行批准、登记

51. 合同标的物提存后，债权人领取提存物的权利，自提存之日起的一定年限内如果不行使，该权利将被消灭。这个有效时限是(　　)。

A. 1 年　　B. 2 年　　C. 5 年　　D. 20 年

52. 债权人领取提存物的权利消灭后，提存物扣除提存费用后的所有权归(　　)。

A. 债务人　　B. 慈善机构

C. 国家　　D. 提存机构

53. 根据《中华人民共和国合同法》的规定，由于债权人的原因致使债务人难以履行债务时，债务人可以将标的物交给有关机关保存，以此消灭合同的行为称为(　　)。

A. 留置　　B. 保全　　C. 质押　　D. 提存

54. 一方当事人的违约行为导致工程受到 5 万元的损失时，对方及时地采取了减损措施，支出的费用为 1 万元，但仍未能终止损害，工程实际损害费用为 7 万元。依据《中华人民共和国合同法》的违约责任规定，违约方应承担的赔偿额为(　　)万元。

A. 5　　B. 6　　C. 7　　D. 8

55. 在违约责任的承担方式中，当事人既约定违约金，又约定定金的，一方违约时，对方可以选择适用(　　)条款。

A. 违约金　　B. 定金

C. 违约金或者定金　　D. 违约金和定金

56. 依据《中华人民共和国合同法》的违约责任承担原则，发包人可以不赔偿承包人损失的情况是(　　)。

A. 建设资金未能按计划到位的施工暂停

B. 发包人改变项目建设方案的工程停建

C. 传染病流行导致施工暂停

D. 征地拆迁工作不顺利导致施工现场移交延误

57. 材料供应商甲因施工企业乙拖欠货款，诉至人民法院，法院开庭审理后，在主审法官的支持下乙向甲出具了还款计划。人民法院制作了调解书，则此欠款纠纷解决的方式是(　　)。

A. 和解　　B. 调解

C. 诉讼　　D. 诉讼与调解相结合

58. 张某在现场拉伸钢筋时不慎将左手无名指压断，在项目经理的调解下，张某与雇主达成协议约定："雇主一次性向张某支付 5000 元作为补偿，张某放弃诉讼的权利。"现张某表示反悔，则以下说法正确的是(　　)

A. 该协议是无效的　　B. 该协议是具有强制约力

C. 张某可以起诉　　D. 人民法院不予受理

59. 合同双方发生争议后，最好的解决方式是(　　)。

A. 双方协商和解　　B. 请第三人进行调解

C. 向仲裁机构申请仲裁　　D. 向人民法院起诉

60. 仲裁裁决以后，当事人不按裁决书执行的，(　　)。

A. 可以依法撤销裁决　　B. 另一方可向仲裁机构申请强制执行

C. 可以提请诉讼　　D. 另一方可向人民法院申请强制执行

61. 根据《中华人民共和国仲裁法》的规定，下列说法不正确的是(　　)。

A. 当事人对仲裁协议的效力有异议的，可以请求仲裁机构做出决定

B. 裁决做出后，当事人就同一争议再申请仲裁的，仲裁机构不予受理

C. 裁决做出后，当事人就同一争议再向人民法院起诉的，人民法院可以受理

D. 当事人对仲裁协议的效力有异议的，可以请求人民法院做出裁定

62. 关于仲裁的说法，正确的是(　　)。

A. 由于仲裁机构本身并无强制力，对于仲裁结果当事人可以不执行

B. 裁决做出后，一方当事人不服可以再申请其他仲裁机构裁决

C. 裁决做出后，一方当事人不服可以向人民法院起诉

D. 裁决做出后，当事人对仲裁协议的效力有异议的，不得再申请仲裁或者向人民法院起诉

63. 某建设工程的工程所在地是在甲地，投资方是乙地企业，施工方是丙地企业，监理方是丁地企业，甲乙双方因合同纠纷需提起诉讼，根据专属管辖的规定，有权受理该诉讼的人民法院应该在(　　)。

A. 甲地　　B. 乙地　　C. 丙地　　D. 丁地

64. 下列情形中，合同当事人不能选择诉讼方式解决合同争议的是(　　)。

A. 合同争议的当事人不愿和解、调解的

B. 经过和解、调解未能解决合同争议的

C. 当事人没有订立仲裁协议或者仲裁协议无效的

D. 同一工程纠纷仲裁裁决已经做出

65.《中华人民共和国招标投标法》规定的招标方式是(　　)。

A. 公开招标、邀请招标和议标　　B. 公开招标和议标

C. 邀请招标和议标　　D. 公开招标和邀请招标

66.《中华人民共和国招标投标法》规定，招标人需对已发出的招标文件进行必要的澄清或修改的，应当在招标文件要求提交投标文件截止时间至少(　　)日前完成。

A. 5　　B. 10　　C. 15　　D. 20

67.《中华人民共和国招标投标法》规定，编制投标文件的时间自招标文件出售之日起到投标人提交投标文件截止之日至，最短不得少于(　　)日。

A. 10　　B. 20　　C. 15　　D. 5

68. 根据《中华人民共和国招标投标法》的规定，两个以上法人或者其他组织组成一个联合体，以一个投标人的身份共同投标是(　　)。

A. 联合投标　　B. 共同投标　　C. 合作投标　　D. 独立投标

69. 根据《中华人民共和国招标投标法》的规定，不符合联合体各方资格规定的是(　　)。

A. 联合体各方均应当具备承担招标项目的相应能力

B. 招标文件对投标人资格条件有规定的，联合体各方均应当具备规定的相应资格条件

C. 由同一专业的单位组成的联合体，按照资质等级较低的单位确定资质等级

D. 由同一专业的单位组成的联合体，按照资质等级较高的单位确定资质等级

70. 根据《中华人民共和国招标投标法》的规定，联合体中标的，联合体各方应当(　　)。

A. 共同与招标人签订合同，就中标项目向招标人承担连带责任

B. 分别与招标人签订合同，但就中标项目向招标人承担连带责任

C. 共同与招标人签订合同，但就中标项目各自独立向招标人承担责任

D. 分别与招标人签订合同，就中标项目各自独立向招标人承担责任

71. 根据《中华人民共和国招标投标法》的规定，由同一专业的单位组成的联合体投标时，按照(　　)单位确定资质等级。

A. 资质等级较低的　　B. 资质等级较高的

C. 平均资质等级　　D. 联合体中任意一方

72. 根据《中华人民共和国招标投标法》的规定，关于投标文件的补充、修改与撤回的说法，正确的是(　　)。

A. 对投标文件的补充、修改与撤回，应该在投标截止日期之前进行

B. 对投标文件的补充、修改与撤回，应该在投标有效期之前进行

C. 在投标有效期内进行的补充、修改的内容作为投标文件的组成部分

D. 在投标截止日期前，投标人应该电话通知招标人撤回投标文件

73. 根据《中华人民共和国招标投标法》的规定，开标时间应为(　　)。

A. 提交投标文件截止时间的同一时间　　B. 提交投标文件截止时间的次日

C. 提交投标文件截止时间的 7 日后　　D. 其他约定时间

74. 根据《中华人民共和国投标法》的规定，开标地点应为(　　)。

A. 招标人办公地点　　B. 招标文件中预先确定的地点

C. 政府指定的地点　　D. 招标代理机构办公地点

75. 根据《中华人民共和国招标投标法》的规定，不符合开标程序的是(　　)。

A. 开标应当在招标文件确定的提交投标文件截止时间的同一时间公开进行

B. 开标地点应当为招标文件中预先确定的地点

C. 开标由招标人主持，邀请部分投标人参加

D. 开标时都应当当众拆封、宣读投标文件

76. 根据《中华人民共和国招标投标法》的规定，开标应由(　　)主持。

A. 地方政府相关行政主管部门　　B. 招标代理人

C. 招标人　　D. 中介机构

77. 根据《中华人民共和国招标投标法》的规定，评标应由(　　)依法组建的评标委员会负责。

A. 地方政府相关行政主管部门　　B. 招标代理人

C. 中介机构　　D. 招标人

78. 根据《中华人民共和国招标投标法实施条例》的规定，(　　)是可以邀请招标的项目。

A. 需要采用不可替代的专利或者专有技术

B. 采购人依法能够自行建设、生产或者提供

C. 已通过招标方式选定的特许经营项目投资人依法能够自行建设、生产或者提供

D. 技术复杂、有特殊要求或者受自然环境限制，只有少量潜在投标人可供选择

79. 根据《中华人民共和国招标投标法实施条例》的规定，资格预审文件或者招标文件的发售期不得少于(　　)日。

A. 5　　B. 10　　C. 15　　D. 20

80. 根据《中华人民共和国招标投标法实施条例》的规定，依法必须进行招标的项目提交资格预审申请文件的时间，自资格预审文件停止发售之日起不得少于(　　)日。

A. 5　　B. 10　　C. 15　　D. 20

81. 《中华人民共和国招标投标法实施条例》规定，如招标人在招标文件中要求投标人提交投标保证金，投标保证金不得超过招标项目估算价的(　　)。

A. 1%　　B. 2%　　C. 3%　　D. 5%

82. 根据《中华人民共和国价格法》的规定，不属于我国价格形成机制的是(　　)。

A. 市场调节价　　B. 政府指导价　　C. 政府定价　　D. 个人定价

83. 保险合同的主体双方是(　　)。

A. 投保人和保险人　　B. 保险人和被保险人

C. 投保人和被保险人　　D. 保险人和保险收益人

84. 人寿保险以外的其他保险的被保险人或者受益人，向保险人请求赔偿或者给付保险金的诉讼时效期间为(　　)年，自其知道或者应当知道保险事故发生之日起计算。

A. 3　　B. 2　　C. 1　　D. 5

85. 人寿保险的被保险人或者受益人向保险人请求给付保险金的诉讼时效期间为(　　)年，自其知道或者应当知道保险事故发生之日起计算。

A. 3　　B. 2　　C. 1　　D. 5

86. 建筑工程一切险和安装工程一切险属于(　　)保险。

A. 财产保险　　B. 人身保险　　C. 第三者责任保险　　D. 强制保险

87. 建筑工程施工人员意外伤害保险属于(　　)保险。

A. 财产保险　　B. 人身保险　　C. 第三者责任保险　　D. 自愿保险

88. 纳税人因有特殊困难，不能按期缴纳税款的，经省、自治区、直辖市国家税务局、地方税务局批准，可以延期缴纳税款，但是最长不得超过(　　)个月。

A. 2　　B. 2　　C. 3　　D. 4

89. 纳税人未按照规定期限缴纳税款的，扣缴义务人未按照规定期限解缴税款的，税务机关除责令限期缴纳外，从滞纳税款之日起，按日加收滞纳税款(　　)的滞纳金。

A. 万分之五　　B. 万分之三　　C. 百分之五　　D. 百分之三

90. 我国现行税率有三种，以下不属于的是(　　)

A. 比例税率　　B. 累进税率　　C. 定额税率　　D. 固定税率

二、多项选择题

1. 根据《中华人民共和国建筑法》的规定，在城市规划区内的建筑工程，建设单位申领建筑工程施工许可证的条件是，已经(　　)。

A. 取得建设工程规划许可证　　B. 确定建筑施工企业

C. 签订委托监理合同　　D. 办理工程质量、安全监督手续

E. 建设资金已落实

2. 甲建设单位改建办公大楼，该工程由乙施工单位承建，根据《中华人民共和国建筑法》关于施工许可证的有关规定，说法正确的有(　　)。

A. 该改建工程无需领取施工许可证

B. 应由甲向建设行政主管部门申请领取施工许可证

C. 应由乙向建设行政主管部门申请领取施工许可证

D. 领取施工许可证前，建设资金必须全部到位

E. 领取施工许可证前，建设资金已经落实

3. 从事建设活动的勘察、设计、施工和监理单位，应当在以下方面具备国家规定的资质条件(　　)。

A. 注册资本　　B. 技术装备

C. 历史业绩　　D. 专业技术人员

E. 年纳税金额

4. 建设工程的发包方式主要有(　　)。

A. 公开发包　　B. 邀请发包

C. 招标发包　　D. 直接发包

E. 间接发包

5. 对于(　　)建筑工程，可以由两个以上的承包单位联合共同承包。

A. 大型　　B. 大中型

C. 中小型　　D. 结构复杂的

E. 结构特别的

6. 建筑施工企业有下列行为的，与他人签订的建设工程施工合同无效(　　)。

A. 将其承包的建设工程全部转包给其他符合资质条件的施工企业完成

B. 将其承包的全部建设工程肢解以后以分包的名义分别转给其他单位承包

C. 将其总承包的工程中的专业工程发包给其他具有相应资质的承包单位完成

D. 借用有资质的建筑施工企业名义

E. 将其所承包的工程中的劳务作业发包给其他承包单位完成

7. 下列做法中，不符合《中华人民共和国建筑法》关于建筑工程发承包规定的有(　　)。

A. 发包单位将应当由一个承包单位完成的建筑工程肢解成若干部分发包给几个承包单位

B. 甲建筑施工企业以与其资质相同的另一建筑施工企业的名义承揽工程

C. 乙建筑施工企业将其承包的全部建筑工程肢解以后以分包的名义分别转包给他人

D. 发包单位将建筑工程的勘察、设计、施工、设备采购一并发包给一个工程总承包单位

E. 丙建筑施工企业将所承包工程主体结构的施工分包给丁单位

8. 下列做法中，不符合《中华人民共和国建筑法》关于分包工程的规定的做法有（　　）。

A. 某建筑施工企业将其承包的全部建筑工程转包给他人

B. 某建筑施工企业将其承包的全部建筑工程肢解以后以分包的名义分别转包给他人

C. 某建筑施工企业经建设单位认可将承包工程中的部分工程发包给具有相应资质条件的分包单位

D. 分包单位将其承包工程中的部分工程再分包给具有相应资质条件的施工企业

E. 总承包单位和分包单位就分包工程对建设单位承担连带责任。

9. 下列行为中，属于违法分包行为的有（　　）。

A. 总承包单位将建设工程门窗工程分包给具备资质的单位

B. 分包单位将其承包的建设工程再分包

C. 施工总承包单位将建设工程主体结构的施工分包给其他单位

D. 施工总承包单位将其承包的全部建设工程转包给他人

E. 施工总承包单位自行完成承包工程的主体结构工程

10. 关于建筑工程分包的说法，符合《中华人民共和国建筑法》规定的有（　　）

A. 主体结构的施工由分包单位完成

B. 建筑工程总承包单位按照承包合同的约定对建设单位负责

C. 分包单位按照分包合同的约定对总承包单位负责

D. 总承包单位和分包单位就分包工程对建设单位承担连带责任

E. 分包单位可以将其承包的工程再分包

11. 工程监理单位应当依照（　　），代表建设单位对施工质量实施监理，并对施工质量承担监理责任。

A. 法律、法规　　B. 有关技术标准

C. 有关设计文件　　D. 建设工程承包合同

E. 建设工程保险合同

12. 为了保证工程质量，建设单位往往都很重视材料供应问题，下列说法正确的有（　　）。

A. 工程材料可由建设单位直接采购

B. 工程材料可由承包商负责采购，但应到建设单位指定的供应商处采购

C. 工程材料可由双方认可的供应商供应

D. 建设单位可以直接为承包商指定生产厂家

E. 建设单位可以直接为承包商指定品牌

13. 按照《中华人民共和国建筑法》的规定，建设单位应当在实施建筑工程监理前，将（　　）书面通知被监理的建筑施工企业。

A. 监理的内容　　B. 监理规划

C. 监理的费用　　D. 委托的工程监理单位

E. 监理权限

14. 合同的主体，是指合同关系中享受权利、承担义务的当事人和参与者，包括(　　)。

A. 代理人　　B. 被代理人

C. 自然人　　D. 其他组织

E. 法人

15. 合同是平等主体的(　　)之间设立、变更、终止民事权利义务关系的协议。

A. 自然人　　B. 法人

C. 其他组织　　D. 客体

E. 主体

16. 有些合同在要约之前还会有要约邀请，以下属于要约邀请的有(　　)。

A. 拍卖公告　　B. 招标公告

C. 递交投标文件　　D. 招股说明书

E. 寄送价目表

17. 关于要约邀请的说法，正确的有(　　)。

A. 要约邀请是希望他人向自己发出要约的意思表示

B. 要约邀请是合同成立过程中的必经过程

C. 要约邀请是当事人订立合同的预备行为

D. 要约邀请表示的内容往往不确定，在法律上无需承担责任

E. 不含有合同得以成立的主要内容和相对人同意后受其约束的表示

18. 要约到达受要约人时生效。如采用数据电文形式订立合同的，生效时间正确的是(　　)。

A. 收件人指定特定系统接收数据电文的，该数据电文进入该特定系统的时间，视为到达时间

B. 收件人指定特定系统接收数据电文的，该数据电文发出要约人系统的时间，视为到达时间

C. 收件人未指定特定系统的，该数据电文进入收件人的任何系统的首次时间，视为到达时间

D. 收件人未指定特定系统的，该数据电文发出要约人系统的首次时间，视为到达时间

E. 收件人未指定特定系统的，该数据电文发出要约人系统的最后一次时间，视为到达时间

19. 要约可以撤销，但有下列(　　)情形，要约不得撤销。

A. 要约人确定了承诺期限或者以其他形式明示要约不可撤销

B. 受要约人有理由认为要约是不可撤销的，并已经为履行合同做了准备工作

C. 撤销要约的通知在受要约人发出承诺通知之后到达受要约人

D. 撤销要约的通知在与承诺通知同时到达要约人

E. 撤销要约的通知在受要约人发出承诺通知之前到达受要约人

20. 对要约内容的实质性变更是指对有关合同的(　　)的变更。

A. 标的、数量、质量、价款或者报酬条款

B. 履行期限、履行地点和方式条款

C. 违约责任条款
D. 解决争议方法等的变更条款
E. 建议性条款
21. 关于合同成立的地点的说法，正确的有(　　)。
A. 承诺生效的地点为合同成立的地点
B. 采用数据电文形式订立合同的，收件人的主营业地为合同成立的地点
C. 要约邀请生效的地点为合同成立的地点
D. 要约生效的地点为合同成立的地点
E. 采用合同书形式订立合同的，双方签字或者盖章的地点为合同成立的地点。
22. 对格式条款的理解发生争议的，正确的处理方法有(　　)。
A. 按通常的理解解释
B. 有两种以上解释的，应做出不利于提供格式条款的解释
C. 有两种以上解释的，应做出有利于提供格式条款的解释
D. 按格式条款的起草人的理解解释
E. 格式条款与非格式条款不一致时，应采用格式条款
23. 以下属于缔约过失责任构成条件的有(　　)。
A. 当事人有过错，若无过错，则不承担责任
B. 有损害后果的发生。若无损失，亦不承担责任
C. 当事人的过错行为与造成的损失有因果关系
D. 缔约过失责任发生在合同的履行过程中
E. 缔约过失责任发生于合同无效的缔约过程
24. 关于附条件和附期限的合同的说法，正确的有(　　)。
A. 附生效条件的合同，自条件成就时生效
B. 附解除条件的合同，自条件成就时失效
C. 附生效期限的合同，自期限届至时生效
D. 附终止期限的合同，自期限届满时失效
E. 当事人为自己的利益不正当地阻止条件成就的，视为条件不成就
25. 根据《中华人民共和国合同法》的规定，效力待定的合同包括(　　)。
A. 无行为能力人订立的合同
B. 不能完全辨认自己行为的精神病人订立的合同
C. 无处分权人处分他人财产的合同
D. 因发生不可抗力导致其无法履行的合同
E. 被代理人予以追认的无代理权人以被代理人名义订立的合同
26. 根据《中华人民共和国合同法》的规定，有下列(　　)情形的，合同无效。
A. 乘人之危，使对方在违背真实意思情况下订立的合同
B. 恶意串通，损害国家、集体或者第三人利益
C. 以合法形式掩盖非法目的
D. 损害社会公共利益
E. 违反法律、行政法规的强制性规定

27. 在下列几种情形中，属于可变更合同的有(　　)。

A. 损害公共利益的

B. 以合法活动掩盖非法目的的

C. 恶意串通，损害国家、集体或第三人利益的

D. 因重大误解而订立的

E. 在订立合同时显失公平的

28. 当事人在订立合同过程中有下列(　　)情形，给对方造成损失的，应当承担损害赔偿责任。

A. 不履行合同意向

B. 假借订立合同，恶意进行磋商

C. 因经营状况严重恶化而不签订合同

D. 故障隐瞒与订立合同有关的重要事实或者提供虚假情况

E. 有其他违背诚实信用原则的行为

29. 属于效力待定合同情形的包括(　　)。

A. 限制民事行为能力订立的合同

B. 无权代理的行为人代订的合同

C. 滥用代理权的行为人代订的合同

D. 与第三人恶意串通的代理人的合同

E. 合同双方的代理人为同一人签订的合同

30. 可撤销合同的确认应该是由(　　)确认。

A. 政府行政主管部门　　B. 工商行政管理部门

C. 人民法院　　D. 仲裁机构

E. 当事人双方

31. 根据《中华人民共和国合同法》的规定，执行政府定价或者政府指导价的合同，应遵守的规定有(　　)。

A. 在合同约定的交付期限内政府价格调整时，按照交付时的价格计价

B. 逾期交付标的物的，遇价格上涨时，按照原价格执行

C. 逾期交付标的物的，遇价格下降时，按照现价格执行

D. 逾期提取标的物的，遇价格上涨时，按照新价格执行

E. 逾期付款的，遇价格下降时，按照新价格执行

32. 债权债务概括转让的形式有(　　)。

A. 债权转让　　B. 支付违约金

C. 合同权利和义务的转让　　D. 合同变更

E. 因企业的合并而发生的债权债务的转移

33. 关于合同转让的论述中，正确的有(　　)。

A. 合同的转让包括债权转让、债务转移和权利义务一并转让三种情形

B. 债权人转让权利的，债权人应该通知债务人

C. 债权人转让权利的，应当经债务人同意

D. 债务人转移债务的，债务人应该通知债权人

E. 债务人转移债务的，应当经债权人同意

34. 关于投标文件的补充、修改和撤回的说法，正确的有(　　)。

A. 投标人在招标文件要求提交投标文件的截止时间前，可以补充、修改和撤回已经提交的投标文件

B. 投标人在招标文件要求提交投标文件的截止时间至少15日前，可以补充、修改和撤回已经提交的投标文件

C. 投标人在招标文件要求提交投标文件的截止时间至少20日前，可以补充、修改和撤回已经提交的投标文件

D. 投标人在规定时间内补充、修改和撤回已经提交的投标文件，并书面通知招人，补充、修改的内容为投标文件的组成部分

E. 投标人补充、修改和撤回已经提交的投标文件的，其投标保证金被没收

35. 根据《中华人民共和国招标投标法》的规定，下列说法不符合开标程序的有(　　)。

A. 开标应当在招标文件确定的提交投标文件截止时间的同一时间公开

B. 开标由招标人主持，邀请中标人参加

C. 在招标文件规定的开标时间前收到的所有投标文件，开标时都应当当众予以拆封、宣读

D. 开标由招标办人员主持，邀请中标人参加

E. 开标过程应当记录，并存档备查

36. 根据《中华人民共和国价格法》的规定，属于我国价格形成机制的有(　　)。

A. 市场调节价　　B. 政府指导价

C. 政府定价　　D. 个人定价

E. 社会定价

37. 根据《中华人民共和国保险法》的规定，有下列(　　)情形之一的，除合同另有约定外，保险人应当降低保险费，并按日计算退还相应的保险费。

A. 保险人未及时履行赔偿或者给付保险金义务

B. 保险标的的危险程度明显减少的

C. 保险标的的保险价值明显减少的

D. 保险人解除合同的

E. 被保险人解除合同的

38. 税率是指应纳税额与计税基数之间的比例关系，是税法结构中的核心部分。我国现行税率有(　　)。

A. 比例税率　　B. 累进税率

C. 定额税率　　D. 超额税率

E. 全额税率

参考答案

一、单项选择题

1. A　2. A　3. D　4. C　5. A　6. B　7. C　8. B　9. A　10. C

11. C	12. A	13. B	14. B	15. C	16. D	17. D	18. B	19. C	20. A
21. B	22. D	23. B	24. B	25. B	26. C	27. C	28. B	29. C	30. D
31. A	32. B	33. C	34. D	35. C	36. B	37. A	38. D	39. D	40. C
41. B	42. C	43. A	44. A	45. A	46. B	47. A	48. C	49. D	50. B
51. C	52. C	53. D	54. D	55. C	56. C	57. B	58. C	59. A	60. D
61. C	62. D	63. A	64. D	65. D	66. C	67. B	68. A	69. D	70. A
71. A	72. A	73. A	74. B	75. C	76. C	77. D	78. D	79. A	80. A
81. B	82. D	83. A	84. B	85. D	86. A	87. B	88. C	89. A	90. D

二、多项选择题

1. ABDE	2. BE	3. ABCD	4. CD	5. AD
6. ABD	7. ABCE	8. ABD	9. BCD	10. BCD
11. ABCD	12. AC	13. ADE	14. CDE	15. ABC
16. ABDE	17. ACDE	18. AC	19. ABCD	20. ABCD
21. ABE	22. AB	23. ABC	24. ABCD	25. ABC
26. BCDE	27. DE	28. BDE	29. AB	30. CD
31. ABCD	32. CE	33. ABE	34. AD	35. BD
36. ABC	37. BC	38. ABC		

第二节　工程造价管理制度

考纲要求

1. 了解造价工程师管理制度和执业资格制度。
2. 了解工程造价咨询及其管理制度。

考点汇总

一、建设工程造价管理体制

1. 政府部门的行政管理
2. 行业协会的自律管理

二、建设工程造价咨询企业管理

（一）工程造价咨询企业资质等级标准

1. 甲级资质标准
2. 乙级资质标准

（二）工程造价咨询企业的业务承接

1. 业务范围

2. 执业
(1) 咨询合同及其履行。
(2) 执业行为准则。
3. 企业分支机构
4. 跨省区承接业务

(三) 工程造价咨询企业的法律责任

1. 资质申请或取得的违规责任
2. 经营违规的责任
3. 其他违规责任

三、建设工程造价专业人员资格管理

(一) 资格考试

① 报考条件；②考试科目；③考试专业；④考试时间；⑤证书取得。

(二) 注册

(三) 执业

习题精选

一、单项选择题

1. 取得造价工程师职业资格证书且从事工程造价相关工作的人员，经(　　)方可以造价工程师名义执业。

A. 备案　　B. 注册　　C. 登记　　D. 申请

2. 负责归集全国造价工程师注册信息，促进造价工程师注册、执业和信用信息互通共享的部门是(　　)。

A. 交通运输部　　B. 住房城乡建设部
C. 水利部　　D. 由以上三部门共同负责

3. 一级造价工程师的执业范围不包括(　　)。

A. 工程概算、预算、结算、竣工结（决）算的编制和审核
B. 工程量清单、标底（或者控制价）、投标报价的编制和审核
C. 建设项目管理过程中设计方案的优化
D. 工程经济纠纷案件的审理

4. 二级造价工程师执业范围不包括(　　)。

A. 建设工程工料分析、计划、组织
B. 成本管理，施工图预算、设计概算编制
C. 建设工程量清单编制
D. 审核工程造价咨询成果文件签章

5. 造价工程师(　　)同时受聘于两个或两个以上单位。

A. 可以　　B. 不得

C. 经主管部分同意后可以　　D. 经两个单位同意后就可以

6. 乙级工程造价咨询企业依法从事工程造价咨询活动，(　　)。

A. 不受行政区域限制　　B. 只能在本省内从事

C. 只能在本地区内从事　　D. 可以不受任何限制

7. 在设立甲级工程造价咨询企业时，企业出资人中，注册造价工程师人数不低于出资人总人数的(　　)%，且其出资额不低于企业注册资本总额的60%。

A. 30　　B. 40　　C. 20　　D. 60

8. 甲级工程造价咨询企业中专职从事工程造价专业工作的人员和取得造价工程师注册证书的人员分别不少于(　　)人。

A. 20、10　　B. 16、8　　C. 12、6　　D. 16、6

9. 工程造价咨询业务范围包括(　　)。

A. 建设项目建议书及可行性研究投资估算、项目经济评价报告的审批

B. 配合设计方案比选、优化设计、限额设计等工作进行工程造价分析与控制

C. 工程竣工决算报告的审批

D. 工程造价经济纠纷的仲裁

10. 工程造价咨询企业从事工程造价咨询业务，应当按照有关规定的要求出具工程造价成果文件，工程造价成果文件应当由工程造价咨询企业加盖(　　)。

A. 执业印章，并由执行咨询业务的注册造价工程师签字、加盖执业印章

B. 执业印章，并由执行咨询业务的总工程师签字、加盖个人印章

C. 合同专用章，并由执行咨询业务的注册造价工程师签字、加盖执业印章

D. 合同专用章，并由执行咨询业务的总工程师签字、加盖个人印章

11. 未取得工程造价咨询企业资质从事工程造价咨询活动或者超越资质等级承接工程造价咨询业务的，(　　)。

A. 出具的工程造价成果文件无效，由有关部门给予处罚

B. 出具的工程造价成果文件无效，但不给予处罚

C. 出具的工程造价成果文件有效，但有关部门给予处罚

D. 出具的工程造价成果文件有效，但不给予处罚

12. 工程造价咨询企业的分支机构从事工程造价咨询业务，应当由(　　)负责承接工程造价咨询业务、订立工程造价咨询合同、出具工程造价成果文件。

A. 设立该分支机构的工程造价咨询企业

B. 该工程造价咨询企业的分支机构

C. 设立该分支机构的工程造价咨询企业负责人

D. 该工程造价咨询企业的分支机构负责人

13. 工程造价咨询企业跨省、自治区、直辖市承接工程造价咨询业务的，应当自承接业务之日起(　　)日内到省、自治区、直辖市人民政府建设主管部门备案。

A. 30　　B. 40　　C. 20　　D. 60

14. 工程造价咨询企业跨省、自治区、直辖市承接工程造价咨询业务的，应当到(　　)所在地省、自治区、直辖市人民政府建设主管部门备案。

A. 工程造价咨询企业注册　　B. 建设工程

C. 工程造价咨询企业分支机构注册　　D. 合同签订

二、多项选择题

1. 负责一级造价工程师注册及相关工作的部门有(　　)。

A. 住房城乡建设部　　　　B. 交通运输部

C. 水利部　　　　D. 人力资源部

E. 社会保障部

2. 关于乙级工程造价咨询企业的业务承担的说法，正确的有(　　)。

A. 只能在本省、自治区、直辖市承担业务

B. 可以从事工程造价 5000 万元以下的各类工程建设项目

C. 不受行政区域限制

D. 任意规模工程建设项目

E. 在其资质等级许可的范围内承接工程造价咨询活动

3. 关于工程造价咨询企业的分支机构的说法，正确的有(　　)。

A. 可以跨省区承担业务

B. 可以以自己的名义承接工程造价咨询业务

C. 可以以自己的名义订立工程造价咨询合同

D. 可以以自己的名义出具工程造价成果文件

E. 工程造价咨询企业设立分支机构的，应当到分支机构工商注册所在地省级政府建设主管部门备案

4. 一级造价工程师的执业范围包括(　　)。

A. 项目建议书、可行性研究投资估算与审核，项目评价造价分析

B. 建设工程设计概算、施工预算编制和审核

C. 建设工程招标投标文件工程量和造价的编制与审核

D. 建设工程合同价款、结算价款、竣工决算价款的编制与管理

E. 工程保险理赔的核查

5. 二级造价工程师主要协助一级造价工程师开展相关工作，具体工作包括(　　)。

A. 项目建议书、可行性研究投资估算与审核

B. 建设工程工料分析、施工图预算、设计概算编制

C. 建设工程量清单、最高投标限价、投标报价编制

D. 建设工程合同价款、结算价款的编制

E. 竣工决算价款的编制

6. 工程造价咨询企业设立分支机构的，应持(　　)等材料到分支机构工商注册所在地省、自治区、直辖市人民政府建设主管部门备案。

A. 分支机构营业执照复印件

B. 工程造价咨询企业资质证书原件

C. 拟在分支机构执业的不少于 3 名注册造价工程师的注册证书复印件

D. 分支机构固定办公场所的租赁合同或产权证明

E. 分支机构注册资本证明材料复印件

参考答案

一、单项选择题

1. B　2. B　3. D　4. D　5. B　6. A　7. D　8. A　9. B　10. A
11. A　12. A　13. A　14. B

二、多项选择题

1. ABC　2. BCE　3. AE　4. ABCD　5. BCDE
6. ACD

第二章　工程项目管理

第一节　工程项目组成和分类

考纲要求

掌握工程项目组成和分类。

考点汇总

一、建设工程项目的组成

建设工程项目可分为单项工程、单位（子单位）工程、分部（子分部）工程和分项工程。

（1）单项工程：单项工程是指在一个建设工程项目中，具有独立的设计文件，竣工后可以独立发挥生产能力或效益的一组配套齐全的工程项目。

（2）单位（子单位）工程：是指具备独立施工条件并能形成独立使用功能的建筑物及构筑物。

（3）分部（子分部）工程：是单位工程的组成部分，应按专业性质、建筑部位确定。

（4）分项工程：是分部工程的组成部分，一般按主要工程、材料、施工工艺、设备类别等进行划分。

二、建设工程项目的分类

（1）按建设性质划分：可分为新建项目、扩建项目、改建项目、迁建项目和恢复项目。

（2）按投资作用划分：可分为生产性建设工程项目和非生产性建设工程项目。

（3）按项目规模划分：为适应对建设工程项目分级管理的需要，国家规定基本建设项目分为大型、中型、小型三类；更新改造项目分为限额以上和限额以下两类。

（4）按项目的投资效益划分：可分为竞争性项目、基础性项目和公益性项目。

（5）按项目的投资来源划分：建设工程项目可分为政府投资项目和非政府投资项目。按照其盈利性不同，政府投资项目又可分为经营性政府投资项目和非经营性政府投资项目。

习题精选

一、单项选择题

1. 某工程有独立设计的施工图纸和施工组织设计，但建成后不能独立发挥生产能力，此工程应属于（　　）。

A. 分部工程　　B. 单项工程　　C. 分项工程　　D. 单位工程

2. 作为建设工程项目的组成部分，具有独立的设计文件，竣工后可以独立发挥生产能力或效益的一组配套齐全的工程项目是(　　)。

A. 分部工程　　B. 单项工程　　C. 分项工程　　D. 单位工程

3. 下列工程中，属于分部工程的是(　　)。

A. 既有工厂的车间扩建工程　　B. 工业车间的设备安装工程

C. 房屋建筑的装饰装修工程　　D. 基础工程中的土方开挖工程

4. 一座大型食品加工厂属于(　　)。

A. 单项工程　　B. 建设工程　　C. 建设项目　　D. 单位工程

5. 根据《建筑工程施工质量验收统一标准》（GB 50300—2013）的规定，建筑节能工程属于(　　)。

A. 单项工程　　B. 分部工程　　C. 建设项目　　D. 单位工程

6. 某中学实验楼的土建工程属于(　　)。

A. 单项工程　　B. 单位工程　　C. 建设项目　　D. 分项工程

7. 某大型商场的桩基础工程属于(　　)。

A. 建设项目　　B. 单项工程　　C. 分部工程　　D. 单位工程

8. 不属于按建设项目性质的分类是(　　)。

A. 扩建项目　　B. 在建项目　　C. 改建项目　　D. 迁建项目

9. 基本建设项目按投资规模分类的是(　　)。

A. 筹建项目　　B. 在建项目　　C. 大型项目　　D. 投产项目

10. 不属于按建设项目投资效益分类的是(　　)。

A. 竞争性项目　　B. 基础性项目　　C. 公益性项目　　D. 生产型项目

11. 按照投资作用进行建设工程项目分类的是(　　)。

A. 生产型建设项目和非生产型建设项目

B. 限额以上和限额以下项目

C. 政府投资项目和非政府投资项目

D. 竞争性项目、基础性项目和公益性项目

12. 当分部工程较大或较复杂时，可按材料种类、施工特点、施工程序、专业系统及类别等将其划分为若干(　　)。

A. 子分部工程　　B. 单位工程　　C. 分项工程　　D. 单项工程

13. 根据《建筑工程施工质量验收统一标准》（GB 50300—2013）的规定，属于分项工程的是(　　)。

A. 计算机机房工程　B. 轻钢结构工程　　C. 土方开挖工程　　D. 外墙防水工程

二、多项选择题

1. 建设工程项目是指为完成依法立项的(　　)等各类工程而进行的、有起止日期的、达到规定要求的一组相互关联的受控活动组成的特定过程。

A. 新建　　B. 扩建

C. 改建　　D. 营运

E. 维修

2. 建设工程项目按照由整体到局部，由大到小，可以划分为(　　)。

A. 单项工程　　B. 单位工程

C. 分部工程　　D. 分项工程

E. 子项工程

3. 建设工程项目按项目的投资来源划分可分为(　　)。

A. 政府投资项目　　B. 非政府投资项目

C. 生产性项目　　D. 非生产性项目

E. 竞争性项目

4. 建设项目按照性质不同的分类有(　　)。

A. 新建项目　　B. 扩建项目

C. 筹建项目　　D. 迁建项目

E. 非生产性项目

5. 以下(　　)项目属于单项工程。

A. 纺织厂的织布车间　　B. 某一个中型规模的火车站

C. 某小区一栋住宅楼　　D. 某一个大型医院

E. 某一所新建大学

6. 以下属于单位工程的有(　　)。

A. 教学楼的主体工程

B. 办公楼的土建工程

C. 住宅楼±0.000以下的工程

D. 汽车组装车间的工艺设备安装工程

E. 某教学楼桩基工程

7. 以下属于一个分部工程的有(　　)。

A. 写字楼的地基基础工程

B. 教学楼的混凝土楼板工程

C. 图书馆的主体结构工程

D. 综合楼的钢筋工程

E. 某教学楼屋面工程

8. 建设项目按照项目的投资作用分类的有(　　)。

A. 在建项目　　B. 非生产性建设工程项目

C. 筹建项目　　D. 投产项目

E. 生产性建设工程项目

参考答案

一、单项选择题

1. D　2. B　3. C　4. C　5. B　6. B　7. C　8. B　9. C　10. D
11. A　12. A　13. C

二、多项选择题

1. ABC　2. ABCD　3. AB　4. ABD　5. AC
6. BD　7. ACE　8. BE

第二节　工程建设程序

考纲要求

掌握工程建设程序。

考点汇总

一、投资决策阶段工作内容

1. 编报项目建议书
2. 编报可行性研究报告
3. 项目投资决策管理制度

二、建设实施阶段工作内容

1. 工程设计

(1) 工程设计阶段及其内容：工程设计工作一般划分为两个阶段，即初步设计和施工图设计。重大项目和技术复杂项目可根据需要增加技术设计阶段。

(2) 施工图设计文件的审查：

1) 是否符合工程建设强制性标准。

2) 地基基础和主体结构的安全性。

3) 是否符合民用建筑节能强制性标准，对执行绿色建筑标准的项目，还应当审查是否符合绿色建筑标准。

4) 勘察设计企业和注册执业人员以及相关人员是否按规定在施工图上加盖相应的图章和签字。

5) 法律、法规、规章规定必须审查的其他内容。

任何单位或者个人不得擅自修改审查合格的施工图。确需修改的，凡涉及上述审查内容的，建设单位应当将修改后的施工图送原审查机构审查。

2. 建设准备

（1）建设准备工作内容：项目在开工建设之前要切实做好各项准备工作，其主要内容如下。

1）征地、拆迁和场地平整。

2）完成施工用水、电、通信、道路等接通工作。

3）组织招标选择工程监理单位、承包单位及设备、材料供应商。

4）准备必要的施工图纸。

（2）工程质量监督手续和施工许可证的办理：建设单位完成工程建设准备工作并具备工程开工条件后，应及时办理工程质量监督手续和施工许可证。

3. 施工安装

项目新开工时间，是指工程项目设计文件中规定的任何一项永久性工程第一次正式破土开槽开始施工的日期。不需开槽的工程，正式开始打桩的日期就是开工日期。铁路、公路、水库等需要进行大量土、石方工程的，以开始进行土方、石方工程的日期作为正式开工日期。工程地质勘察、平整场地、旧建筑物的拆除、临时建筑、施工用临时道路和水、电等工程开始施工的日期不能算作正式开工日期。分期建设的项目分别按各期工程开工的日期计算，如二期工程应根据工程设计文件规定的永久性工程开工的日期计算。

4. 生产准备

5. 竣工验收

（1）竣工验收的范围和标准。

（2）竣工验收的准备工作：

1）整理技术资料。

2）绘制竣工图。

① 凡按图施工没有变动的，由施工承包单位（包括总包单位和分包单位）在原施工图上加盖“竣工图”标志后即作为竣工图。

② 凡在施工中，虽有一般性设计变更，但能将原施工图加以修改补充作为竣工图的，可不重新绘制，由施工承包单位负责在原施工图（必须新蓝图）上注明修改部分，并附以设计变更通知单和施工说明，加盖“竣工图”标志后，即作为竣工图。

③ 凡结构形式改变、工艺改变、平面布置改变、项目改变以及有其他重大改变，不宜再在原施工图上修改补充者，应重新绘制改变后的竣工图。由于设计原因造成的，由设计单位负责重新绘图；由于施工原因造成的，由施工承包单位负责重新绘图；由于其他原因造成的，由业主自行绘图或委托设计单位绘图，施工承包单位负责在新图上加盖“竣工图”标志，并附以有关记录和说明，作为竣工图。

竣工图必须准确、完整，符合归档要求，方能交工验收。

3）编制竣工决算。

（3）竣工验收的程序和组织：工程项目全部建完，经过各单位工程的验收，符合设计要求，并具备竣工图、竣工决算、工程总结等必要文件资料，由项目主管部门或建设单位向负责验收的单位提出竣工验收申请报告。

（4）竣工验收备案：建设单位应当自工程竣工验收合格之日起 15 日内，向工程所在地县级以上地方人民政府建设主管部门备案。

三、项目后评价

项目后评价的基本方法是对比法。在实际工作中，往往从以下两个方面对建设工程项目进行后评价：①效益后评价；②过程后评价。

习题精选

一、单项选择题

1. 建设程序，是指(　　)在整个建设过程中，各项工作(　　)的先后顺序。

A. 建设项目　可能遵循　　B. 建设工程　必须遵循

C. 建设项目　必须遵循　　D. 建设工程　可能遵循

2. 关于项目建议书的说法，不正确的是(　　)。

A. 项目建议书经批准后，可以进行详细的可行性研究工作，但并不表明项目非上不可

B. 经过批准的项目建议书是项目的最终决策

C. 企业不需要编制项目建议书而可直接编制可行性研究报告

D. 项目建议书的主要作用是推荐一个拟建项目，供国家选择并确定是否进行下一步工作

3. 根据《国务院关于投资体制改革的决定》的规定，政府投资项目实行(　　)。

A. 审批制　　B. 核准制　　C. 备案制　　D. 报告制

4. 根据《国务院关于投资体制改革的决定》的规定，对于《政府核准的投资项目目录》以外的企业投资项目，实行(　　)。

A. 审批制　　B. 核准制　　C. 备案制　　D. 报告制

5. 如果初步设计提出的总概算超过可行性研究报告总投资的(　　)以上或其他主要指标需要变更时，应说明原因和计算依据，并重新向原审批单位报批可行性研究报告。

A. 5%　　B. 10%　　C. 15%　　D. 20%

6. 根据《房屋建筑和市政基础设施工程施工图设计文件审查管理办法》(中华人民共和国住房和城乡建设部令第13号)的规定，建设单位应当将施工图送(　　)审查。

A. 质量监督站　　B. 专业设计院　　C. 监理机构　　D. 施工图审查机构

7. 建设项目在开工建设之前要切实做好各项准备工作，其主要内容不包括(　　)。

A. 征地、拆迁、场地平整以及基坑开挖工作

B. 完成施工用水、电、通信、道路等接通工作

C. 组织招标选择工程监理单位、承包单位及设备、材料供应商

D. 准备必要的施工图纸

8. 建设项目在开工建设之前完成工程建设准备工作并具备工程开工条件后，由(　　)负责及时办理工程质量监督手续和施工许可证。

A. 建设单位　　B. 施工单位　　C. 监理单位　　D. 设计单位

9. 工程竣工验收的准备工作应由(　　)负责。

A. 建设单位　　B. 施工单位　　C. 监理单位　　D. 设计单位

10. 关于竣工图的绘制，一般规定：不管在施工过程中图纸有无变更、最终是否需要重新绘制，但必须由(　　)负责在原施工图或重新绘制的工程图上加盖“竣工图”标志，才能

作为竣工图。

A. 建设单位　　B. 施工单位　　C. 监理单位　　D. 设计单位

11. 根据《房屋建筑和市政基础设施工程竣工验收备案管理办法》(中华人民共和国住房和城乡建设部令第 2 号)的规定，建设单位应当自工程竣工验收合格之日起(　　)日内，向工程所在地县级以上地方人民政府建设主管部门备案。

A. 5　　B. 10　　C. 15　　D. 20

12. 项目后评价的基本方法是(　　)。

A. 对比法　　B. 分析法　　C. 统计法　　D. 总结评价法

13. 根据《国务院关于投资体制改革的决定》的规定，对于采用贷款贴息方式的政府投资项目，政府需要审批(　　)。

A. 项目建议书　　B. 可行性研究报告　　C. 工程概算　　D. 资金申请报告

14. 根据《国务院关于投资体制改革的决定》的规定，对于采用直接投资和资本金注入方式的政府投资项目，除特殊情况外，政府部门不再审批(　　)。

A. 开工报告　　B. 初步设计　　C. 工程概算　　D. 可行性研究报告

15. 根据《国务院关于投资体制改革的决定》的规定，对于企业不使用政府资金投资建设的项目，仅需向政府提交(　　)。

A. 项目建议书　　B. 项目可行性研究报告

C. 项目初步设计和概算　　D. 项目申请报告

16. 根据《国务院关于投资体制改革的决定》的规定，为了广泛听取社会各方对政府投资项目的意见和建议，国家将逐步实行政府投资项目(　　)制度。

A. 专家评审　　B. 公示　　C. 咨询评估　　D. 听证

二、多项选择题

1. 以下属于建设准备阶段的工作有(　　)。

A. 通过招标选择施工单位　　B. 准备必要的施工图纸

C. 招收、培训生产人员　　D. 落实生产原材料供应

E. 征地、拆迁

2. 工程项目建设程序是指工程项目从策划开始，经过评估、决策、(　　)的整个建设过程中，各项工作必须遵循的先后工作次序。

A. 设计　　B. 施工

C. 竣工验收　　D. 投入生产或交付使用

E. 运营

3. 根据《国务院关于投资体制改革的决定》的规定，非政府投资项目实行(　　)。

A. 审批制　　B. 核准制

C. 备案制　　D. 报告制

E. 审核制

4. 重大项目和技术复杂项目，工程设计工作一般划分为(　　)。

A. 扩大初步设计阶段　　B. 方案设计阶段

C. 初步设计阶段　　D. 施工图设计阶段

E. 技术设计阶段

5. 根据《房屋建筑和市政基础设施工程施工图设计文件审查管理办法》（中华人民共和国住房和城乡建设部令第 13 号）的规定，建设单位应当将施工图送施工图审查机构，进行(　　)等内容的审查。

A. 结构安全　　B. 强制性标准

C. 规范执行情况　　D. 是否符合民用建筑节能强制性标准

E. 劳动卫生

6. 工程项目经批准新开工建设，项目即进入施工安装阶段。以下(　　)可能作为项目新开工时间。

A. 工程项目设计文件中规定的任何一项永久性工程第一次正式破土开槽开始施工的日期

B. 不需开槽的工程，正式开始打桩的日期就是开工日期

C. 需要进行大量土、石方工程的，以开始进行土方、石方工程的日期作为正式开工日期

D. 分期建设的项目分别按各期工程开工的日期计算

E. 如果工程地质勘察、平整场地工作在先，则将其开始的日期作为正式开工日期

7. 竣工验收准备工作的主要内容包括(　　)。

A. 整理技术资料　　B. 绘制竣工图

C. 编制竣工决算　　D. 办理工程结算

E. 支付工程款

8. 关于绘制竣工图的说法，正确的有(　　)。

A. 凡按图施工没有变动的，由施工单位在原施工图上加盖“竣工图”标志后即可

B. 凡有重大改变的，如设计原因造成的，由设计单位负责绘制，施工单位负责加盖“竣工图”标志

C. 凡有重大改变的，如施工原因造成的，由施工单位负责绘制，并加盖“竣工图”标志

D. 凡有重大改变的，由于其他原因的，由业主负责绘制，施工单位负责加盖“竣工图”标志

E. 仅有一般性设计变更，可不重新绘制，由施工单位负责加盖“竣工图”标志后即作为竣工图

9. 在项目后评价的实际工作中，往往从以下(　　)方面对建设工程项目进行后评价。

A. 效益后评价　　B. 过程后评价

C. 结果后评价　　D. 财务后评价

E. 合同后评价

10. 属于项目建议书内容的有(　　)。

A. 产品方案的初步设想　　B. 项目进度安排

C. 经济效益的初步估计　　D. 资源条件评价

E. 市场风险分析

11. 根据《国务院关于投资体制改革的决定》的规定，企业投资建设《政府核准的投资项目目录》中的项目时，不再经过批准(　　)的程序。

A. 项目建议书　　B. 项目可行性研究报告

C. 项目初步设计　　D. 项目施工图设计

E. 项目开工报告

12. 根据《国务院关于投资体制改革的决定》的规定，只需审批资金申请报告的政府投资项目是指采用(　　)方式的项目。

A. 直接投资　　B. 资本金注入

C. 投资补助　　D. 转贷

E. 贷款贴息

13. 根据《房屋建筑和市政基础设施施工程施工图设计文件审查管理办法》的规定，施工图审查机构对施工图设计文件审查的内容有(　　)。

A. 是否按限额设计标准进行施工图设计

B. 是否符合工程建设强制性标准

C. 施工图预算是否超过批准的工程概算

D. 地基基础的主体结构的安全性

E. 危险性较大的工程是否有专项施工方案

14. 建设单位在办理工程质量监督注册手续时需提供的资料有(　　)。

A. 中标通知书　　B. 施工进度计划

C. 施工方案　　D. 施工组织设计

E. 监理规划

参考答案

一、单项选择题

1. C　2. B　3. A　4. C　5. B　6. D　7. A　8. A　9. A　10. B
11. C　12. A　13. D　14. A　15. D　16. B

二、多项选择题

1. ABE　2. ABCD　3. BC　4. CDE　5. ABCD
6. ABCD　7. ABC　8. ABCD　9. AB　10. ABC
11. ABE　12. CDE　13. BD　14. ADE

第三节　工程项目管理目标和内容

考纲要求

了解工程项目管理目标和内容。

考点汇总

一、项目管理的概念和知识体系

1. 项目管理的概念

2. 项目管理知识体系

项目管理知识体系包括 9 个知识领域，即：范围管理、时间管理、成本管理、质量管理、人力资源管理、沟通管理、采购管理、风险管理和综合管理。

二、建设工程项目管理的目标和发展趋势

1. 建设工程项目管理目标

建设工程项目管理的核心任务是控制项目基本目标（造价、质量、进度），最终实现项目的功能，以满足使用者的需求。

（1）三大目标之间的对立关系。

（2）三大目标之间的统一关系。

2. 建设工程项目管理的发展趋势

为了适应建设工程项目大型化、项目大规模融资及分散项目风险等需求，建设工程项目管理呈现出集成化、国际化、信息化趋势。

三、建设工程项目管理的类型和任务

1. 建设工程项目管理的类型

（1）业主方项目管理。

（2）工程总承包方项目管理。

（3）设计方项目管理。

（4）施工方项目管理。

（5）供货方项目管理。

2. 建设工程项目管理的任务

建设工程项目管理的主要任务是在项目可行性研究、投资决策的基础上，对勘察设计、建设准备、施工及竣工验收等全过程的一系列活动进行规划、协调、监督、控制和总结评价，通过合同管理、组织协调、目标控制、风险管理和信息管理等措施，保证工程项目质量、进度、造价目标得到有效控制。

习题精选

一、单项选择题

1. 建设工程项目管理的核心任务是(　　)。

A. 控制项目采购　　B. 控制项目目标

C. 控制项目风险　　D. 控制项目信息

2. 在项目组织方面，业主变自行管理模式为委托项目管理模式。由项目管理咨询公司作为业主代表或业主的延伸，根据其自身的资质、人才和经验，以系统和组织运作的手段和方法对项目进行管理。这体现了建设工程项目管理的(　　)发展趋势。

A. 集成化　　B. 国际化　　C. 信息化　　D. 规范化

3. 在建设工程项目的决策和实施过程中，由于各阶段的任务和实施主体不同，构成了不同类型的项目管理。(　　)是全过程的项目管理，包括项目决策与实施阶段的各个环节。

A. 业主方项目管理　　B. 工程总承包方项目管理

C. 设计方项目管理　　D. 施工方项目管理

4. 某项目实施主体的项目管理不仅仅局限于项目勘察设计阶段，而且要延伸到项目的施工阶段和竣工验收阶段。该项目实施主体是(　　)。

A. 业主方　　B. 工程总承包方　　C. 设计方　　D. 施工方

5. 造价控制、进度控制、质量控制之间是(　　)。

A. 相互矛盾的关系

B. 相互统一的关系

C. 相互对立统一的关系

D. 相互独立的关系

6. 建设工程项目三大目标之间存在着矛盾和对立的一面。下列能说明这一点的是(　　)。

A. 为了提高质量，就需要增加投资、延长工期

B. 增加投资导致延长工期，最终质量下降

C. 适当提高质量标准，尽管会增加投资，但能使工期缩短

D. 科学地安排进度计划，可以大大缩短工期、提高质量，不会造成投资增加

7. 根据《关于实行建设项目法人责任制的暂行规定》的规定，项目法人应在(　　)正式成立。

A. 项目建议书被批准后　　B. 项目施工图设计文件审查通过后

C. 项目可行性研究报告被批准后　　D. 项目初步设计文件被批准后

二、多项选择题

1. 项目管理知识体系包括 9 个知识领域，其中项目成本管理是指为确保项目在批准的预算范围内完成所需的各个过程，成本管理中属于成本控制的工作包括(　　)。

A. 成本计划　　B. 计划预控

C. 成本预测　　D. 过程控制

E. 纠偏控制

2. 施工方项目管理的目标体系包括项目施工质量、成本、工期以及(　　)。

A. 安全和现场标准化　　B. 环境保护

C. 技术　　D. 合同

E. 组织

3. 关于建设工程项目管理类型的说法，正确的有(　　)。

A. 业主方项目管理是全过程的项目管理

B. 项目管理单位可以为业主方提供全过程的项目管理

C. 工程总承包方的项目管理是指项目施工安装阶段的项目管理

D. 设计方的项目管理应该延伸到项目的施工阶段和竣工验收阶段

E. 设计方的项目管理应该实施 QCDSE 目标体系

4. 关于建设工程项目管理任务的说法，正确的有(　　)。

A. 从某种意义上讲，项目的实施过程就是合同订立和履行的过程

B. 组织协调是实现项目目标必不可少的方法和手段

C. 目标控制的措施包括组织、技术、经济、合同等措施

D. 信息管理是项目目标控制的基础

E. 为了加快项目进度，环保措施可以列入后期工程实施

5. 实行法人责任制的建设项目，项目总经理的职责有(　　)。

A. 负责筹措建设资金

B. 负责提出项目竣工验收申请报告

C. 组织编制项目初步设计文件

D. 组织工程设计招标工作

E. 负责生产准备工作和培训有关人员

6. 根据《关于实行建设项目法人责任制的暂行规定》的规定，项目董事会的职权包括(　　)。

A. 提出项目开工报告

B. 组织材料设备采购招标工作

C. 组织项目后评价

D. 审核、上报项目初步设计和概算文件

E. 负责按时偿还债务

参考答案

一、单项选择题

1. B　2. A　3. A　4. C　5. C　6. A　7. C

二、多项选择题

1. BDE　2. AB　3. ABD　4. ABCD　5. CDE　6. ADE

第四节　工程项目实施模式

考纲要求

掌握工程项目实施模式。

考点汇总

一、业主方工程项目实施模式

(一) 项目管理承包模式

1. PMC 的类型

2. PMC 的工作内容

(1) 项目前期阶段工作内容。

（2）项目实施阶段工作内容。

3. PMC 的优越性

（二）工程代建制

1. 工程代建的性质

2. 工程代建制与项目法人责任制的区别

（1）项目管理责任范围不同。

（2）项目建设资金责任不同。

（3）项目保值增值责任不同。

（4）适用的工程对象不同。

二、工程项目承发包模式

（一）总分包模式

（二）平行承包模式

（三）联合体承包模式

（四）合作承包模式

（五）CM 承包模式

1. CM 承包模式的特点

（1）采用快速路径法施工。

（2）CM 单位有代理型（Agency）和非代理型（Non-Agency）两种

（3）CM 合同采用成本加酬金方式。

2. CM 承包模式在工程造价控制方面的价值

（六）Partnering 模式

Partnering 模式的主要特征：①出于自愿；②高层管理的参与；③信息的开放性。

三、工程项目管理组织机构形式

（一）直线制

（二）职能制

（三）直线职能制

（四）矩阵制

1. 强矩阵制组织形式

2. 中矩阵制组织形式

3. 弱矩阵制组织形式

习题精选

一、单项选择题

1. 工程项目承包模式中，建设单位组织协调工作量小，但风险较大的是(　　)。

A. 总分包模式　　B. 合作体承包模式

C. 平行承包模式 D. 联合体承包模式

2. 建设工程采用 CM 承包模式时，CM 单位有代理型和非代理型两种。工程分包商的签约对象是(　　)。

A. 代理型为业主，非代理型为 CM 单位

B. 代理型为 CM 单位，非代理型为业主

C. 无论代理型或非代理型，均为业主

D. 无论代理型或非代理型，均为 CM 单位

3. 关于 CM 承包模式的说法，正确的是(　　)。

A. CM 合同采用成本加酬金的计价方式

B. 分包合同由 CM 单位与分包单位签订

C. 总包与分包之间的差价归 CM 单位

D. 订立 CM 合同时需要一次确定施工合同总价

4. 下列项目管理组织机构形式中，未明确项目经理角色的是(　　)组织机构。

A. 职能制 B. 弱矩阵制 C. 平衡矩阵制 D. 强矩阵制

5. 工程项目管理组织机构采用直线制形式的主要优点是(　　)。

A. 管理业务专门化，易提高工作质量

B. 部门间横向联系强，管理效率高

C. 隶属关系明确，易实现统一指挥

D. 集权与分权结合，管理机构灵活

6. 下列工程项目管理组织机构形式中，具有较大的机动性和灵活性，能够实现集权与分权的最优结合，但因有双重领导，容易产生扯皮现象的是(　　)。

A. 矩阵制 B. 直线职能制

C. 直线制 D. 职能制

7. 在下列工程项目管理组织机构形式中，容易形成多头领导的是(　　)。

A. 直线职能制和直线制 B. 直线制和职能制

C. 职能制和矩阵制 D. 矩阵制和直线职能制

二、多项选择题

1. 建设工程设计与施工采用总分包模式的特点有(　　)。

A. 对总承包商要求高，业主选择范围小

B. 总包合同价格可较早确定，合同金额较低

C. 业主的合同结构简单，组织协调工作量小

D. 工程设计与施工有机融合，有利于缩短建设工期

E. 分包单位多，弱化了工程质量控制工作

2. 建设工程采用平行承包模式时，建设单位控制工程造价难度大的原因有(　　)。

A. 合同价值小，建设单位选择承包单位的范围小

B. 合同数量多，组织协调工作量大

C. 总合同价不易在短期内确定，影响造价控制的实施

D. 建设周期长，增加时间成本

E. 工程招标任务量大，需控制多项合同价格

3. 建设工程施工联合体承包模式的特点有(　　)。
A. 业主的合同结构简单，组织协调工作量小
B. 通过联合体内部合同约束，增加了工程质量监控环节
C. 施工合同总价可以较早确定，业主可承担较少风险
D. 施工合同风险大，要求各承包商有较高的综合管理水平
E. 能够集中联合体成员单位优势，增强抗风险能力
4. 关于 CM 承包模式的说法，正确的有(　　)。
A. CM 承包模式下采用快速路径法施工
B. CM 单位直接与分包单位签订分包合同
C. CM 合同采用成本加酬金的计价方式
D. CM 单位与分包单位之间的合同价是保密的
E. CM 单位不赚取总包与分包之间的差价
5. 建设工程项目采用 Partnering 模式的特点有(　　)。
A. Partnering 协议是工程建设参与各方共同签署的协议
B. Partnering 协议是工程合同文件的组成部分
C. Partnering 模式需要工程建设参与各方高层管理者的参与
D. Partnering 模式强调资源共享和风险分担
E. Partnering 模式可以独立于其他承包模式而存在
6. 关于强矩阵制组织形式的说法，正确的有(　　)。
A. 项目经理具有较大权限
B. 需要配备训练有素的协调人员
C. 项目组织成员绩效完全由项目经理考核
D. 适用于技术复杂且对时间紧迫的项目
E. 项目经理直接向最高领导负责

参考答案

一、单项选择题

1. B　2. A　3. A　4. B　5. C　6. A　7. C

二、多项选择题

1. ACD　2. CE　3. AE　4. ACE　5. ACD
6. ACDE

第三章　工程造价构成

第一节　建设项目总投资与工程造价

考纲要求

1. 熟悉建设项目总投资的构成。
2. 掌握工程造价的构成。

考点汇总

一、建设项目总投资的构成

建设项目总投资是指为完成工程项目建设并达到使用要求或生产条件，在建设期内预计或实际投入的全部费用总和。生产性建设项目总投资包括工程造价（固定资产投资）和流动资金；非生产性建设项目总投资一般仅指工程造价。建设项目总投资的构成包括：

1. 建设投资
2. 建设期利息
3. 流动资金

二、工程造价（固定资产投资）的构成

工程造价包括建设投资和建设期利息。

建设投资包括工程费用、工程建设其他费用和预备费三部分。

工程费用包括建筑工程费、安装工程费和设备及工器具购置费。

习题精选

一、单项选择题

1. 根据我国现行建设项目总投资的构成，建设投资由(　　)三项费用构成。

A. 工程费用、建设期利息、预备费

B. 工程费用、建设期利息、流动资金

C. 工程费用、工程建设其他费用、预备费

D. 建筑安装工程费、设备及工器具购置费、工程建设其他费用

2. 某建设项目建筑工程费 2000 万元，安装工程费 700 万元，设备购置费 1100 万元，工程建设其他费 450 万元，预备费 180 万元，建设期利息 120 万元，流动资金 500 万元，则

该项目的工程造价为(　　)万元。

A. 4250　　B. 4430　　C. 4550　　D. 5050

3. 某建设项目总投资构成中，设备购置费1000万元，工器具及生产家具购置费200万元，建筑工程费800万元，安装工程费500万元，工程建设其他费用400万元，基本预备费150万元，价差预备费350万元，建设投资借款2000万元，应计利息120万元，流动资金400万元，则该建设项目的工程造价为(　　)万元。

A. 3520　　B. 3920　　C. 5520　　D. 5920

4. 某建设项目投资构成中，设备及工、器具购置费为2000万元，建筑安装工程费为1000万元，工程建设其他费为500万元，预备费为200万元，建设期投资借款为1800万元，应计利息80万元，流动资金借款400万元，则该建设项目的工程造价为(　　)万元。

A. 5980　　B. 5580　　C. 3780　　D. 4180

5. 建设项目的工程造价在量上等于(　　)。

A. 建设项目总投资　　B. 建设投资

C. 固定资产投资　　D. 工程费用

6. 建设项目工程造价是指(　　)。

A. 建设项目的建设投资、建设期借款利息和流动资金的总和

B. 建设项目的建设投资和建设期借款利息的总和

C. 建设项目的工程费用、工程建设其他费用和建设期借款利息的总和

D. 建设项目的工程费用、预备费和建设期借款利息的总和

7. 下列不属于建设工程造价构成的是(　　)。

A. 建设投资　　B. 建设期贷款利息

C. 工程费用　　D. 流动资金

8. 下列不属于工程费用的是(　　)。

A. 建筑工程费　　B. 安装工程费

C. 工器具及生产家具购置费　　D. 与项目建设有关的其他费用

9. 项目建设期间用于项目的建设投资、建设期利息和流动资金的总和是(　　)。

A. 建设项目总投资　　B. 工程费用

C. 建筑安装工程费　　D. 建设投资

二、多项选择题

1. 下列属于建设项目工程造价的有(　　)。

A. 建设期利息　　B. 设备及工器具购置费

C. 预备费　　D. 流动资金

E. 工程建设其他费用

2. 建设投资由(　　)构成。

A. 流动资金　　B. 工程建设其他费用

C. 预备费　　D. 铺底流动资金

E. 工程费用

3. 下列不属于建设项目工程造价的有(　　)。

A. 建设期内发生的为筹措资金而产生的融资费用

B. 建设期期末筹措的铺底流动资金
C. 建设期为筹措建设投资而在经营期产生的利息
D. 建设用地费
E. 与未来生产经营有关的其他费用

参考答案

一、单项选择题

1. C　2. C　3. A　4. C　5. C　6. B　7. D　8. D　9. A

二、多项选择题

1. ABCE　2. BCE　3. BC

第二节　建筑安装工程费用

考纲要求

掌握建筑工程费、安装工程费的概念和构成。

考点汇总

一、建筑安装工程费用的构成

(一) 建筑安装工程费用内容

建筑安装工程费是指为完成工程项目建造、生产性设备及配套工程安装所需的费用。

(二) 我国现行建筑安装工程费用项目组成

根据住房与城乡建设部、财政部颁布的《关于印发〈建筑安装工程费用项目组成〉的通知》(建标〔2013〕44号)，我国现行建筑安装工程费用项目按两种不同的方式划分，即按费用构成要素划分和按造价形成划分。

二、按费用构成要素划分建筑安装工程费用项目构成和计算

建筑安装工程费按费用构成要素划分，由人工费、材料（包含工程设备，下同）费、施工机具使用费、企业管理费、利润、规费和税金组成。其中人工费、材料费、施工机具使用费、企业管理费和利润包含在分部分项工程费、措施项目费、其他项目费中。

(一) 人工费

人工费是指支付给直接从事建筑安装工程施工作业的生产工人和附属生产单位工人的各项费用。包括：①计时工资或计件工资；②奖金；③津贴补贴；④加班加点工资；⑤特殊情况下支付的工资。

计算人工费的基本要素有两个，即人工工日消耗量和人工日工资单价。

$$人工费=\sum(工日消耗量\times日工资单价) \tag{3.2.1}$$

（二）材料费

材料费是指施工过程中耗费的原材料、辅助材料、构配件、零件、半成品或成品、工程设备的费用。包括：①材料原价；②运杂费；③运输损耗费；④采购及保管费。

工程设备是指构成或计划构成永久工程一部分的机电设备、金属结构设备、仪器装置及其他类似的设备和装置。

计算材料费的基本要素是材料消耗量和材料单价。

$$材料费=\sum(材料消耗量\times材料单价) \tag{3.2.2}$$

（三）施工机具使用费

施工机具使用费是指施工作业所发生的施工机械、仪器仪表使用费或其租赁费，包括施工机械使用费和仪器仪表使用费。

1. 施工机械使用费

以施工机械台班耗用量乘以施工机械台班单价表示，施工机械台班单价由七项费用构成。包括：①折旧费；②检修费；③维护费；④安拆费及场外运费；⑤人工费；⑥燃料动力费；⑦其他费用。

构成施工机械使用费的基本要素是施工机械台班消耗量和机械台班单价。

$$施工机械使用费=\sum(施工机械台班消耗量\times机械台班单价) \tag{3.2.3}$$

2. 仪器仪表使用费

仪器仪表使用费是指工程施工所需使用的仪器仪表的摊销及维修费用。

仪器仪表台班单价由四项费用构成。包括：①折旧费；②维护费；③校验费；④动力费。

$$仪器仪表使用费=\sum(仪器仪表台班消耗量\times仪器仪表台班单价) \tag{3.2.4}$$

当一般纳税人采用一般计税方法时，施工机械台班单价和仪器仪表台班单价中的相关子项均需扣除增值税进项税额。

（四）企业管理费

企业管理费是指施工单位组织施工生产和经营管理所需的费用。包括：①管理人员工资；②办公费；③差旅交通费；④固定资产使用费；⑤工具用具使用费；⑥劳动保险和职工福利费；⑦劳动保护费；⑧检验试验费；⑨工会经费；⑩职工教育经费；⑪财产保险费；⑫财务费；⑬税金；⑭其他。

（五）利润

利润是指施工单位从事建筑安装工程施工所获得的盈利。

（六）规费

规费是指按国家法律、法规规定，由省级政府和省级有关权力部门规定施工单位必须缴纳，应计入建筑安装工程造价的费用。包括：①社会保险费。a. 养老保险费；b. 失业保险费；c. 医疗保险费；d. 生育保险费；e. 工伤保险费。②住房公积金。③工程排污费。

（七）税金

建筑安装工程费用中的税金是指按照国家税法规定的应计入建筑安装工程造价内的销项税额，按税前造价乘以增值税税率确定。

1. 采用一般计税方法时增值税的计算

$$增值税=税前造价\times10\% \tag{3.2.5}$$

税前造价为人工费、材料费、施工机具使用费、企业管理费、利润和规费之和，各费用项目均以不包含增值税可抵扣进项税额的价格计算。

2. 采用简易计税方法时增值税的计算

$$增值税=税前造价\times3\% \tag{3.2.6}$$

税前造价为人工费、材料费、施工机具使用费、企业管理费、利润和规费之和，各费用项目均以包含增值税进项税额的含税价格计算。

三、按造价形成划分建筑安装工程费用项目构成和计算

（一）分部分项工程费

分部分项工程费是指各专业工程的分部分项工程应予列支的各项费用。

$$分部分项工程费=\sum(分部分项工程量\times综合单价) \tag{3.2.7}$$

综合单价包括人工费、材料费、施工机具使用费、企业管理费和利润，以及一定范围的风险费用。

（二）措施项目费

措施项目费是指为完成建设工程施工，发生于该工程施工前和施工过程中的技术、生活、安全、环境保护等方面的费用。包括：①安全文明施工费；②夜间施工增加费；③非夜间施工照明费；④二次搬运费；⑤冬雨季施工增加费；⑥地上、地下设施和建筑物的临时保护设施费；⑦已完工程及设备保护费；⑧脚手架费；⑨混凝土模板及支架（撑）费；⑩垂直运输费；⑪超高施工增加费；⑫大型机械设备进出场及安拆费；⑬施工排水、降水费。

（三）其他项目费

其他项目费包括：①暂列金额；②计日工；③总承包服务费。

（四）规费和税金

习题精选

一、单项选择题

1. 按照住房城乡建设部、财政部《关于印发〈建筑安装工程费用项目组成〉的通知》（建标〔2013〕44 号）的规定，下列属于安装工程费的是（　　）。

A. 设备基础的费用　　B. 与设备相连的工作台的费用

C. 联合试运转费　　D. 金属结构工程费用

2. 按照住房城乡建设部、财政部《关于印发〈建筑安装工程费用项目组成〉的通知》（建标〔2013〕44 号）的规定，建筑安装工程费用按费用构成要素划分为（　　）。

A. 人工费、材料费、施工机具使用费、其他项目费、利润、规费、税金

B. 人工费、材料费、施工机具使用费、措施项目费、利润、规费、税金

C. 分部分项工程费、措施项目费、其他项目费、利润、规费、税金

D. 人工费、材料费、施工机具使用费、企业管理费、利润、规费、税金

3. 按照住房城乡建设部、财政部《关于印发〈建筑安装工程费用项目组成〉的通知》（建标〔2013〕44号）的规定，人工费、材料费、施工机具使用费、企业管理费和利润包含在分部分项工程费、措施项目费和(　　)中。

A. 规费　　B. 其他项目费　　C. 税金　　D. 临时设施费

4. 按照住房城乡建设部、财政部《关于印发〈建筑安装工程费用项目组成〉的通知》（建标〔2013〕44号）的规定，下列属于人工费项目的是(　　)。

A. 材料采购人员工资　　B. 管理人员工资

C. 操作施工机具的机上司机工资　　D. 由于超额劳动支付给生产工人的奖金

5. 按照住房城乡建设部、财政部《关于印发〈建筑安装工程费用项目组成〉的通知》（建标〔2013〕44号）的规定，下列属于企业管理费项目的是(　　)。

A. 因病期间职工的工资　　B. 检验试验费

C. 研究试验费　　D. 高温作业临时津贴

6. 按照住房城乡建设部、财政部《关于印发〈建筑安装工程费用项目组成〉的通知》（建标〔2013〕44号）的规定，下列属于材料费项目的是(　　)。

A. 检验试验费

B. 研究试验费

C. 材料采购及保管费

D. 材料从工地仓库运至操作地点所发生的费用

7. 按照住房城乡建设部、财政部《关于印发〈建筑安装工程费用项目组成〉的通知》（建标〔2013〕44号）的规定，建筑安装工程费中的人工费是指(　　)。

A. 直接从事施工现场工作的所有工人开支的各项费用

B. 直接从事建筑安装工程施工作业的生产工人及附属生产单位工人开支的各项费用

C. 直接从事建筑安装工程施工作业的生产工人及机械操作人员支出的各项费用

D. 直接从事建筑安装工程施工作业的生产工人及机械操作人员和材料管理人员支出的各项费用

8. 按照住房城乡建设部、财政部《关于印发〈建筑安装工程费用项目组成〉的通知》（建标〔2013〕44号）的规定，下列属于规费项目的是(　　)。

A. 暂列金额　　B. 危险作业意外伤害保险费

C. 工程定额测定费　　D. 工程排污费

9. 按照住房城乡建设部、财政部《关于印发〈建筑安装工程费用项目组成〉的通知》（建标〔2013〕44号）的规定，下列属于建筑安装工程费中材料费项目的是(　　)。

A. 塔吊基础的混凝土费用

B. 现场预制构件地胎膜的混凝土费用

C. 保护已完石材地面铺设的大芯板费用

D. 独立柱基础混凝土垫层费用

10. 按照住房城乡建设部、财政部《关于印发〈建筑安装工程费用项目组成〉的通知》（建标〔2013〕44 号）的规定，对新结构、新材料的试验费，对构件做破坏性试验的费用，应在(　　)中列支。

A. 检验试验费　　B. 工程建设其他费用

C. 材料费　　D. 企业管理费

11. 按照住房城乡建设部、财政部《关于印发〈建筑安装工程费用项目组成〉的通知》（建标〔2013〕44 号）的规定，对建筑以及材料、构件和建筑安装物进行一般鉴定、检查所发生的费用，应在(　　)中列支。

A. 材料费　　B. 工程建设其他费用

C. 企业管理费　　D. 研究试验费

12. 按照住房城乡建设部、财政部《关于印发〈建筑安装工程费用项目组成〉的通知》（建标〔2013〕44 号）的规定，下列不属于建筑安装工程费中材料费的是(　　)。

A. 材料运杂费　　B. 运输损耗费

C. 采购及保管费　　D. 施工机械安装拆卸所耗材料费

13. 按照住房城乡建设部、财政部《关于印发〈建筑安装工程费用项目组成〉的通知》（建标〔2013〕44 号）的规定，下列属于建筑安装工程费中人工费的是生产工人(　　)。

A. 失业保险费

B. 危险作业意外伤害保险费

C. 劳动保险费

D. 停工学习期间按计时工资标准支付的工资

14. 按照住房城乡建设部、财政部《关于印发〈建筑安装工程费用项目组成〉的通知》（建标〔2013〕44 号）的规定，下列不属于材料单价的是(　　)。

A. 材料运杂费

B. 材料从来源地至工地仓库的运输损耗费

C. 材料检验试验费

D. 采购及保管费

15. 按照住房城乡建设部、财政部《关于印发〈建筑安装工程费用项目组成〉的通知》（建标〔2013〕44 号）的规定，现场项目经理的工资列入(　　)。

A. 人工费　　B. 建设单位管理费　　C. 企业管理费　　D. 现场经费

16. 按照住房城乡建设部、财政部《关于印发〈建筑安装工程费用项目组成〉的通知》（建标〔2013〕44 号）的规定，下列属于建筑安装工程费中人工费的是(　　)。

A. 公司财务人员探亲路费　　B. 装载机司机的工资

C. 公司安全监督人员的工资　　D. 电焊工产、婚假期的工资

17. 某施工企业生产工人占全员人数的 80%，全员年平均开支企业管理费 3000 元，全年有效施工天数为 250 天，人工费占人材机费的比例为 15%，人工单价为 80 元，则以人材机费为计算基础的企业管理费费率为(　　)。

A. 2.81%　　B. 1.80%　　C. 12%　　D. 18.75%

18. 按照住房城乡建设部、财政部《关于印发〈建筑安装工程费用项目组成〉的通知》（建标〔2013〕44 号）的规定，下列属于建筑安装工程费中企业管理费项目的是(　　)。

A. 劳动保护费　　B. 生产工人加班加点工资
C. 生产工人停工学习期间的工资　　D. 研究试验费

19. 按照住房城乡建设部、财政部《关于印发〈建筑安装工程费用项目组成〉的通知》(建标〔2013〕44 号)的规定，构成仪器仪表台班单价费用项目的是(　　)。

A. 人工费　　B. 安拆费与场外运费
C. 检修费　　D. 维护费

20. 规费是按国家法律、法规规定，由省级政府和省级有关权力部门规定施工单位必须缴纳，应计入建筑安装工程造价的费用，下列不属于规费的是(　　)。

A. 工程排污费　　B. 危险作业意外伤害保险费
C. 失业保险　　D. 医疗保险

21. 施工企业在夏季支付给职工的防暑降温费，在冬季支付给职工的取暖补贴属于建筑安装工程费中的(　　)。

A. 人工费　　B. 材料费　　C. 规费　　D. 企业管理费

22. 按照住房城乡建设部、财政部《关于印发〈建筑安装工程费用项目组成〉的通知》(建标〔2013〕44 号)的规定，施工企业支付给职工的上下班交通补贴费属于(　　)。

A. 人工费　　B. 规费　　C. 企业管理费　　D. 办公费

23. 按照住房城乡建设部、财政部《关于印发〈建筑安装工程费用项目组成〉的通知》(建标〔2013〕44 号)的规定，建筑安装工程费用中的安全文明施工费属于(　　)。

A. 分部分项工程费　　B. 规费　　C. 措施费　　D. 企业管理费

24. 住房公积金是指企业按规定标准为职工缴纳的住房公积金。住房公积金属于(　　)。

A. 人工费　　B. 规费　　C. 企业管理费　　D. 措施费

25. 按照住房城乡建设部、财政部《关于印发〈建筑安装工程费用项目组成〉的通知》(建标〔2013〕44 号)的规定，建筑安装工程费用中的规费包括了(　　)费用。

A. 工程排污费、社会保险费、住房公积金
B. 工程排污费、住房公积金、环境保护费、危险作业意外伤害保险费
C. 工程排污费、社会保障费、住房公积金
D. 社会保险费、住房公积金、危险作业意外伤害保险费

26. 按照住房城乡建设部、财政部《关于印发〈建筑安装工程费用项目组成〉的通知》(建标〔2013〕44 号)的规定，下列应计入人工费的是(　　)。

A. 职工福利费　　B. 职工教育经费　　C. 养老保险费　　D. 计件工资

27. 按照住房城乡建设部、财政部《关于印发〈建筑安装工程费用项目组成〉的通知》(建标〔2013〕44 号)的规定，在建筑安装工程费用中，脚手架搭、拆、运输费用应列入(　　)。

A. 分部分项工程费用　　B. 企业管理费
C. 规费　　D. 措施项目费

28. 按照住房城乡建设部、财政部《关于印发〈建筑安装工程费用项目组成〉的通知》(建标〔2013〕44 号)的规定，由省级政府和省级有关权力部门规定施工单位必须缴纳，应计入建筑安装工程造价费用的是(　　)。

A. 规费　　B. 企业管理费　　C. 利润　　D. 税金

29. 按照住房城乡建设部、财政部《关于印发〈建筑安装工程费用项目组成〉的通知》（建标〔2013〕44 号）的规定，规费中的社会保险费包括养老保险费、失业保险费和(　　)。

A. 财产保险费、生育保险费、危险作业意外伤害保险费

B. 住房公积金、生育保险费、危险作业意外伤害保险费

C. 医疗保险费、生育保险费、工伤保险费

D. 住房公积金、生育保险费、工伤保险费

30. 建筑安装工程费用中的税金是指按照国家税法规定的应计入建筑安装工程造价内的(　　)。

A. 增值税　　B. 销项税额　　C. 进项税额　　D. 营业税金及附加

31. 税金的计算基础是(　　)。

A. 人工费＋材料费＋施工机具使用费＋企业管理费＋利润

B. 税前造价＋规费

C. 税后造价

D. 人工费＋材料费＋施工机具使用费＋企业管理费＋利润＋规费

32. 按照住房城乡建设部、财政部《关于印发〈建筑安装工程费用项目组成〉的通知》（建标〔2013〕44 号）的规定，关于费用的说法，不正确的是(　　)。

A. 人工费是指支付给直接从事建筑安装工程施工作业的生产工人和附属生产单位工人的各项费用

B. 材料费的内容由材料原价、运杂费、损耗费、采购及保管费五项组成

C. 材料费包含构成计划或计划构成永久工程一部分的工程设备费

D. 施工机具使用费包括仪器仪表使用费

33. 按照住房城乡建设部、财政部《关于印发〈建筑安装工程费用项目组成〉的通知》（建标〔2013〕44 号）的规定，关于建筑安装工程费用中的规费的说法，正确的是(　　)。

A. 规费是指县级以上有关权力部门规定施工单位必须缴纳或计取的费用

B. 规费包括工程排污费和住房公积金

C. 规费中应列而未列入的项目，按省级以上工程造价管理机构发布的取费标准计取

D. 社会保险费中包括建筑安装工程一切险的投保费用

34. 按照住房城乡建设部、财政部《关于印发〈建筑安装工程费用项目组成〉的通知》（建标〔2013〕44 号）的规定，支付给生产工人的住房公积金应计入(　　)。

A. 生产工人津贴补贴　　B. 规费

C. 社会保险费　　D. 生产工人特殊情况下支付的工资

35. 按照住房城乡建设部、财政部《关于印发〈建筑安装工程费用项目组成〉的通知》（建标〔2013〕44 号）的规定，我国现行建筑安装工程费用构成中，材料二次搬运费应计入(　　)。

A. 直接工程费　　B. 措施费　　C. 企业管理费　　D. 规费

36. 按照住房城乡建设部、财政部《关于印发〈建筑安装工程费用项目组成〉的通知》（建标〔2013〕44 号）的规定，下列建筑安装工程费用中，应列入分部分项工程费的是(　　)。

A. 施工机械的安拆费及场外运输费　　　　B. 夜间施工增加费
C. 新材料试验费　　　　D. 大型机械设备进出场及安拆费

37. 按照住房城乡建设部、财政部《关于印发〈建筑安装工程费用项目组成〉的通知》(建标〔2013〕44号)的规定，职工教育经费是指企业为职工学习先进技术和提高文化水平，按职工工资总额的规定比例计提的费用。职工教育经费属于(　　)。
A. 直接费　　B. 规费　　C. 企业管理费　　D. 职工福利费

38. 按照住房城乡建设部、财政部《关于印发〈建筑安装工程费用项目组成〉的通知》(建标〔2013〕44号)的规定，施工机械按照国家规定应缴纳的车船使用税、保险费及年检费等，其费用属于(　　)。
A. 施工机具使用费　　　　B. 设备安装费
C. 企业管理费　　　　D. 设备购置费

39. 按照住房城乡建设部、财政部《关于印发〈建筑安装工程费用项目组成〉的通知》(建标〔2013〕44号)的规定，施工企业管理人员工资是指按规定支付给管理人员的计时工资、奖金、津贴补贴、加班加点工资及特殊情况下支付的工资等，其属于(　　)。
A. 措施费　　B. 人工费　　C. 企业管理费　　D. 现场经费

40. 按照住房城乡建设部、财政部《关于印发〈建筑安装工程费用项目组成〉的通知》(建标〔2013〕44号)的规定，关于费用的的说法，不正确的是(　　)。
A. 施工机械机上司机和其他操作人员的工资属于施工机械使用费
B. 按规定支付给施工企业职工的防暑降温费、取暖补贴、上下班交通补贴属于人工费
C. 对构件做破坏性试验及其他特殊要求检验试验的费用由建设单位在工程建设其他费用中列支
D. 施工单位对建设工程项目进行投标所发生费用在企业管理费中列支

41. 按照住房城乡建设部、财政部《关于印发〈建筑安装工程费用项目组成〉的通知》(建标〔2013〕44号)的规定，下列不属于在总承包服务费中列支的是(　　)。
A. 总承包人配合建设单位进行专业工程发包所需的费用
B. 总承包人对施工现场的材料、工程设备等进行保管所需的费用
C. 总承包人对竣工资料汇总整理所需的费用
D. 总承包人对分包的专业工程进行施工现场管理所需的费用

42. 按照住房城乡建设部、财政部《关于印发〈建筑安装工程费用项目组成〉的通知》(建标〔2013〕44号)的规定，关于建筑安装工程费中的暂列金额的说法，正确的是(　　)。
A. 建设单位在工程量清单中暂定的用于支付必然发生但暂时不能确定价格的材料费用在暂列金额中列支
B. 暂列金额费不包括在工程合同价款中，需要单独列项
C. 施工合同签订时尚未确定的服务的采购费用在暂列金额中列支
D. 对建设单位自行采购的材料进行保管所需的费用在暂列金额中列支

43. 按照住房城乡建设部、财政部《关于印发〈建筑安装工程费用项目组成〉的通知》(建标〔2013〕44号)的规定，关于建筑安装工程费中的其他项目费的说法，正确的是(　　)。
A. 暂列金额在施工过程中由施工单位掌握使用
B. 总承包服务费由施工单位在投标时自主报价

C. 计日工是指在施工过程中，施工单位完成建设单位提出的工程合同范围以内的零星项目或工作

D. 暂列金额是指施工单位在工程量清单中暂定并包括在工程合同价款中的一笔款项。

二、多项选择题

1. 按照我国现行建筑安装工程费用项目组成的规定，下列属于建筑安装工程费用的有（　　）。

A. 规费　　B. 其他项目费
C. 设备购置费　　D. 建设用地费
E. 联合试运转费

2. 按照我国现行建筑安装工程费用项目组成的规定，下列属于企业管理费内容的有（　　）。

A. 企业管理人员办公用的文具、纸张等费用
B. 企业施工生产和管理使用的属于固定资产的交通工具的购置、维修费
C. 对建筑以及材料、构件和建筑安装物进行特殊鉴定检查所发生的检验试验费
D. 按全部职工工资总额比例计提的工会经费
E. 为施工生产筹集资金、履约担保所发生的财务费用

3. 按照住房城乡建设部、财政部《关于印发〈建筑安装工程费用项目组成〉的通知》（建标〔2013〕44 号）的规定，下列属于建筑安装工程费中人工费的有（　　）。

A. 计时工资或计件工资　　B. 奖金
C. 生产工人停工学习期间支付的工资　　D. 加班加点工资
E. 材料保管员工资

4. 按照住房城乡建设部、财政部《关于印发〈建筑安装工程费用项目组成〉的通知》（建标〔2013〕44 号）的规定，建筑安装工程费中的人工费包括生产工人（　　）。

A. 职业技能鉴定所发生的费用
B. 在特殊地区施工支付的津贴
C. 因工伤按计时工资标准的一定比例支付的工资
D. 因增收节支而得到的节约奖
E. 在高温条件下作业而支付的临时津贴

5. 按照住房城乡建设部、财政部《关于印发〈建筑安装工程费用项目组成〉的通知》（建标〔2013〕44 号）的规定，下列属于建筑安装工程费中材料费的有（　　）。

A. 原价　　B. 运杂费
C. 检验试验费　　D. 二次搬运费
E. 运输损耗费

6. 按照住房城乡建设部、财政部《关于印发〈建筑安装工程费用项目组成〉的通知》（建标〔2013〕44 号）的规定，下列属于建筑安装工程费中施工机械使用费的有（　　）。

A. 折旧费　　B. 维护费
C. 校验费　　D. 仪器仪表使用费
E. 机械操作人员的工资

7. 按照住房城乡建设部、财政部《关于印发〈建筑安装工程费用项目组成〉的通知》（建标〔2013〕44号）的规定，下列属于企业管理费的有（　　）。

A. 住房公积金　　B. 检验试验费

C. 生产工人因计划生育假而支付的工资　　D. 财务费

E. 工会经费

8. 按照住房城乡建设部、财政部《关于印发〈建筑安装工程费用项目组成〉的通知》（建标〔2013〕44号）的规定，下列属于企业管理费的有（　　）。

A. 劳动保护费　　B. 夏季防暑降温费

C. 高温作业临时津贴　　D. 劳动竞赛奖

E. 施工企业投标费

9. 按照住房城乡建设部、财政部《关于印发〈建筑安装工程费用项目组成〉的通知》（建标〔2013〕44号）的规定，下列施工企业支出的费用项目中，属于企业管理费的有（　　）。

A. 城市维护建设税　　B. 印花税

C. 已完工程及设备保护费　　D. 材料采购及保管费

E. 财产保险费

10. 企业管理费由承包人投标报价时自主确定。其计算方式有（　　）。

A. 以人材机费合计为计算基础　　B. 以人工费和材料费合计为计算基础

C. 以人工费为计算基础　　D. 以人工费和机械费合计为计算基础

E. 以材料费和机械费合计为计算基础

11. 下列企业管理费费率计算公式中，正确的有（　　）。

A. 企业管理费以人、材、机费为计算基础时：

$$企业管理费费率=\frac{工人年平均管理费}{年有效施工天数\times 人工单价}\times 人工费占直接费比例$$

B. 企业管理费以人工费和机械费合计为计算基础时：

$$企业管理费费率=\frac{生产工人年平均管理费}{年法定工作天数\times(人工单价+每一台班施工机具使用费)}$$

C. 企业管理费以人工费和机械费合计为计算基础时：

$$企业管理费费率=\frac{生产工人年平均管理费}{年有效施工天数\times(人工单价+每一台班施工机具使用费)}$$

D. 企业管理费以人工费为计算基础时：

$$企业管理费费率=\frac{生产工人年平均管理费}{年法定工作天数\times 人工单价}$$

E. 企业管理费以人工费为计算基础时：

$$企业管理费费率=\frac{生产工人年平均管理费}{年有效施工天数\times 人工单价}$$

12. 利润是指施工企业完成所承包工程获得的盈利。其计算方式有（　　）。

A. 以人材机费合计为计算基础

B. 以人工费和材料费合计为计算基础

C. 以人工费为计算基础

D. 以人工费和机械费合计为计算基础

E. 以材料费和机械费合计为计算基础

13. 按照住房城乡建设部、财政部《关于印发〈建筑安装工程费用项目组成〉的通知》（建标〔2013〕44 号）的规定，下列属于建筑安装工程费中规费的有（　　）。

A. 危险作业意外伤害保险费　　B. 工伤保险费

C. 住房公积金　　D. 工程定额测定费

E. 工程排污费

14. 按照住房城乡建设部、财政部《关于印发〈建筑安装工程费用项目组成〉的通知》（建标〔2013〕44 号）的规定，下列属于建筑安装工程费中规费的有（　　）。

A. 住房公积金　　B. 工程定额测定费

C. 财产保险费　　D. 环境保护费

E. 社会保险费

15. 按照住房城乡建设部、财政部《关于印发〈建筑安装工程费用项目组成〉的通知》（建标〔2013〕44 号）的规定，企业管理费中的税金主要包括（　　）。

A. 增值税　　B. 房产税

C. 车船使用税　　D. 土地使用税

E. 印花税

16. 税金计算公式正确的有（　　）。

A. 税金＝税后造价×税率（%）

B. 税金＝工程费用×税率（%）

C. 税金＝税前造价×税率（%）

D. 税金＝(人工费＋材料费＋机械费＋企业管理费＋利润＋规费)×税率(%)

E. 税金＝(人工费＋材料费＋机械费)×税率(%)

17. 按照住房城乡建设部、财政部《关于印发〈建筑安装工程费用项目组成〉的通知》（建标〔2013〕44 号）的规定，关于措施项目费的说法，正确的有（　　）。

A. 可以发生在工程施工前　　B. 可以发生在施工过程中

C. 是非工程实体项目的费用　　D. 可以是工程实体项目的费用

E. 可以发生在施工结束之后

18. 按照住房城乡建设部、财政部《关于印发〈建筑安装工程费用项目组成〉的通知》（建标〔2013〕44 号）的规定，下列属于措施项目费的有（　　）。

A. 工程排污费　　B. 特殊地区施工增加费

C. 二次搬运费　　D. 工程定位复测费

E. 脚手架工程费

19. 按照住房城乡建设部、财政部《关于印发〈建筑安装工程费用项目组成〉的通知》（建标〔2013〕44 号）的规定，关于措施项目费的说法，错误的有（　　）。

A. 安全文明施工费包括临时设施费

B. 项目竣工验收后，对已完工程采取的必要保护措施所发生的费用属于措施项目费

C. 项目由于在高海拔地区施工而增加的费用属于措施项目费

D. 施工企业为进行大型机械设备安装所需的辅助设施所发生的费用不属于措施项目费

E. 施工企业为进行大型机械设备安装所需的试运转费属于措施项目费

20. 关于建筑安装工程造价中的税金的说法，正确的有(　　)。

A. 税金是指按照国家税法规定的应计入建筑安装工程造价内的进项税额

B. 采用一般计税方法时，建筑安装工程造价中不包含购买原材料所支付的进项税额

C. 采用一般计税方法时，采用计算税金的税前造价中均以不包含增值税可抵扣进项税额的价格计算

D. 一般纳税人以清包工方式提供的建筑服务，可以选择适用简易计税方法计税

E. 采用简易计税方法时，建筑安装工程造价中不包含购买原材料所支付的进项税额

21. 按照住房城乡建设部、财政部《关于印发〈建筑安装工程费用项目组成〉的通知》(建标〔2013〕44 号)的规定，下列属于建筑安装工程费中其他项目费的有(　　)。

A. 工程排污费　　B. 计日工

C. 基本预备费　　D. 总承包服务费

E. 社会保险费

22. 按照住房城乡建设部、财政部《关于印发〈建筑安装工程费用项目组成〉的通知》(建标〔2013〕44 号)的规定，下列属于建筑安装工程费中的分部分项工程费内容的有(　　)。

A. 仪器仪表使用费　　B. 工程定位复测费

C. 临时设施费　　D. 工伤保险费

E. 职工教育经费

参考答案

一、单项选择题

1. B	2. D	3. B	4. D	5. B	6. C	7. B	8. D	9. D	10. B
11. C	12. D	13. D	14. C	15. C	16. D	17. A	18. A	19. D	20. B
21. D	22. C	23. C	24. B	25. A	26. D	27. D	28. A	29. C	30. B
31. D	32. B	33. B	34. B	35. B	36. A	37. C	38. A	39. C	40. B
41. B	42. C	43. B							

二、多项选择题

1. AB	2. ADE	3. ABCD	4. BCDE	5. ABE
6. ABE	7. BDE	8. ABE	9. ABE	10. ACD
11. CE	12. CD	13. BCE	14. AE	15. BCDE
16. CD	17. ABC	18. BCDE	19. BD	20. BCD
21. BD	22. AE			

第三节　设备及工器具购置费用

考纲要求

1. 熟悉设备购置费的概念和构成。

2. 掌握进口设备原价的构成及计算。
3. 熟悉设备运杂费的构成及计算。
4. 了解工器具及生产家具购置费的构成及计算

考点汇总

一、设备购置费的构成和计算

（一）国产设备原价的构成和计算

1. 国产标准设备原价

国产标准设备原价有两种，即带有备件的原价和不带有备件的原价。在计算时，一般采用带有备件的原价。

2. 国产非标准设备原价

非标准设备原价有多种不同的计算方法，如成本计算估价法、系列设备插入估价法、分部组合估价法、定额估价法等。成本计算估价法计算单台非标准设备原价计算公式可用下式表达：

单台非标准设备原价＝{[(材料费＋加工费＋辅助材料费)×(1＋专用工具费率)×(1＋废品损失费率)＋外购配套件费]×(1＋包装费率)—外购配套件费}×(1＋利润率)＋外购配套件费＋销项税额＋非标准设备设计费　(3.3.1)

（二）进口设备原价的构成和计算

1. 进口设备的交易价格

(1) FOB 即 Free on Board，意为装运港船上交货，亦称为离岸价格。采用装运港船上交货时，风险转移以在指定的装运港货物越过船舷时为分界点，费用划分与风险转移的分界点相一致。

(2) CFR 即 Cost and Freight，意为成本加运费，或称为运费在内价。与 FOB 价格相比，CFR 的费用划分与风险转移的分界点是不一致的。

(3) CIF 即 Cost Insurance and Freight，意为成本加保险费、运费，习惯称为到岸价格。在 CIF 中，卖方除负有与 CFR 相同的义务外，还应办理货物在运输途中最低险别的海运保险，并应支付保险费。除保险这项义务之外，买方的义务也与 CFR 相同。

2. 进口设备到岸价的构成及计算

进口设备到岸价(CIF)＝货价(离岸价、FOB)＋国际运费＋运输保险费
＝运费在内价(CFR)＋运输保险费　(3.3.2)

3. 进口设备进口从属费的构成及计算

进口从属费＝银行财务费用＋外贸手续费＋关税＋消费税＋进口环节增值税＋车辆购置税　(3.3.3)

（三）设备运杂费的构成和计算

1. 设备运杂费的构成

设备运杂费通常由下列各项构成：①运费和装卸费；②包装费；③设备供销部门的手续费；④采购与仓库保管费。

2. 设备运杂费的计算

$$设备运杂费=设备原价\times设备运杂费率 \tag{3.3.4}$$

二、工具、器具及生产家具购置费的构成和计算

$$工具、器具及生产家具购置费=设备购置费\times定额费率 \tag{3.3.5}$$

习题精选

一、单项选择题

1. 设备购置费的组成为(　　)。

A. 设备原价+采购保管费　　B. 设备原价+运费+装卸费

C. 设备原价+运费+采购保管费　　D. 设备原价+设备运杂费

2. 关于设备及工器具购置费的说法，正确的是(　　)。

A. 它是由设备购置费和工具、器具及生活家具购置费组成

B. 它是流动资产投资中的组成部分

C. 在生产性工程建设中，它占工程造价比重的增大意味着生产技术的进步

D. 在非生产性工程建设中，它占工程造价比重的增大意味着资本有机构成的提高

3. 下列属于工器具及生产家具购置费计算内容的是(　　)。

A. 未达到固定资产标准的设备购置费

B. 达到固定资产标准的设备购置费

C. 引进设备时备品备件的测绘费

D. 引进设备时买方人员出国考察所发生的差旅费

4. 某项目购买一台国产设备，其购置费为1325万元，设备运杂费率为10.6%，则该设备的原价为(　　)万元。

A. 1198　　B. 1184　　C. 1465　　D. 1482

5. 国产设备原价等于(　　)。

A. 设备制造厂的交货价，即出厂价

B. 设备出厂价+运费

C. 设备出厂价+设备运杂费

D. 设备出厂价+采购与保管费

6. 某工厂采购一台国产非标准设备，制造厂生产该台设备所用材料费20万元，加工费2万元，辅助材料费4000元，专用工具费3000元，废品损失费率10%，外购配套件费5万元，包装费2000元，利润率7%，税金4.5万元，非标准设备设计费2万元，设备运杂费率5%，该设备购置费为(　　)万元。

A. 38.43　　B. 40.72　　C. 40.35　　D. 38.78

7. 已知国内制造厂某非标准设备所用材料费、加工费、辅助材料费、专用工具费、废品损失费共20万元，外购配套费3万元，非标准设备设计费1万元，包装费率1%，利润率8%，若其他费用不考虑，则该设备的原价为(　　)万元。

A. 25.82　　B. 25.85　　C. 26.09　　D. 29.09

8. 某工程采购一台国产非标准设备，制造厂生产该设备的材料费、加工费和辅助材料费合计 20 万元，专用工具费率为 2%，废品损失率为 8%，利润率为 10%，增值税率为 16%。假设不再发生其他费用，则该设备的销项增值税为(　　)万元。

A. 3.85　　B. 3.86　　C. 3.87　　D. 3.88

9. 某工程采购一台国产非标准设备，制造厂生产该设备的材料费、加工费和辅助材料费合计 20 万元，专用工具费率为 2%，废品损失率为 8%，外购配套件费为 2 万元，非标准设备设计费为 1 万元，利润率为 10%，增值税率为 16%。假设不再发生其他费用，则该设备的销项增值税为(　　)万元。

A. 4.04　　B. 4.20　　C. 4.36　　D. 4.37

10. 按我国现行规定，进口设备运杂费取费基础是(　　)。

A. 抵岸价　　B. 运费在内价　　C. 到岸价格　　D. 离岸价格

11. 在进口设备交易价格中，费用划分与风险转移的分界点相一致的价格形式是(　　)。

A. 离岸价格　　B. 运费在内价　　C. 到岸价格　　D. 设备原价

12. 下列进口设备费用形式中，属于进口从属费用的是(　　)。

A. 国际运费　　B. 运输保险费　　C. 设备运杂费　　D. 银行财务费

13. 进口设备离岸价格是(　　)。

A. CIF　　B. CFR　　C. FOB　　D. FAS

14. 进口设备货价分为原币货价和人民币货价，原币货价一律折算为(　　)表示。

A. 英镑　　B. 人民币　　C. 日元　　D. 美元

15. 下列价格中不属于 FOB 的是(　　)。

A. 离岸价格　　B. 装运港船上交货价

C. 原币货价或人民币货价　　D. 到岸价格

16. 关于进口设备交易价格的说法，正确的是(　　)。

A. 在 CIF 交货方式下，卖方应支付运至目的港的运费，并办理运输途中最高级别的海运保险

B. 在 CFR 交货方式下，卖方必须承担将货物运至指定的目的港前货物灭失或损坏的风险

C. 在 CFR 交货方式下，货物在指定的装运港越过船舷，卖方即完成交货义务

D. 在 FOB 交货方式下，买方需自行办理出口清关手续，领取出口许可证及其他官方文件

17. 进口设备外贸手续费＝(　　)×人民币外汇牌价×外贸手续费率。

A. 到岸价　　B. 离岸价　　C. 出厂价　　D. 抵岸价

18. 在购置进口设备的时候，外贸手续费费率一般取(　　)。

A. 0.5%　　B. 1.5%　　C. 2%　　D. 2.5%

19. 在进口设备抵岸价计算中，关税计算是以(　　)为计费基数。

A. 货价　　B. 到岸价　　C. 离岸价　　D. 运费在内价

20. 某项目进口一批工艺设备，其银行财务费为 4.25 万元，外贸手续费为 18.9 万元，关税税率为 20%，增值税税率为 16%，抵岸价为 1777.07 万元。该批设备无消费税和车辆

购置税，则该批进口设备的到岸价为(　　)万元。

A. 1257.20　　B. 1260　　C. 1291.27　　D. 747.19

21. 某项目进口一批生产设备，FOB价为650万元，CIF价为830万元，银行财务费率为0.5%，外贸手续费率为1.5%，关税税率为20%，增值税率为16%。该批设备无消费税和车辆购置税，则该批进口设备的抵岸价为(　　)万元。

A. 1158.61　　B. 1171.06　　C. 1144.50　　D. 1146.49

22. 某进口设备的离岸价为20万美元，到岸价为22万美元，人民币与美元的汇率为8.3∶1，进口关税率为7%，则该设备的进口关税为(　　)万元人民币。

A. 1.54　　B. 2.94　　C. 11.62　　D. 12.78

23. 某进口设备FOB价为人民币1200万元，国际运费72万元，国际运输保险费用4.47万元，关税217万元，银行财务费6万元，外贸手续费19.15万元，增值税253.89万元，消费税率5%，则该设备的消费税为(　　)万元。

A. 78.60　　B. 74.67　　C. 79.93　　D. 93.29

24. 某进口设备的到岸价为500万美元，在进口途中发生的进口从属费用为80万美元，其运杂费率为5%，则该设备的购置费为(　　)万美元。

A. 525　　B. 609　　C. 580　　D. 500

25. 某进口设备，到岸价格（CIF）为5600万元，关税税率为21%，增值税税率为16%，无消费税，则该进口设备应缴纳的增值税为(　　)万元。

A. 2128.00　　B. 1084.16　　C. 896.00　　D. 752.08

26. 某项目进口一批工艺设备，其银行财务费为4万元，外贸手续费为19万元，关税税率为20%，增值税税率为16%，抵岸价为1774.9万元。该批设备无消费税和车辆购置税，则该批进口设备的到岸价格（CIF）为(　　)万元。

A. 745.57　　B. 1258.55　　C. 274.93　　D. 4837.84

27. 进口设备运杂费中运输费的运输区间是指(　　)。

A. 出口国供货地至进口国边境港口或车站

B. 出口国的边境港口或车站至进口国的边境港口或车站

C. 进口国的边境港口或车站至工地仓库

D. 出口国的边境港口或车站至工地仓库

二、多项选择题

1. 设备及工器具购置费由(　　)组成。

A. 设备购置费　　B. 工器具购置费

C. 管理费　　D. 间接费

E. 生产家具购置费

2. 设备运杂费是指除设备原价之外的关于设备的(　　)。

A. 采购费用　　B. 运输费用

C. 途中包装费用　　D. 仓库保管费用

E. 保险费

3. 国产非标准设备原价的计算方法有(　　)。

A. 成本计算估价法　　B. 系列设备插入估价法

C. 系数估算法　　　　　　　　D. 分部组合估价法

E. 定额估价法

4. 国产非标准设备按成本构成估算其原价时，下列计算式正确的有(　　)。

A. 材料费=材料净重×每吨材料综合价

B. 加工费=设备总质量×设备每单位质量加工费

C. 辅助材料费=设备总质量×辅助材料费指标

D. 增值税=进项税额-当期销项税额

E. 当期销项税额=销售额×适用增值税率

5. 下列属于进口设备进口从属费用的有(　　)。

A. FOB 价　　　　　　　　B. 银行财务费

C. 到岸价　　　　　　　　D. 消费税

E. 国际运费

6. 下列费用项目中，以“到岸价+关税+消费税”为基数，乘以各自给定费（税）率进行计算的有(　　)。

A. 外贸手续费　　　　　　B. 关税

C. 消费税　　　　　　　　D. 增值税

E. 车辆购置税

7. 外贸手续费的计费基础是(　　)之和。

A. 装运港船上交货价　　　　B. 国际运费

C. 银行财务费　　　　　　D. 关税

E. 运输保险费

8. 在设备购置费的构成内容中，不包括(　　)。

A. 设备包装费　　　　　　B. 设备安装保险费

C. 设备联合试运转费　　　　D. 设备采购招标费

E. 设备运输费

9. 下列各项费用中的(　　)没有包含关税。

A. 到岸价　　　　　　　　B. 抵岸价

C. FOB 价　　　　　　　　D. CIF 价

E. 关税完税价

10. 设备购置费包括(　　)。

A. 设备原价　　　　　　　B. 设备国内运输费用

C. 设备安装调试费　　　　D. 单台设备试运转费

E. 设备采购保管费

11. 下列属于设备及工器具购置费的有(　　)。

A. 设备采购人员的工资、工资附加费

B. 新建项目购置的不够固定资产标准的生产家具和备品备件的购置费

C. 进口设备消费税

D. 进口设备银行担保费

E. 进口设备安全检验收取的费用

12. 下列属于设备运杂费的有(　　)。
A. 进口设备由出口国口岸运至进口国口岸的运费
B. 在设备原价中没有包含，为运输而进行的包装支出的各种费用
C. 设备供销部门手续费
D. 国产设备由设备制造厂交货地点起至工地仓库的运费
E. 采购与仓库保管费

参考答案

一、单项选择题

1. D	2. C	3. A	4. A	5. A	6. C	7. B	8. D	9. B	10. A
11. A	12. D	13. C	14. D	15. D	16. C	17. A	18. B	19. B	20. B
21. B	22. D	23. A	24. B	25. B	26. B	27. C			

二、多项选择题

1. ABE	2. ABCD	3. ABDE	4. BCE	5. BD
6. CDE	7. ABE	8. BCD	9. ACDE	10. ABE
11. ABC	12. BCDE			

第四节　工程建设其他费用

考纲要求

1. 了解工程建设其他费用的概念。
2. 熟悉工程建设其他费用的构成。

考点汇总

一、工程建设其他费用的概念

工程建设其他费用，是指建设期发生的与土地使用权取得、整个工程建设以及未来生产经营有关的构成建设投资但不包括在工程费用中的费用。工程建设其他费用分为三类：第一类指土地使用权购置或取得的费用；第二类指与整个工程建设有关的各类其他费用；第三类指与未来企业生产经营有关的其他费用。

二、工程建设其他费用的构成

(一) 建设用地费

1. 建设用地取得的基本方式

获取国有土地使用权的基本方式有两种：一是出让方式，二是划拨方式。建设土地取得

的基本方式还包括租赁和转让方式。

（1）通过出让方式获取国有土地使用权。

土地使用权出让最高年限按下列用途确定：①居住用地 70 年；②工业用地 50 年；③教育、科技、文化、卫生、体育用地 50 年；④商业、旅游、娱乐用地 40 年；⑤综合或者其他用地 50 年。

通过出让方式获取土地使用权又可以分成两种具体方式：一是通过招标、拍卖、挂牌等竞争出让方式获取国有土地使用权，二是通过协议出让方式获取国有土地使用权。

（2）通过划拨方式获取国有土地使用权。

下列建设用地经县级以上人民政府依法批准，可以以划拨方式取得：①国家机关用地和军事用地；②城市基础设施用地和公益事业用地；③国家重点扶持的能源、交通、水利等基础设施用地；④法律、行政法规规定的其他用地。

依法以划拨方式取得土地使用权的，除法律、行政法规另有规定外，没有使用期限的限制。

2. 建设用地取得的费用

建设用地如通过划拨方式取得，则须承担征地补偿费用或对原用地单位或个人的拆迁补偿费用；若通过市场机制取得，则不但承担以上费用，还须向土地所有者支付有偿使用费，即土地出让金。

（1）征地补偿费：包括土地补偿费、青苗补偿费和地上附着物补偿费、安置补助费、新菜地开发建设基金、耕地占用税、土地管理费。

（2）拆迁补偿费用：包括拆迁补偿和搬迁、安置补助费。

（3）出让金、土地转让金。

（二）与项目建设有关的其他费用

1. 建设管理费

（1）包括：建设单位管理费、工程监理费。

（2）计算：建设单位管理费＝工程费用×建设单位管理费率。

2. 可行性研究费

3. 研究试验费

4. 勘察设计费

5. 专项评价及验收费

（1）环境影响评价费。

（2）安全预评价及验收费。

（3）职业病危害预评价及控制效果评价费。

（4）地震安全性评价费。

（5）地质灾害危险性评价费。

（6）水土保持及验收费。

（7）压覆矿产资源评价费。

（8）节能评估及评审费。

（9）危险与可操作性分析及安全完整性评价费。

（10）其他专项评价及验收费。

6. 场地准备及临时设施费

包括：①场地准备费；②临时设施费。

7. 引进技术和引进设备其他费

包括：①引进项目图纸资料翻译复制费、备品备件测绘费；②出国人员费用；③来华人员费用；④银行担保及承诺费。

8. 工程保险费

9. 特殊设备安全监督检验费

10. 城市基础设施建设费

（三）与未来生产经营有关的其他费用

1. 联合试运转费

2. 专利及专有技术使用费

包括：①国外设计及技术资料费、引进有效专利、专有技术使用费和技术保密费；②国内有效专利、专有技术使用费用；③商标权、商誉和特许经营权费等。

3. 生产准备及开办费

包括：①人员培训费及提前进厂费；②为保证初期正常生产（或营业、使用）所必需的生产办公、生活家具用具购置费。

习题精选

一、单项选择题

1. 工程建设其他费用是指建设期发生的与土地使用权取得、整个工程建设以及未来生产经营有关的构成建设投资但不包括在(　　)中的费用。

A. 建筑安装工程费用和设备、工器具购置费

B. 建筑安装工程费用和建设管理费

C. 建设管理费和设备、工器具购置费

D. 建设用地费和研究试验费

2. 工程建设其他费用属于(　　)。

A. 建筑安装工程费用　　B. 预备费

C. 建设项目工程造价　　D. 企业管理费

3. 建设用地费属于(　　)。

A. 建筑安装工程费用　　B. 企业管理费

C. 工程建设其他费用　　D. 场地准备及临时设施费

4. 关于建设用地的取得及使用年限的说法，正确的是(　　)。

A. 获取建设用地使用权的方式可以是租赁或转让

B. 通过协议出让方式获取土地使用权的方式分为投标、竞标、挂牌三种

C. 城市公益事业用地不得以划拨方式取得

D. 将土地使用权无偿交付给使用者的，其土地使用年限最高为 70 年

5. 关于征地补偿费用的说法，正确的是(　　)。

A. 地上附着物补偿应根据协商征地方案前地上附着物的实际情况确定

B. 土地补偿费和安置补偿费的总和不得超过土地被征用前三年平均年产值的 15 倍

C. 征用未开发的规划菜地，按一年只种一茬收取新菜地开发建设基金

D. 征收耕地占用税时，对于占用前三年曾用于种植农作物的土地可不征收

6. 关于建设用地取得的费用的说法，正确的是(　　)。

A. 建设用地若通过市场机制取得，可不承担征地补偿费或拆迁补偿费用，但必须承担土地出让金

B. 征地补偿费中的青苗补偿费应属于农民个人所有

C. 有偿出让和转让土地使用权，要向土地受让者征收契税

D. 转让土地如有增值，要向土地受让者征收土地增值税

7. 下列不属于建设用地费的是(　　)。

A. 土地征用及补偿费

B. 征用耕地一次性缴纳的耕地占用税

C. 租用建设项目土地使用权在建设期支付的租地费用

D. 城市维护建设税

8. 建设单位管理费以建设投资中的(　　)为基数乘以建设单位管理费率计算。

A. 建筑安装工程费用　　B. 设备、工器具购置费

C. 工程费用　　D. 预备费

9. 建设管理费属于(　　)。

A. 企业管理费　　B. 规费

C. 工程建设其他费用　　D. 预备费

10. 已知工程费用为 1000 万元，建设单位管理费费率为 15%，人工费用为 200 万元，则建设单位管理费为(　　)万元。

A. 30　　B. 60　　C. 100　　D. 150

11. 按照我国的现行规定，建设单位所需的临时设施维修费属于(　　)。

A. 基本预备费　　B. 措施费

C. 企业管理费　　D. 工程建设其他费

12. 研究试验费属于(　　)。

A. 建筑安装工程费用中的材料费　　B. 建筑安装工程费用中的机械费

C. 工程建设其他费用　　D. 场地准备及临时设施费

13. 某工程为了验证设计参数，按设计规定在施工过程中必须对一个新型结构进行测试，该项费用由建设单位支出，应计入(　　)。

A. 建设单位管理费　　B. 勘察设计费

C. 施工单位的检验试验费　　D. 研究试验费

14. 下列属于建设管理费的是(　　)。

A. 可行性研究费　　B. 勘察设计费

C. 工程监理费　　D. 研究试验费

15. 下列不属于工程建设其他费用中工程保险费的是(　　)。

A. 建筑安装工程一切险　　B. 工伤保险

C. 引进设备财产保险　　D. 人身意外伤害险

16. 下列不属于勘察设计费的是(　　)。

A. 工程勘察费　　B. 基础设计费

C. 详细设计费　　D. 场地准备费

17. 招标人委托招标代理机构进行工程招标，办理招标事宜所发生的费用属于(　　)。

A. 建设单位管理费　　B. 建设单位开办费

C. 勘察设计费　　D. 建设单位经费

18. 下列属于工程建设其他费用中研究试验费的是(　　)。

A. 新产品试制费

B. 水文地质勘察费

C. 特殊设备安全监督检验费

D. 委托专业机构验证设计参数而发生的验证费

19. 建设项目安全评价及验收费属于(　　)。

A. 工程建设其他费用

B. 建筑安装工程费用中的规费

C. 建筑安装工程费用中的人工费

D. 企业管理费

20. 场地准备及临时设施费属于(　　)。

A. 建筑安装工程费用中的临时设施费　　B. 工程建设其他费用

C. 建筑安装工程费用中的场地平整费　　D. 预备费

21. 工程建设其他费用中的场地准备及临时设施费＝(　　)×费率＋拆除清理费。

A. 建筑安装工程费用　　B. 设备、工器具购置费

C. 工程费用　　D. 预备费

22. 特殊设备安全监督检验费按照建设项目所在省（市、自治区）安全监察部门的规定标准计算，无具体规定的，在编制投资估算和概算时可按受检设备(　　)的比例估算。

A. 购置费　　B. 现场安装费

C. 出厂价　　D. 现场安装费中的人工费

23. 下列计入工程建设其他费用中专利及专有技术使用费的是(　　)。

A. 专利及专有技术在项目全寿命期的使用费

B. 在生产期支付的商标权费

C. 国内设计及技术资料费

D. 国外设计及技术资料费

24. 联合试运转费是指(　　)。

A. 单机无负荷试运转的调试费

B. 系统联动无负荷试运转的调试费

C. 整个生产线或装置联合试运转发生的费用

D. 整个生产线或装置联合试运转发生的费用支出大于试运转收入的亏损部分

25. 单台设备安装后的调试费属于(　　)。

A. 安装工程费　　B. 建筑工程费

C. 设备购置费　　D. 工程建设其他费

26. 生产准备及开办费=(　　)×生产准备费指标（元/人）。

A. 建设工程管理定员　　B. 设计定员

C. 施工企业定员　　D. 施工现场定员

27. 下列属于工程建设其他费用内容的是(　　)。

A. 设备购置费　　B. 工具器具及生产家具购置费

C. 建设用地费　　D. 预备费

28. 以下不属于工程建设其他费用的是(　　)。

A. 场地准备及临时设施费　　B. 研究试验费

C. 联合试运转费　　D. 材料试验费

二、多项选择题

1. 按我国现行投资构成，属于“与项目建设有关的其他费用”的有(　　)。

A. 建设单位管理费　　B. 工程监理费

C. 建设单位临时设施费　　D. 施工单位临时设施费

E. 城市基础设施建设费

2. 按我国现行投资构成，属于“与项目建设有关的其他费用”的有(　　)。

A. 建设单位管理费　　B. 生产准备费

C. 办公和生活家具购置费　　D. 工程保险费

E. 联合试运转费

3. 关于建设用地费的说法，正确的有(　　)。

A. 建设用地若通过划拨方式取得，则须承担征地补偿费用和对原用地单位或个人的拆迁补偿费用

B. 拆迁补偿的方式既可以实行货币补偿，也可以实行房屋产权调换

C. 被拆迁人或者房屋承租人使用拆迁人提供的周转房时，拆迁人可支付部分临时安置补助费

D. 在有偿出让和转让土地时，政府对地价不做统一规定

E. 通过出让方式获取国有土地使用权的，土地使用者每年应按规定的标准缴纳土地使用费

4. 研究试验费不包括(　　)。

A. 由科技三项费用（即新产品试制费、中间试验费和重要科学研究补助费）开支的项目

B. 应在建筑安装费用中列支的施工企业对建筑材料等进行一般鉴定、检查所发生的费用及技术革新的研究试验费

C. 设计模型制作发生的费用

D. 为本建设项目提供或验证设计数据、资料等进行必要的研究试验

E. 按照设计规定在建设过程中必须进行试验、验证所需的费用

5. 关于建设管理费的说法，正确的有（　　）。
A. 建设单位管理费以建设投资中的工程费用为基数乘以建设单位管理费率计算
B. 依法必须实行监理的建设工程施工阶段的监理收费实行政府指导价
C. 如建设单位采用工程总承包方式，其总包管理费从建设管理费中支出
D. 建设单位管理费率按照建设项目的不同性质、不同建设标准确定
E. 有的建设项目建设单位管理费可按建设工期和规定的金额来计算
6. 下列构成建设管理费的是（　　）。
A. 建设单位开办费　　B. 工程监理费
C. 竣工验收费　　D. 可行性研究费
E. 完工清理费
7. 下列包含在勘察设计费内的有（　　）。
A. 编制项目可行性研究报告的费用
B. 为建设项目提供和验证设计参数、数据、资料所进行的试验费用
C. 施工图设计费
D. 基础设计费
E. 设计模型制作费
8. 关于场地准备及临时设施费的说法，正确的有（　　）。
A. 建设场地的大型土石方工程应进入工程费用中的总图运输费用中
B. 新建项目的场地准备和临时设施费应根据实际工程量估算，或按工程费用的比例计算
C. 发生拆除清理费时可按新建同类工程造价或主材费、设备费的比例计算
D. 凡可回收材料的拆除工程采用以料抵工方式冲抵拆除清理费
E. 该项费用包括已列入建筑安装工程费用中的施工单位临时设施费用
9. 关于工程建设其他费中的场地准备及临时设施费的说法，正确的有（　　）。
A. 场地准备费是指为施工而进行的建设项目“三通一平”或“七通一平”的费用
B. 其中的大型土石方工程应进入工程费用中的总图运输费用
C. 新建项目的场地准备和临时设施费应根据实际工程量估算
D. 场地准备和临时设施费＝工程费用×费率＋拆除清理率
E. 委托施工单位维修临时设施所发生的费用应计入施工单位措施费中
10. 下列属于引进技术和引进设备其他费用的有（　　）。
A. 引进项目图纸资料翻译复制费　　B. 出国人员费用
C. 引进设备的安装、调试费用　　D. 来华人员费用
E. 单独引进软件的关税
11. 联合试运转费不包括（　　）。
A. 设备安装工程费中的调试及试车费用
B. 试运转中暴露出来的因施工原因发生的处理费用
C. 试运转中暴露出来的因设备缺陷发生的处理费用
D. 联合试运转收入小于试运转支出时的差额
E. 施工单位参加试运转人员的工资

12. 关于生产准备及开办费的说法，正确的有（ ）。
A. 新建项目按设计定员为基数计算生产准备及开办费
B. 改扩建项目按新增设计定员为基数计算生产准备及开办费
C. 生产准备及开办费包括为保证项目初期正常生产必需的第一套达到固定资产标准的生产工具、器具、用具购置费
D. 生产准备及开办费可采用综合的生产准备费指标进行计算
E. 生产准备及开办费可按费用内容的分类指标计算

参考答案

一、单项选择题

1. A	2. C	3. C	4. A	5. A	6. C	7. D	8. C	9. C	10. D
11. D	12. C	13. D	14. C	15. B	16. D	17. A	18. D	19. A	20. B
21. C	22. B	23. D	24. D	25. A	26. B	27. C	28. D		

二、多项选择题

1. ABCE	2. AD	3. BDE	4. ABC	5. ACE
6. BCE	7. CDE	8. ABCD	9. BCD	10. ABD
11. ABC	12. ABDE			

第五节 预备费和建设期利息

考纲要求

1. 熟悉预备费的概念和构成。
2. 掌握价差预备费的测算方法。
3. 熟悉建设期利息的概念。
4. 掌握建设期利息的计算方法。

考点汇总

一、预备费

预备费是指在建设期内因各种不可预见因素的变化而预留的可能增加的费用，包括基本预备费和价差预备费。

二、预备费的构成

（一）基本预备费

基本预备费是指在投资估算或设计概算阶段预留的，由于工程实施中不可预见的工程变

更及洽商、一般自然灾害处理、地下障碍物处理、超规超限设备运输等可能增加的费用。费用内容包括：

（1）在批准的初步设计和概算范围内增加的设计变更、局部地基处理等费用。

（2）一般自然灾害造成的损失和预防自然灾害所采取的措施费用。

（3）竣工验收时为鉴定工程质量，对隐蔽工程进行必要的挖掘和修复费用。

（4）超规超限设备在运输过程中可能增加的费用。

（二）价差预备费

价差预备费是指建设项目在建设期间内利率、汇率或价格等因素的变化而预留的可能增加的费用。费用内容包括：人工、设备、材料、施工机械的价差费，建筑安装工程费及工程建设其他费用调整，利率、汇率调整等增加的费用。

价差预备费一般根据国家规定的投资综合价格指数，按估算年份价格水平的投资额为基数，采用复利方法计算。计算公式为：

$$PF=\sum_{t=1}^{n}I_t\left[(1+f)^m(1+f)^{0.5}(1+f)^{t-1}-1\right] \tag{3.5.1}$$

式中 PF——价差预备费；

n——建设期年份数；

I_t——建设期中第 t 年的静态投资计划额，包括工程费用、工程建设其他费用及基本预备费；估算静态投资额中第 t 年投入的工程费用，元；

f——年涨价率；

m——建设前期年限（从编制估算到开工建设），年。

年涨价率：政府部门有规定的按规定执行，没有规定的由可行性研究人员预测。

三、建设期利息的概念

建设期利息是指为工程项目筹措资金时，在建设期内发生并按规定允许在投产后计入固定资产原值的债务资金利息及融资费用，亦称资本化利息，包括向国内银行和其他非银行金融机构贷款、出口信贷、外国政府贷款、国际商业银行贷款以及在境内外发行的债券等在建设期间应计的借款利息及手续费、承诺费、担保费、管理费等。

四、建设期利息的计算

根据建设期资金用款计划，在总贷款分年均衡发放前提下，可按当年借款在年中支用考虑，即当年借款按半年计息，上年借款按全年计息。计算公式为：

$$q_j=\left(P_{j-1}+\frac{1}{2}A_j\right)\cdot i \tag{3.5.2}$$

式中 q_j——建设期第 j 年应计利息；

P_{j-1}——建设期第（$j-1$）年末累计贷款本金与利息之和；

A_j——建设期第 j 年贷款金额；

i——年利率。

利用国外贷款的利息计算中，年利率应综合考虑贷款协议中向贷款方加收的手续费、管理费、承诺费，以及国内代理机构向贷款方收取的转贷费、担保费和管理费等。

习题精选

一、单项选择题

1. 竣工验收时为鉴定工程质量对隐蔽工程进行必要的挖掘和修复费用，应计入(　　)。

A. 现场经费　　B. 施工企业管理费

C. 涨价预备费　　D. 基本预备费

2. 关于基本预备费概念的说法，正确的是(　　)。

A. 在投资估算内难以预料的工程费用

B. 在设计概算内难以预料的工程费用

C. 在投资估算或设计概算内难以预料的工程费用

D. 在投资估算或设计概算内难以预料的工程费用和由于价格等变化引起的工程造价变化的预测预留费用

3. 在国内建设项目投资构成中，超规超限设备运输增加的费用属于(　　)。

A. 设备及工器具购置费　　B. 基本预备费

C. 工程建设其他费　　D. 建筑安装工程费

4. 价差预备费的测算方法一般依据国家规定的(　　)。

A. 消费物价指数　　B. 批发价格指数

C. 投资综合价格指数　　D. 固定资产投资价格指数

5. 下列不属于价差预备费内容的是(　　)。

A. 竣工验收时为鉴定工程质量，对隐蔽工程进行必要的挖掘和修复费用

B. 人工、设备、材料、施工机械的价差费

C. 建筑安装工程费及工程建设其他费用调整

D. 利率、汇率调整等增加的费用

6. 关于价差预备费的说法，错误的是(　　)。

A. 按估算年份价格水平的投资额为基数计算

B. 根据价格变动趋势，预测价值上涨率，采用单利方法计算

C. 根据国家规定的投资综合价格指数

D. 和基本预备费一同构成预备费

7. 预备费包括基本预备费和价差预备费，其中价差预备费的计算应是(　　)。

A. 以编制年份的静态投资额为基数，采用单利方法

B. 以编制年份的静态投资额为基数，采用复利方法

C. 以估算年份价格水平的投资额为基数，采用单利方法

D. 以估算年份价格水平的投资额为基数，采用复利方法

8. 某建设项目工程费用5000万元，工程建设其他费用1000万元。基本预备费率8%，年均投资价格上涨率5%，建设期两年，不考虑建设前期年限。计划每年完成投资50%，则该项目建设期第二年价差预备费应为(　　)万元。

A. 189.82　　B. 227.79　　C. 246.01　　D. 326.02

9. 关于建设期利息概念的说法，正确的是(　　)。

A. 建设期利息是指项目在建设期发生的为工程项目筹措资金的融资费用及债务资金利息

B. 建设期利息是指项目在建设期发生的为工程项目筹措资金的债务资金利息

C. 建设期利息是指项目在计算期发生的为工程项目筹措资金的融资费用及债务资金利息

D. 建设期利息是指项目在计算期发生的为工程项目筹措资金的债务资金利息

10. 关于建设期利息的说法，错误的是(　　)。

A. 建设期利息要计入固定资产原值

B. 生产期利息要计入固定资产原值

C. 利用国外贷款时，建设期利息包括国外贷款银行收取的手续费、管理费、承诺费

D. 为工程项目筹措资金的融资费用要计入固定资产原值

11. 根据我国现行建设项目投资构成，下列属于建设期利息包含内容的是(　　)。

A. 建设单位建设期后发生的利息

B. 施工单位建设期长期贷款利息

C. 建设期国内代理机构收取的贷款管理费

D. 建设期国外贷款机构收取的转贷费

12. 利用国外贷款的利息计算中，计算年利率时不需要综合考虑的因素是(　　)。

A. 手续费　　B. 管理费　　C. 承诺费　　D. 汇率变动

13. 在利用国外贷款计算利息时，国内代理机构不收取的费用是(　　)。

A. 转贷费　　B. 担保费　　C. 承诺费　　D. 管理费

14. 某项目共需贷款资金为900万元，建设期为3年，按年度均衡筹资，第1年贷款为300万元，第2年贷款为400万元，建设期内只计利息不支付，年利率为10%，则第2年的建设期利息应为(　　)万元。

A. 50.0　　B. 51.5　　C. 72.5　　D. 86.65

二、多项选择题

1. 建设投资中的预备费用由(　　)组成。

A. 直接费　　B. 间接费

C. 基本预备费　　D. 价差预备费

E. 措施费

2. 关于基本预备费的说法，正确的有(　　)。

A. 以建设项目的工程费用和工程建设其他费用之和为基础，乘以基本预备费率进行计算

B. 由于人工、材料、施工机械的价差费属于基本预备费

C. 超规超限设备在安装过程中可能增加的费用属于基本预备费

D. 一般自然灾害造成的损失属于基本预备费

E. 在批准的基础设计和概算范围内增加的局部地基处理所发生的费用属于基本预备费

3. 建设期利息包括(　　)。

A. 银行借款利息　　B. 其他债务资金的利息

C. 其他融资费用　　D. 销售收入

E. 经营成本

参考答案

一、单项选择题

1. D　2. C　3. B　4. C　5. A　6. B　7. D　8. C　9. A　10. B
11. C　12. D　13. C　14. B

二、多项选择题

1. CD　2. ADE　3. ABC

第四章　工程计价方法及依据

第一节　工程计价方法

考纲要求

1. 熟悉工程计价的基本方法和特点。
2. 了解工程定额计价法的程序。
3. 熟悉工程量清单计价法的程序。

考点汇总

一、工程计价的基本方法

从工程费用计算角度分析，工程计价的顺序是：分部分项工程造价→单位工程造价→单项工程造价→建设项目总造价。

影响工程造价的两个主要因素是：单位价格和实物工程数量。可用下列基本计算式表达：

$$工程造价 = \sum_{i=1}^{n}(实物工程量 \times 单位价格)_i \qquad (4.1.1)$$

$$单位价格 = \sum(工程子项的资源要素消耗量 \times 资源要素的价格) \qquad (4.1.2)$$

式中　n——工程结构分解得到的基本子项数量。

对基本子项的单位价格分析，可以有两种形式：直接费单价和综合单价。

以上不同的单价形式形成不同的计价方式。

(1) 直接费单价：工程定额计价法。

(2) 综合单价：工程量清单计价法。我国的工程量清单计价的综合单价为非完全综合单价。工程量清单应采用综合单价计价。

二、工程定额计价法

(1) 第一阶段：收集资料。

(2) 第二阶段：熟悉图纸和现场。

(3) 第三阶段：计算工程量。工程量的计算要根据图纸所标明的尺寸、数量以及附有的设备明细表、构件明细表来计算。一般应注意下列几点：

1) 要严格按照计价依据的规定和工程量计算规则，结合图纸尺寸进行计算，不能随意加大或缩小各部位的尺寸。

2）为了便于核对，计算工程量一定要注明层次、部位、轴线编号及断面符号。

3）尽量采用图中已经通过计算注明的数量和附表。

4）计算时要防止重复计算和漏算。

（4）第四阶段：套定额单价。

（5）第五阶段：编制工料分析表。

（6）第六阶段：费用计算。

（7）第七阶段：复核。

（8）第八阶段：编制说明。

三、工程量清单计价法

工程量清单计价法的程序和方法与工程量定额计价法基本一致，只是第四、五、六阶段有所不同。具体如下：

（1）第四阶段：工程量清单项目组价。

（2）第五阶段：分析综合单价。

（3）第六阶段：费用计算。

费用计算原则和方法如下：

分部分项工程费＝∑(分部分项工程量×分部分项工程项目综合单价)　　(4.1.3)

其中，分部分项工程项目综合单价由人工费、材料费、机械费、管理费和利润组成，并考虑风险因素。

措施项目费分为两种，即按国家计量规范规定应予计量措施项目（单价措施项目）和不宜计量的措施项目（总价措施项目）。

单价措施项目费＝∑(措施项目工程量×措施项目综合单价)　　(4.1.4)

总价措施项目＝∑(措施项目×费率)　　(4.1.5)

单位工程造价＝分部分项工程费＋措施项目费＋其他项目费＋规费＋税金　　(4.1.6)

习题精选

一、单项选择题

1. 从工程费用计算角度分析，工程造价计价的顺序是(　　)。

A. 单位工程造价→分部分项工程造价→单项工程造价→建设项目总造价

B. 单位工程造价→单项工程造价→分部分项工程造价→建设项目总造价

C. 分部分项工程造价→单位工程造价→单项工程造价→建设项目总造价

D. 分部分项工程造价→单项工程造价→单位工程造价→建设项目总造价

2. 在工程造价计价过程中，影响工程造价计价的两个主要因素是(　　)。

A. 单位价格和实物工程量

B. 单位价格和单位消耗量

C. 资源市场单价和单位消耗量

D. 资源市场单价和措施项目工程量

3. 如果工程项目单位价格仅仅考虑人工、材料、机械资源要素的消耗量及其价格，即单位价格＝∑(工程子项的资源要素消耗量×资源要素的价格)，则该单位价格是(　　)。

A. 综合单价　　B. 人工、材料、施工机械台班单价

C. 全费用单价　　D. 工程单价

4. 发包人在进行工程估价时使用定额反映的应是(　　)。

A. 社会平均生产力水平　　B. 平均先进生产力水平

C. 业主个别生产力水平　　D. 社会较高生产力水平

5. 承包人在进行工程估价时使用定额反映的是(　　)。

A. 社会平均生产力水平　　B. 平均先进生产力水平

C. 该企业技术与管理水平　　D. 施工企业平均的技术与管理水平

6. 我国目前实施的两种工程计价方法是(　　)。

A. 定额计价法和实物量法　　B. 单价法和实物量法

C. 工程量清单计价法和实物量法　　D. 定额计价法和工程量清单计价法

7. 综合单价主要适用于工程量清单计价。我国工程量清单计价使用的综合单价为(　　)。

A. 完全综合单价　　B. 非完全综合单价

C. 工程单价　　D. 人工、材料、施工机械台班单价

8. 按照《建设工程工程量清单计价规范》(GB 50500—2013) 的规定，工程量清单应采用(　　)计价。

A. 综合单价

B. 人工、材料、施工机械台班单价

C. 工程单价

D. 人工、材料、施工机械台班单价或综合单价

9. 关于工程计价的说法，正确的是(　　)。

A. 工程计价包含计算工程量和套定额两个环节

B. 建筑安装工程费＝∑(分部分项工程量×分部分项工程项目综合单价)

C. 工程量清单应采用综合单价计价

D. 工程计价中工程子项的单位价格仅指综合单价

10. 工程定额计价法的步骤中计算完工程量之后紧接着的工作是(　　)。

A. 熟悉图纸和现场　　B. 编制工料分析表

C. 套定额单价　　D. 费用计算

11. 工程量清单计价法和工程定额计价法中收集资料不包括(　　)。

A. 设计图纸　　B. 工程协议或合同

C. 分析综合单价　　D. 现行计价依据及有关费用调整文件

12. 我国目前仍然使用的工程定额计价法，采用的单位价格是(　　)。

A. 人工、材料、施工机械台班单价　　B. 综合单价法

C. 扩大单价法　　D. 预算单价法

13. 关于工程量清单计价法的说法，错误的是(　　)。

A. 工程量清单项目套价的结果是计算该清单项目的人工费、材料费、施工机具使用费

B. 工程量按照相应专业的计量规范规定的工程量计算规则计算

C. 分部分项工程费中应考虑承包人承担的风险因素

D. 单价措施项目综合单价的构成和分部分项工程项目的综合单价构成类似

14. 关于工程定额计价法的说法，错误的是(　　)。

A. 分项工程名称、规格和计算单位必须与定额中所列内容完全一致

B. 根据定额进行换算就是以某分项定额为基础进行全部调整

C. 定额换算按照定额规定执行

D. 可以编制补充定额

15. 工程量清单项目套价的结果是计算该清单项目的(　　)，并不是计算该清单项目的人工、材料、施工机械台班单价。

A. 工料单价　　B. 综合单价　　C. 工程单价　　D. 定额单价

16. 在工程计价中以定额为依据，按定额规定的分部分项子目，逐项计算工程量，套用定额单价（或单位估价表）确定人、材、机费，然后按规定取费标准确定构成工程价格的其他费用和利税，获得建筑安装工程造价。以上的计价方法是(　　)。

A. 工程定额计价法　　B. 实物量法

C. 工程量清单计价法　　D. 费率法

17. 在我国目前工程量清单计价法中，分部分项工程综合单价由(　　)组成。

A. 人工费、材料费、机械费

B. 人工费、材料费、机械费、管理费

C. 人工费、材料费、机械费、管理费、利润，并考虑风险费用

D. 人工费、材料费、机械费、管理费、利润、规费和税金

18. 投标人在利用工程量清单计价法进行投标报价时运用定额反映的应是(　　)。

A. 社会平均生产力水平　　B. 施工企业个别生产力水平

C. 业主个别生产力水平　　D. 社会较高生产力水平

19. 在市场经济体制下，工程计价时采用的资源要素的价格应该是(　　)。

A. 预算价格　　B. 市场价格　　C. 计划价格　　D. 成本价格

二、多项选择题

1. 工程计价的基本方法有(　　)。

A. 工程定额计价法　　B. 工程量清单计价法

C. 单位估价法　　D. 实物量法

E. 预算法

2. 决定人工、材料、施工机械台班单价的主要因素有(　　)。

A. 资源要素的消耗量　　B. 资源要素的价格

C. 工程量　　D. 施工企业劳动生产率

E. 施工企业的技术和管理水平

3. 工程子项的单位资源要素消耗量的数据经过长期的收集、整理和积累形成了工程建设定额，它是工程计价的重要依据。它与(　　)密切相关。

A. 劳动生产率水平　　B. 社会生产力水平

C. 技术水平　　D. 管理水平

E. 市场价格信息

4. 采用工程量清单报价，下列计算公式正确的有（　　）。

A. 分部分项工程费＝∑分部分项工程量×分部分项工程项目综合单价

B. 单价措施项目费＝∑措施项目工程量×措施项目综合单价

C. 单位工程造价＝∑分部分项工程费

D. 单项工程造价＝∑单位工程造价

E. 建设项目总造价＝∑单项工程造价

5. 关于工程计价的说法，正确的有（　　）。

A. 工程造价计价的顺序是分部分项工程造价→单项工程造价→单位工程造价→建设项目总造价

B. 影响工程造价的主要因素是单位价格和实物工程数量

C. 发包人工程估价的定额反映的是社会平均生产力水平

D. 承包人估价的定额反映的是该企业技术和管理水平

E. 在市场经济体制下，工程计价时采用的资源要素的价格是市场价格

参考答案

一、单项选择题

1. C　2. A　3. B　4. A　5. C　6. D　7. B　8. A　9. C　10. C
11. C　12. A　13. A　14. B　15. B　16. A　17. C　18. B　19. B

二、多项选择题

1. AB　2. AB　3. ABCD　4. ABDE　5. BCDE

第二节　工程计价依据及作用

考纲要求

1. 了解工程计价依据体系。
2. 熟悉工程计价依据的分类。
3. 掌握工程计价定额的概念和分类。

考点汇总

一、工程计价依据需要满足的要求

（1）准确可靠，符合实际。

（2）可信度高，有权威性。

（3）数据化表达，便于计算。

(4) 定性描述清晰，便于正确利用。

二、工程计价依据的分类

(一) 按用途分类

(1)《建设工程工程量清单计价规范》(GB 50500—2013)、各专业工程工程量计算规范、《建筑工程建筑面积计算规范》(GB/T 50353—2013)。

(2) 行业协会推荐性规程。

(3) 可行性研究资料。

(4) 初步设计、扩大初步设计、施工图设计图纸和资料。

(5) 工程变更及施工现场签证。

(6) 概算指标、概算定额、预算定额。

(7) 人工单价。

(8) 材料预算单价。

(9) 机械台班单价。

(10) 工程造价信息。

(11) 费用定额。

(12) 价格指数。

(13) 设备价格、运杂费率等。

(14) 用地指标。

(15) 各项工程建设其他费用定额等。

(16) 包含在工程造价内的税种、税率。

(17) 与产业政策、能源政策、环境政策、技术政策和土地等资源利用政策有关的取费标准。

(18) 利率和汇率。

(19) 其他计价依据。

(二) 按使用对象分类

(1) 规范建设单位（业主）计价行为的依据。

(2) 规范建设单位（业主）和承包商双方计价行为的依据。

三、工程计价定额的概念

工程计价定额是指工程定额中直接用于工程计价的定额或指标，包括预算定额、概算定额、概算指标和投资估算指标等。

四、工程计价定额的分类

(一) 按定额反映的生产要素消耗内容分类

(1) 劳动定额。

(2) 材料消耗定额。

(3) 机械台班消耗定额。

(二) 按定额的不同用途分类

(1) 施工定额。

(2) 预算定额。
(3) 概算定额。
(4) 概算指标。
(5) 投资估算指标。

(三) 按定额的编制单位和执行范围分类

(1) 全国统一定额。
(2) 行业定额。
(3) 地区统一定额。
(4) 企业定额。
(5) 补充定额。

(四) 按投资的费用性质分类

(1) 建筑工程定额。
(2) 设备安装工程定额。
(3) 建筑安装工程费用定额。
(4) 工程建设其他费用定额。

习题精选

一、单项选择题

1. 在现行工程计价依据体系中，属于规范类工程计价依据的是(　　)。
A.《建设工程工程量清单计价规范》(GB 50500—2013)
B.《全国统一建筑工程基础定额　土建（上下册)》(GJD-101-95)
C. 全国统一施工机械台班费用编制规则（建标〔2001〕196 号)
D.《建筑安装工程费用项目组成》(建标〔2013〕44 号)
2. 在现行工程计价依据体系中，属于规程类工程计价依据的是(　　)。
A.《建设工程造价咨询成果文件质量标准》(CECA/GC7—2012)
B.《建设工程工程量清单计价规范》(GB 50500—2013)
C.《建筑工程建筑面积计算规范》(GB/T 50353—2013)
D.《建筑安装工程费用项目组成》(建标〔2013〕44 号)
3. 在现行工程计价依据体系中，属于法律法规类工程计价依据的是(　　)。
A.《建设工程工程量清单计价规范》(GB 50500—2013)
B.《全国统一建筑工程基础定额》(GJD-101-95)
C.《全国统一建筑安装工程工期定额》(建标〔2000〕38 号)
D.《建筑工程施工发包与承包计价管理办法》(住建部令第 16 号)
4. 工程造价计价依据按用途分类，可以分为 7 大类 18 小类，其中可行性研究资料是(　　)。
A. 规范工程计价的依据
B. 计算设备数量和工程量的依据
C. 计算分部分项工程人工、材料、机械台班消耗量及费用的依据

D. 计算建筑安装工程费用的依据

5. 工程造价的计价依据按用途可分为 7 大类，其中计算设备费的依据是(　　)。

A. 各项工程建设其他费用定额等　　B. 设备价格、运杂费率等

C. 间接费定额　　D. 概算指标、概算定额、预算定额

6. 工程造价计价依据按用途分类，可以分为两大类，其中属于规范建设单位（业主）和承包商双方计价行为依据的是(　　)。

A. 可行性研究资料　　B. 用地指标

C. 工程建设其他费用定额　　D. 设备价格

7. 以下建筑工程造价计价依据的分类中，属于按使用对象分类的是(　　)。

A. 计算分部分项工程人工、材料、机械台班消耗量及费用的依据

B. 计算建筑安装工程费的依据

C. 规范工程计价的依据

D. 规范建设单位（业主）和承包商双方计价行为的依据

8. 以下各项均是工程造价计价依据的类别，其中不是按照用途分类的是(　　)。

A. 规范工程计价的依据

B. 计算设备数量和工程量的依据

C. 计算设备费的依据

D. 规范建设单位（业主）计价行为的依据

9. 计算建筑安装工程费用的依据是(　　)。

A. 用地指标　　B. 费用定额和价格指数

C. 各项工程建设其他费用定额等　　D. 设备价格、运杂费率等

10. 以下属于计算分部分项工程人工、材料、机械台班消耗量及费用依据的是(　　)。

A. 工程造价信息　　B. 费用定额

C. 工程建设其他费用定额　　D. 运杂费率

11. 将工程定额分为劳动定额、材料消耗定额和施工机械台班消耗定额，是按(　　)进行的分类。

A. 生产要素消耗内容　　B. 定额的不同用途

C. 定额的编制单位和适用范围　　D. 投资的费用性质

12. 下列不属于工程计价定额的是(　　)。

A. 预算定额　　B. 概算定额　　C. 投资估算指标　　D. 施工定额

13. 以下不是按照定额反映的生产要素消耗内容进行分类的工程定额是(　　)。

A. 劳动定额　　B. 材料消耗定额

C. 机械台班消耗定额　　D. 企业定额

14. 规定了在正常施工条件下某工种某等级的工人，生产单位合格产品所需消耗的时间或在单位时间内生产合格产品的数量。这种定额是(　　)。

A. 劳动定额　　B. 材料消耗定额

C. 机械台班消耗定额　　D. 企业定额

15. 关于预算定额的说法，错误的是(　　)。

A. 预算定额是以施工定额为基础综合扩大编制而成的

B. 预算定额是一种计价性定额

C. 预算定额主要用于设计概算的编制

D. 预算定额可用于工程量清单计价中综合单价的计算

16. 建设工程定额按(　　)分为：劳动定额、材料消耗定额、机械台班消耗定额。

A. 投资的费用性质　　B. 不同用途

C. 执行范围　　D. 生产要素消耗内容

17. 某定额是企业内部使用的定额，它以同一性质的施工过程为研究对象，由劳动定额、材料消耗定额、机械台班消耗定额组成。它既是企业投标报价的依据，也是企业控制施工成本的基础，则该定额是(　　)。

A. 施工定额　　B. 概算指标　　C. 概算定额　　D. 预算定额

18. 某定额是编制工程预结算时计算和确定一个规定计量单位的分项工程或结构构件的人工、材料、机械台班耗用量（或货币量）的数量标准，同时它是以施工定额为基础的综合扩大，则该定额是(　　)。

A. 施工定额　　B. 概算指标　　C. 概算定额　　D. 预算定额

19. 编制设计概算时计算和确定单位合格扩大分项工程，或扩大结构构件所需消耗的人工、材料、机械台班的数量及其费用标准是(　　)。

A. 施工定额　　B. 概算指标　　C. 概算定额　　D. 预算定额

20. 在项目建议书和可行性研究阶段编制、计算投资需要量时使用的一种定额，该定额一般以建设项目、单项工程、单位工程为对象，反映其建设总投资及其各项费用构成。这种定额是(　　)。

A. 投资估算指标　　B. 概算指标　　C. 概算定额　　D. 预算定额

21. 与建筑安装施工生产的个别产品无关，而为企业生产全部产品所必需，为维持企业的经营管理活动所必须发生的各项费用开支的消耗指标。这种定额是(　　)。

A. 企业定额　　B. 费用定额　　C. 概算定额　　D. 预算定额

二、多项选择题

1. 以下工程造价计价依据中，按使用对象分类的有(　　)。

A. 规范建设单位（业主）计价行为的依据

B. 规范建设单位（业主）和承包商双方计价行为的依据

C. 规范造价咨询单位计价行为的依据

D. 规范政府计价行为的依据

E. 规范设计单位计价行为的依据

2. 下列各项工程造价计价依据中，属于规范建设单位（业主）计价行为依据的有(　　)。

A. 工程造价信息

B.《建筑工程建筑面积计算规范》(GB/T 50353—2013)

C. 用地指标

D. 工程建设其他费用定额

E. 建筑安装工程费用定额

3. 工程造价计价依据必须满足(　　)要求。

A. 准确可靠，符合实际

B. 可信度高，有权威性

C. 数据化表达，便于计算

D. 定性描述清晰，便于正确利用

E. 具有时效性，符合市场规律

4. 按照我国工程计价依据的编制和管理权限的规定，目前我国已经形成了由国家法律法规及各省（自治区、直辖市）和国务院有关建设主管部门的(　　)等相互支撑、互为补充的工程计价依据体系。

A. 规章　　B. 相关政策文件

C. 定额　　D. 标准

E. 工程造价信息

5. 建筑工程定额按生产要素消耗内容分类的有(　　)。

A. 劳动定额　　B. 材料消耗定额

C. 机械台班消耗定额　　D. 费用定额

E. 概算定额

6. 劳动定额规定了在正常施工技术和组织条件下，某工种某等级的工人(　　)。

A. 生产单位合格产品所需消耗的劳动时间

B. 在单位时间内生产合格产品的数量

C. 生产单位产品所需消耗的劳动时间

D. 在单位时间内生产产品的数量

E. 生产合格产品所需消耗的劳动时间

7. 材料消耗定额是在节约和合理使用材料的条件下，生产单位合格产品所必须消耗的一定品种规格的(　　)的消耗量。

A. 原材料　　B. 半成品

C. 成品　　D. 结构构件

E. 分项工程

8. 机械台班消耗定额是在正常施工条件下，利用某种机械，(　　)。

A. 生产单位合格产品所必须消耗的机械工作时间

B. 在单位时间内机械完成合格产品的数量

C. 生产单位产品所必须消耗的机械工作时间

D. 在单位时间内机械完成产品的数量

E. 生产合格产品所必须消耗的机械工作时间

9. 以下各工程定额中，按照定额的不同用途分类的有(　　)。

A. 施工定额　　B. 概算指标

C. 概算定额　　D. 预算定额

E. 费用定额

10. 以下各工程定额中，按照定额的编制单位和执行范围分类的有(　　)。

A. 行业定额　　B. 地区统一指标

C. 企业定额　　D. 施工定额

E. 费用定额

11. 以下各工程定额中，按照投资的费用性质分类的有(　　)。

A. 建筑工程定额　　B. 安装工程定额

C. 建筑企业定额　　D. 建筑施工定额

E. 建筑工程费用定额

12. 下列各工程定额中，按照投资的费用性质分类的有(　　)。

A. 建筑工程定额　　B. 设备安装工程定额

C. 工具器具定额　　D. 施工定额

E. 建筑安装工程费用定额

参考答案

一、单项选择题

1. A　2. A　3. D　4. B　5. B　6. D　7. D　8. D　9. B　10. A
11. A　12. D　13. D　14. A　15. C　16. D　17. A　18. D　19. C　20. A
21. B

二、多项选择题

1. AB　2. CD　3. ABCD　4. ABCD　5. ABC
6. AB　7. ABCD　8. AB　9. ABCD　10. ABC
11. ABE　12. ABCE

第三节　预算定额、概算定额和估算指标

考纲要求

1. 了解建筑安装工程预算定额、概算定额和投资估算指标的编制原则和步骤。

2. 掌握预算定额、概算定额的编制方法。

考点汇总

一、预算定额

(一) 预算定额的作用

(1) 是编制施工图预算、确定建筑安装工程造价的基础。

(2) 是编制施工组织设计的依据。

(3) 是工程结算的依据。

(4) 是施工单位进行经济活动分析的依据。

(5) 是编制概算定额的基础。

(6) 是合理编制招标控制价、投标报价的基础。

(二) 预算定额的编制原则

(1) 社会平均水平的原则。

(2) 简明适用的原则。

(三) 预算定额的编制依据

(1) 现行施工定额。

(2) 现行设计规范、施工及验收规范，质量评定标准和安全操作规程。

(3) 具有代表性的典型工程施工图及有关标准图。

(4) 新技术、新结构、新材料和先进的施工方法等。

(5) 有关科学实验、技术测定和统计、经验资料。

(6) 现行预算定额、材料单价及有关文件规定等。

(四) 预算定额的编制步骤

预算定额的编制大致可以分为准备工作、收集资料、编制定额、报批和修改定稿五个阶段。

(五) 预算定额中人、材、机消耗量的确定

(1) 预算定额计量单位的确定。

(2) 预算定额中人、材、机消耗量的确定。

1) 人工消耗指标的确定：

① 基本用工指完成该分项工程的主要用工。

② 材料超运距用工。

③ 辅助用工指施工现场发生的加工材料等的用工。如筛砂子、淋石灰膏的用工。

④ 人工幅度差。

2) 材料消耗指标的确定。

3) 施工机械台班消耗指标的确定。

(六) 编制定额项目表

(七) 预算定额的编排

二、概算定额

(一) 概算定额的主要作用

(1) 是扩大初步设计阶段编制设计概算和技术设计阶段编制修正概算的依据。

(2) 是对设计项目进行技术经济分析和比较的基础资料之一。

(3) 是编制建设项目主要材料计划的参考依据。

(4) 是编制概算指标的依据。

(5) 是编制招标控制价和投标报价的依据。

(二) 概算定额的编制依据

(1) 现行的预算定额。

（2）选择的典型工程施工图和其他有关资料。

（3）人工工资标准、材料预算价格和机械台班预算价格。

（三）概算定额的编制步骤

（1）准备工作阶段。

（2）编制初稿阶段。

（3）审查定稿阶段。

三、概算指标

（一）概算指标的概念

概算指标是以整个建筑物或构筑物为对象，以“m^2”“m^3”或“座”等为计量单位，规定了人工、材料、机械台班的消耗指标的一种标准。

（二）概算指标的主要作用

（1）是基本建设管理部门编制投资估算和编制基本建设计划、估算主要材料用量计划的依据。

（2）是设计单位编制初步设计概算、选择设计方案的依据。

（3）是考核基本建设投资效果的依据。

（三）概算指标的主要内容和形式

（四）概算指标的编制依据

（1）标准设计图纸和各类工程典型设计。

（2）国家颁发的建筑标准、设计规范、施工规范等。

（3）各类工程造价资料。

（4）现行的概算定额、预算定额及补充定额。

（5）人工工资标准、材料预算价格、机械台班预算价格及其他价格资料。

（五）概算指标的编制步骤

四、投资估算指标

（一）投资估算指标及其作用

（二）投资估算指标的内容

（1）建设项目综合指标。

（2）单项工程指标。

（3）单位工程指标。

（三）投资估算指标的编制步骤

（1）收集整理资料阶段。

（2）平衡调整阶段。

（3）测算审查阶段。

习题精选

一、单项选择题

1. 关于预算定额作用的说法，错误的是(　　)。

A. 施工图设计一经确定，工程预算造价就取决于预算定额水平和人工、材料及机具台班的价格

B. 预算定额是编制施工组织设计的依据

C. 预算定额规定的物化劳动和劳动消耗指标是施工单位在生产经营中允许消耗的最高标准

D. 预算定额作为编制招标控制价的依据和施工企业报价的基础性作用已不再存在

2. 劳动定额中未包含，而在一般正常的施工条件不可避免的，但又无法计量的用工，在预算定额人工消耗指标中称为(　　)。

A. 辅助用工　　B. 超运距用工　　C. 零星用工　　D. 人工幅度差

3. 预算定额中的机械台班消耗量是在劳动定额或施工定额中相应项目的机械台班消耗指标基础上制定的，在制定过程中还应当考虑增加一定的(　　)。

A. 辅助机械台班　　B. 机械幅度差

C. 零星机械台班　　D. 超运距幅度差

4. 预算定额的编制应反映(　　)。

A. 社会平均水平　　B. 社会平均先进水平

C. 社会先进水平　　D. 企业实际水平

5. 关于预算定额编制原则的说法，错误的是(　　)。

A. 预算定额要按生产过程中所消耗的社会必要劳动时间确定定额水平

B. 编制预算定额时，对于主要的、常用的、价值量大的项目，分项工程划分宜细

C. 编制预算定额时，为简化工程量计算，允许同一种材料用不同的计量单位

D. 预算定额的编制应反映社会平均水平

6. 预算定额中的人工工日消耗指标包括(　　)。

A. 基本用工和人工幅度差

B. 基本用工、辅助用工和人工幅度差

C. 基本用工、超运距用工、辅助用工和人工幅度差

D. 基本用工、超运距用工、辅助用工

7. 在预算定额人工消耗量指标中，施工过程中各工种交叉作业配合工作的停歇时间属于(　　)。

A. 辅助用工　　B. 人工幅度差用工

C. 超运距用工　　D. 基本用工

8. 预算定额是建筑工程预算定额和安装工程预算定额的总称。在预算定额的编排方面，下列不属于预算定额内容的是(　　)。

A. 前言　　B. 文字说明

C. 分项工程定额消耗量指标　　D. 附录

9. 预算定额的编制阶段不包括(　　)。

A. 准备工作　　B. 编制定额　　C. 修改定稿　　D. 总结提高

10. 预算定额中，人工消耗指标中的人工幅度差是指(　　)。

A. 在正常施工条件下，劳动定额中没有包含的用工因素

B. 预算定额消耗量与概算定额消耗量的差额

C. 预算定额消耗量自身的误差

D. 预算定额中人工定额必须消耗量与净消耗量的差额

11. 砌筑墙体工程中，在施工现场筛砂子的用工量属于(　　)。

A. 基本用工　　B. 辅助用工　　C. 超运距用工　　D. 人工幅度差用工

12. 按现行规定，施工机械每个工作台班的工作时间计算为(　　)。

A. 6h　　B. 7h　　C. 8h　　D. 10h

13. 下列不属于预算定额编制依据的是(　　)。

A. 现行施工定额　　B. 现行的设计规范

C. 概算指标　　D. 有关科学实验、技术测定

14. 关于机械台班消耗指标确定的说法，正确的是(　　)。

A. 预算定额中的机械台班消耗指标应按全国统一劳动定额中各种机械施工项目所规定的台班产量进行计算

B. 预算定额中以使用机械为主的项目，确定机械台班消耗量时不增加机械幅度差

C. 配合工人小组施工的机械确定机械台班消耗量时，要增加机械幅度差

D. 配合工人小组施工的机械，其分项定额机械台班使用量为：小组总产量/分项定额计量单位量

15. 完成某分项工程的主要用工，如砌砖工程中的砌砖、调制砂浆、运砖等的用工等，属于(　　)。

A. 基本用工　　B. 材料超运距用工

C. 辅助用工　　D. 人工幅度差

16. 概算定额的编制步骤中的编制初稿阶段不包括(　　)。

A. 搜集和整理各种数据，对各种资料进行测算和分析

B. 确定各项目的消耗指标

C. 计算分项定额中的人工、材料和机械台班消耗量

D. 测算概算定额水平

17. 概算定额的编制步骤不包括(　　)。

A. 审查定稿阶段　　B. 准备工作阶段

C. 平衡调整阶段　　D. 编制初稿阶段

18. 概算定额的编制初稿阶段要测算定额水平，其中一个内容是新编概算定额与原概算定额的水平测算，另一个内容是(　　)。

A. 确定概算定额项目

B. 制定出编制方案

C. 新编概算定额与现行预算定额的水平测算

D. 明确编制定额的项目

19. 概算指标是以(　　)为对象，以“m^2”“m^3”或“座”等为计量单位，规定了人工、材料、机械台班的消耗指标的一种标准。

A. 整个建筑物或构筑物　　B. 整个单位工程

C. 扩大分项工程　　D. 扩大分部工程

20. 投资估算指标的编制一般分为三个阶段进行。将整理后的数据资料按项目划分栏目加以归类，按照编制年度的现行定额、费用标准和价格，调整成编制年度的造价水平及相互比例，属于(　　)阶段的操作。

A. 收集整理资料　　B. 平衡调整　　C. 测算审查　　D. 以上均不是

21. 下列不包括在投资估算指标编制工作三阶段中的是(　　)。

A. 收集整理资料阶段　　B. 准备工作阶段

C. 测算审查阶段　　D. 平衡调整阶段

22. 投资估算指标是确定和控制建设项目全过程各项投资支出的技术经济指标，其范围不涉及(　　)阶段的费用支出。

A. 建设前期　　B. 建设实施期

C. 竣工验收交付使用期　　D. 生产期

23. 预算定额中的施工机械是配合工人班组工作的，如果分项定额计量单位值为 1000 单位，小组总产量为 200 单位/工日，则分项定额机械台班使用量为(　　)。

A. 5 机械台班　　B. 1000 机械台班

C. 10000 机械台班　　D. 20000 机械台班

24. 下列不属于投资估算指标内容的是(　　)。

A. 单位工程指标　　B. 单项工程指标

C. 建设项目综合指标　　D. 扩大分部分项工程指标

25. 在编制预算定额人工消耗量时，已知其必须消耗的技术工种用工为 30 工日，超运距用工 2 工日，辅助用工 3 工日，人工幅度差率为 10%，则预算定额的人工消耗量为(　　)工日。

A. 30　　B. 23.5　　C. 38.5　　D. 27.3

26. 单项工程投资估算指标指按规定应列入能独立发挥生产能力或使用效益的单项工程内的全部投资额，包括建筑安装工程费、(　　)和其他费用。

A. 工程建设其他费用

B. 预备费

C. 设备及工器具购置费、生产家具购置费

D. 工程建设其他费用、预备费

二、多项选择题

1. 预算定额中的人工消耗量是指完成某一计量单位的分项工程或结构构件所需的各种用工量总和。其内容包括(　　)等。

A. 基本用工　　B. 超运距用工

C. 零星用工　　D. 人工幅度差

E. 辅助用工

2. 预算定额的编制原则包括(　　)。
A. 定性与定量分析相结合的原则　　B. 社会平均水平的原则
C. 合理确定定额水平原则　　D. 静态与动态相结合的原则
E. 简明适用的原则
3. 下列属于预算定额编制依据的有(　　)。
A. 现行施工定额　　B. 现行设计规范
C. 现行概算定额　　D. 现行的预算定额、材料单价
E. 有关科学实验、技术测定和统计、经验资料
4. 施工定额的计量单位一般按照(　　)确定。
A. 建筑结构构件形状特点　　B. 工作内容
C. 工序　　D. 施工过程
E. 工程量计算规则
5. 预算定额的编制步骤包括(　　)。
A. 咨询阶段　　B. 准备工作
C. 编制定额　　D. 平衡调整
E. 报批
6. 概算定额的编制依据有(　　)。
A. 现行的预算定额
B. 选择的典型工程施工图
C. 全国统一劳动定额
D. 推广的新技术、新结构、新材料、新工艺
E. 人工工资标准、材料预算价格、机械台班预算价格
7. 概算指标的编制依据有(　　)。
A. 标准设计图纸
B. 各类工程造价资料
C. 人工工资标准、材料预算价格、机械台班预算价格
D. 有关科学实验、技术测定和统计、经验资料
E. 新技术、新结构、新材料和先进的施工方法等
8. 投资估算指标的内容包括(　　)。
A. 建设项目综合指标　　B. 设备购置费用指标
C. 建筑安装工程费用指标　　D. 单项工程指标
E. 单位工程指标

参考答案

一、单项选择题

1. D　2. D　3. B　4. A　5. C　6. C　7. B　8. A　9. D　10. A
11. B　12. C　13. C　14. A　15. A　16. C　17. C　18. C　19. A　20. A
21. B　22. D　23. A　24. D　25. C　26. C

二、多项选择题

1. ABDE　2. BE　3. ABDE　4. CD　5. BCE
6. ABE　7. ABC　8. ADE

第四节　人工、材料、机具台班消耗量定额

考纲要求

熟悉人工、材料、机具台班定额消耗量的确定方法。

考点汇总

一、劳动定额

(一) 劳动定额的概念

劳动定额是指某工种某一等级的工人或工人小组在合理的劳动组织等施工条件下，在单位时间内完成合格产品的数量或完成单位合格产品所必须消耗的工作时间。

(二) 劳动定额的分类及其关系

1. 劳动定额的分类

(1) 时间定额。

(2) 产量定额。

2. 时间定额与产量定额的关系

时间定额与产量定额是互为倒数的关系，即：

$$时间定额=\frac{1}{产量定额} \tag{4.4.1}$$

(三) 工作时间

1. 工人工作时间

(1) 定额时间（必须消耗的时间），包括：

1) 有效工作时间：①基本工作时间，基本工作时间一般与工作量的大小成正比；②辅助工作时间；③准备与结束工作时间。

2) 休息时间。

3) 不可避免的中断时间。

(2) 非定额时间（损失时间），包括：

1) 多余和偶然工作时间。

2) 停工时间：①施工本身造成的停工时间；②非施工本身造成的停工时间。

3) 违反劳动纪律的损失时间。

2. 机械工作时间

（1）定额时间（必须消耗的时间），包括：

1）有效工作时间：①正常负荷下的工作时间；②有根据的降低负荷下的工作时间。

2）不可避免的无负荷工作时间。

3）不可避免的中断时间。

（2）非定额时间（损失时间），包括：

1）机械多余的工作时间。

2）机械停工时间。

3）违反劳动纪律的停工时间。

4）低负荷下的工作时间。

（四）劳动定额的编制方法

1. 经验估计法

优点：方法简单，工作量小，便于及时制定和修订定额。

缺点：定额准确性差，计算的依据不够充分和准确，容易受人为因素的影响。

适用于多品种生产或单件、小批量生产的企业，以及新产品试制和临时性生产。

2. 统计分析法

优点：方法简便易行、工作量比较小。

缺点：统计资料不可避免地包含着各种不合理的因素，这些因素必然会影响定额水平，降低定额质量。

适用于生产条件比较正常、产品较固定、原始记录和统计工作比较健全的企业。

3. 技术测定法

优点：重视现场调查研究和技术分析，制定的定额准确性较好，定额水平易达到平衡，可发现和揭露生产中的实际问题。

缺点：工作量较大，技术较为复杂。

4. 比较类推法（典型定额法）

优点：制定定额因有一定的依据和标准，其准确性和平衡性较好。

缺点：制定典型零件或典型工序的定额标准时，工作量较大，同时，如果典型代表选择不准，会影响制定定额的可靠性。

适用于需要制定定额的项目具有结构上有相似性、工艺上有同类性、条件上有可比性、变化上有规律性的典型零件或典型工序。

二、材料消耗定额

（一）材料消耗定额的概念

材料消耗定额是指在正常的施工条件和合理使用材料的情况下，生产质量合格的单位产品所必须消耗的建筑安装材料的数量标准。

（二）净用量定额和损耗量定额

材料消耗定额包括：①直接用于建筑安装工程上的材料；②不可避免产生的施工废料；③不可避免的施工操作损耗。

其中：直接构成建筑安装工程实体的材料称为材料消耗净用量定额。不可避免的施工废料和材料施工操作损耗量称为材料损耗量定额。

材料消耗净用量定额与损耗量定额之间具有下列关系：

$$材料消耗定额（材料总消耗量）=材料消耗净用量+材料损耗量 \quad (4.4.2)$$

$$材料损耗率=\frac{材料损耗量}{材料净用量}\times 100\% \quad (4.4.3)$$

即

$$材料损耗量=材料净用量\times 损耗率 \quad (4.4.4)$$

$$材料消耗定额=材料消耗净用量\times(1+损耗率) \quad (4.4.5)$$

（三）编制材料消耗定额的基本方法

1. 现场技术测定法

2. 试验法

3. 统计法

4. 理论计算法

（1）砖砌体材料用量计算。

（2）各种块料面层的材料用量计算。

（3）周转性材料消耗量计算。

三、机具台班定额

机具台班定额消耗量包括机械台班定额消耗量和仪器仪表台班定额消耗量。二者的确定方法大体相同。编制施工机械台班定额主要包括以下内容：

（1）确定施工机械纯工作 1h 的正常生产率。

（2）确定施工机械的时间利用系数。

（3）计算施工机械台班定额。

习题精选

一、单项选择题

1.（　　）是工程计价最基础的定额，是施工企业依据自身水平编制企业定额的基础。

A. 预算定额　　B. 概算定额

C. 投资估算指标　　D. 人工、材料、机械台班消耗量定额

2. 某工种某一等级的工人或工人小组在合理的劳动组织等施工条件下，完成单位合格产品所必须消耗的工作时间，被称为（　　）。

A. 时间定额　　B. 产量定额　　C. 工期定额　　D. 费用定额

3. 劳动定额的主要表现形式为时间定额，但同时也表现为产量定额，时间定额与产量定额的关系是（　　）。

A. 互为倒数　　B. 独立关系　　C. 正比关系　　D. 互为相反数

4. 某工种某一等级工人或工人小组在合理的劳动组织等施工条件下，在单位时间内完成合格产品的数量，被称为（　　）。

A. 时间定额　　B. 产量定额　　C. 工期定额　　D. 费用定额

5. 下列属于产量定额的计量单位是(　　)。

A. 平方米　　B. 工时　　C. 工日　　D. 台班

6. 工人必须消耗的工作时间包括有效工作时间、不可避免中断时间和(　　)时间。

A. 休息　　B. 多余　　C. 偶然　　D. 停工

7. 劳动定额的工人工作时间中，为保证基本工作能顺利完成而同技术操作无直接关系所消耗的时间，称为工人的(　　)工作时间。

A. 基本　　B. 辅助　　C. 准备　　D. 有效

8. 下列工人工作时间中，属于损失时间的是(　　)。

A. 休息时间　　B. 不可避免中断时间

C. 辅助工作时间　　D. 停工时间

9. 编制机械台班消耗定额时，汽车装货和卸货时停车消耗的机械工作时间属于(　　)。

A. 不可避免中断时间　　B. 有效工作时间

C. 不可避免的无负荷工作时间　　D. 机械停工时间

10. 编制机械台班消耗定额时，推土机到达工作段终端后倒车消耗的机械工作时间属于(　　)。

A. 不可避免中断时间　　B. 有效工作时间

C. 不可避免的无负荷工作时间　　D. 机械停工时间

11. 在工人工作时间消耗中，定额时间不包括(　　)。

A. 休息时间　　B. 施工本身造成的停工时间

C. 不可避免的中断时间　　D. 辅助工作时间

12. 某瓦工班组 15 人，砌一砖半厚砖基础，需 6 天完成，砌筑砖基础的劳动定额为 1.25 工日/m^3，该班组完成的砌筑工程量是(　　)。

A. 112.5m^3/工日　　B. 90m^3/工日　　C. 80m^3/工日　　D. 72m^3/工日

13. 已知产量定额为 10m^3/工日，则时间定额为(　　)。

A. 10 工日/m^3　　B. 1 工日/m^3　　C. 0.5 工日/m^3　　D. 0.1 工日/m^3

14. 某工程有 450m^3一砖半内墙的砌筑任务，每天有两个班组进行作业，每个班组人数为 8 天，共花费 18 天完成了任务，其时间定额为(　　)工日/m^3。

A. 1.56　　B. 1.28

C. 0.64　　D. 0.5

15. 某现浇混凝土圈梁工程量为 260.66m^3，每天有 18 名技术工人投入施工，时间定额为 2.41 工日/m^3（一班工作制），则完成该项工程的定额施工天数为(　　)天。

A. 30　　B. 25　　C. 35　　D. 20

16. 已知某砖混结构建筑物体积为 900m^3，其中毛石带形基础的工程量为 110m^3，假定 1m^3毛石基础需要用砌石工 0.66 工日，且该单位工程中没有其他工程需要砌石工，则 1000m^3建筑物需要砌石工为(　　)工日。

A. 72.60　　B. 80.67　　C. 150.00　　D. 185.19

17. 某产品生产条件比较正常，产品较固定，生产过程中的原始记录和统计工作比较健全，在制订其劳动定额时，可采用(　　)。

A. 经验估计法　　B. 统计分析法　　C. 试验法　　D. 比较类推法

18. 比较类推法是劳动定额的一种编制方法。关于其特点的说法，正确的是(　　)。

A. 该方法简单易行，工作量也比较小

B. 定额制定有一定的依据和标准，其准确性和平衡性较好

C. 该方法适用于多品种生产、小批量生产的企业制定定额

D. 如果同类型产品的原始记录和统计资料不准确，将会直接影响定额制订的质量

19. 材料损耗率的计算公式，可以表示为(　　)×100%。

A. 损耗量/净用量　　B. 净用量/损耗量

C. 损耗量/总用量　　D. 净用量/总用量

20. 材料消耗定额包括材料的净用量和必要的(　　)。

A. 运输损耗量　　B. 堆放损耗量　　C. 制作损耗量　　D. 材料损耗量

21. 周转性材料是指在建筑安装工程中不直接构成(　　)，可多次周转使用的工具性材料。

A. 具体工程　　B. 工程实体　　C. 工程实质　　D. 实际工程

22. 下列材料消耗定额的计算公式中，正确的是(　　)。

A. 材料消耗定额＝材料消耗净用量/(1－损耗率)

B. 材料消耗定额＝材料消耗净用量×(1＋损耗率)

C. 材料消耗定额＝材料损耗量×(1＋损耗率)

D. 材料消耗定额＝材料消耗量×(1－损耗率)

23. 正常施工条件下，完成单位合格建筑产品所需某材料的不可避免损耗量为 0.90kg。已知该材料的损耗率为 7.20%，则其总消耗量为(　　)kg。

A. 13.50　　B. 13.40　　C. 12.50　　D. 11.60

24. 地砖规格为 200mm×200mm，灰缝 1mm，其损耗率为 1.5%，则 100m^2 地面地砖消耗量为(　　)。

A. 2475 块　　B. 2512 块　　C. 2500 块　　D. 2462.5 块

25. 已知水泥消耗量是 41200t，损耗率是 3%，那么水泥的净用量是(　　)t。

A. 39964　　B. 42436　　C. 40000　　D. 42474

26. 已知机械时间利用系数为 0.75，工作班延续时间为 8h，机械纯工作 1h 正常生产率为 1.5m^3/h，则施工机械台班产量定额为(　　)m^3/机械台班。

A. 0.75　　B. 6　　C. 9　　D. 12

27. 完成 10m^3 砖墙砌筑工作需消耗砖净用量 10000 块，有 500 块的损耗量，则材料损耗率和材料消耗定额分别为(　　)。

A. 5%，1000 块/ m^3　　B. 5%，1050 块/ m^3

C. 4.76%，1050 块/ m^3　　D. 4.76%，1000 块/ m^3

28. 施工机械台班产量定额＝(　　)。

A. 机械纯工作一台班正常生产率×工作班延续时间×机械时间利用系数

B. 机械纯工作 1h 正常生产率×工作班延续时间×机械时间利用系数

C. 机械纯工作一天正常生产率×工作班延续时间×机械时间利用系数

D. 机械纯工作单位正常生产率×工作班延续时间×机械时间利用系数

二、多项选择题

1. 劳动定额亦称人工定额，是指某工种某一等级的工人或工人小组在合理的劳动组织等施工条件下(　　)。

A. 单位时间内完成产品的数量　　B. 完成单位产品所需的工作时间
C. 在单位时间内完成合格产品的数量　　D. 完成单位合格产品所需的工作时间
E. 在单位时间内完成合格产品的工日数

2. 在工人工作时间中，损失时间与产品生产无关，而与(　　)有关。

A. 工作内容　　B. 施工组织的缺点
C. 某些偶然因素　　D. 工作量的大小
E. 个人过失

3. 劳动定额可以分为(　　)。

A. 单价定额　　B. 时间定额
C. 经验定额　　D. 产量定额
E. 施工定额

4. 下列属于工人工作必须消耗时间的有(　　)。

A. 休息时间　　B. 多余工作时间
C. 不可避免中断时间　　D. 偶然工作时间
E. 非施工本身造成的停工时间

5. 在下列工人工作时间中，属于损失时间的有(　　)。

A. 多余和偶然工作时间　　B. 休息时间
C. 施工本身造成的停工时间　　D. 不可避免的中断时间
E. 违反劳动纪律的损失时间

6. 劳动定额的编制方法有(　　)。

A. 经验估计法　　B. 统计分析法
C. 技术测定法　　D. 比较类推法
E. 理论计算法

7. 在下列施工机械工作时间中，不应列入必须消耗工作时间的有(　　)。

A. 不可避免的无负荷工作时间　　B. 机械多余的工作时间
C. 不可避免的中断时间　　D. 机械停工时间
E. 低负荷下工作时间

8. 编制材料消耗定额的基本方法有(　　)。

A. 现场技术测定法　　B. 试验法
C. 统计法　　D. 理论计算法
E. 比较类推法

9. 人工、材料、机械台班消耗量定额中主要材料消耗定额的编制方法有(　　)。

A. 理论计算法　　B. 统计法
C. 试验法　　D. 类推比较法
E. 现场技术测定法

10. 确定劳动定额的工作时间通常采用(　　)。

A. 技术测定法　　B. 统计分析法

C. 实验法　　D. 比较类推法

E. 理论计算法

11. 以下属于周转性材料的有(　　)。

A. 脚手架　　B. 模板

C. 挡土板　　D. 预埋铁件

E. 临时设施

12. 施工定额中材料消耗定额的材料消耗量包括(　　)。

A. 直接用于建筑安装工程上的材料

B. 不可避免产生的施工废料

C. 不可避免的施工操作损耗

D. 材料从购买地到现场仓库的运输损耗量

E. 材料在现场仓库的存储损耗量

13. 机械纯工作时间，是指机械必须消耗的净工作时间。下列施工机械消耗的工作时间中，属于施工机械纯工作时间的有(　　)。

A. 低负荷下的工作时间

B. 有根据降低负荷下的工作时间

C. 不可避免的无负荷工作时间

D. 不可避免的中断工作时间

E. 机械停工时间

参考答案

一、单项选择题

1. D	2. A	3. A	4. B	5. A	6. A	7. B	8. D	9. A	10. C
11. B	12. D	13. D	14. C	15. C	16. B	17. B	18. B	19. A	20. D
21. B	22. B	23. B	24. B	25. C	26. C	27. B	28. B		

二、多项选择题

1. CD	2. BCE	3. BD	4. AC	5. ACE
6. ABCD	7. BDE	8. ABCD	9. ABCE	10. ABD
11. ABC	12. ABC	13. BCD		

第五节　人工、材料、机具台班单价及定额基价

考纲要求

1. 熟悉人工、材料、机具台班单价的组成和编制方法。

2. 了解定额基价的构成及使用。

考点汇总

一、人工单价

人工单价是指施工企业平均技术熟练程度的生产工人在每工作日（国家法定工作时间内）按规定从事施工作业应得的日工资总额。

（一）人工单价的组成

（1）计时工资或计件工资。

（2）资金。

（3）津贴补贴。

（4）特殊情况下支付的工资。

（二）人工日工资单价确定方法

1. 年平均每月法定工作日

$$\text{年平均每月法定工作日}=\frac{\text{全年日历日}-\text{法定假日}}{12} \tag{4.5.1}$$

2. 日工资单价的计算

$$\text{日工资单价}=\frac{\begin{matrix}\text{生产工人平均月工资}\\\text{（计时、计件）}\end{matrix}+\text{平均月（奖金}+\text{津贴补贴}+\text{特殊情况下支付的工资）}}{\text{年平均每月法定工作日}}$$

（4.5.2）

二、材料单价

（一）材料价格的概念及其组成

1. 材料单价的概念

2. 材料单价的组成

（1）材料原价（供应价格）。

（2）材料运杂费。

（3）运输损耗费。

（4）采购及保管费。

（二）材料单价中各项费用的确定

1. 材料原价

材料原价（或供应价格）是指国内采购材料的出厂价格，国外采购材料抵达买方边境、港口或车站并交纳完各种手续费、税费（不含增值税）后形成的价格。

2. 材料运杂费

材料运杂费是指国内采购材料自来源地、国外采购材料自到岸港运至工地仓库或指定堆放地点发生的费用（不含增值税）。

3. 运输损耗费

运输损耗费是指材料在运输和装卸搬运过程中不可避免的损耗。一般通过损耗率来规定损耗标准。

$$材料运输损耗=(材料原价+材料运杂费)\times运输损耗率(\%) \quad (4.5.3)$$

4. 采购及保管费

采购及保管费是指为组织采购、供应和保管材料过程中所需要的各项费用。包括采购费、仓储费、工地保管费和仓储损耗。

$$材料采购及保管费=(材料原价+运杂费+运输损耗费)\times采购及保管费率(\%) \quad (4.5.4)$$

$$材料单价=[(材料原价+运杂费)\times(1+运输损耗费)]\times(1+采购及保管费率) \quad (4.5.5)$$

三、施工机械台班单价

（一）施工机械台班单价的概念

施工机械台班单价是指一台施工机械在正常运转条件下，一个工作班中所发生的全部费用，每台班按 8h 工作制计算。

（二）施工机械台班单价的组成及确定

施工机械台班单价由七项费用组成，包括折旧费、检修费、维护费、安拆费及场外运费、人工费、燃料动力费和其他费用。

1. 折旧费的组成及确定

折旧费是指施工机械在规定的使用期限（即耐用总台班）内，陆续收回其原值的费用。

$$台班折旧费=\frac{机械预算价格\times（1-残值率）}{耐用总台班} \quad (4.5.6)$$

2. 检修费的组成及确定

检修费是指施工机械在规定的耐用总台班内，按规定的检修间隔进行必要的检修，以恢复其正常功能所需的费用。检修费是机械使用期限内全部检修费之和在台班费用中的分摊额，它取决于一次检修费、检修次数和耐用总台班的数量。

$$台班检修费=\frac{一次检修费\times检修次数}{耐用总台班}\times除税系数\times除税系数 \quad (4.5.7)$$

3. 维护费的组成及确定

维护费是指施工机械在规定的耐用总台班内，按规定的维护间隔进行各级维护和临时故障排除所需的费用。

$$台班维护费=\frac{\sum(各级维护一次费用\times除税系数\times各级维护次数)+临时故障排除费}{耐用总台班} \quad (4.5.8)$$

或

$$台班维护费=台班检修费\times维护费系数 \quad (4.5.9)$$

4. 安拆费及场外运费的组成及确定

安拆费是指施工机械在现场进行安装与拆卸所需的人工、材料、机械和试运转费用以及机械辅助设施的折旧、搭设、拆除等费用。

场外运费是指施工机械整体或分体自停放地点运至施工现场或由一施工地点运至另一施工地点的运输、装卸、辅助材料以及架线等费用。

安拆费及场外运费根据施工机械不同分为计入台班单价、单独计算和不需计算三种类型。

5. 人工费的组成及确定

人工费是指机上司机（司炉）和其他操作人员的人工费。

$$台班人工费=人工消耗量\times\left(1+\frac{年制度工作日-年工作台班}{年工作台班}\right)\times人工单价 \quad (4.5.10)$$

6. 燃料动力费的组成及确定

燃料动力费是指施工机械在运转作业中所耗用的燃料及水、电等费用。

$$台班燃料动力费=\sum(台班燃料动力消耗量\times燃料动力单价) \quad (4.5.11)$$

7. 其他费用的组成及确定

其他费用是指施工机械按照国家规定应缴纳的车船税、保险费及检测费等。

$$台班其他费=\frac{年车船税+年保险费+年检测费}{年工作台班} \quad (4.5.12)$$

四、施工仪器仪表台班单价

施工仪器仪表台班单价由四项费用组成，包括折旧费、维护费、校验费、动力费。施工仪器仪表台班单价中的费用组成不包括检测软件的相关费用。

（一）折旧费的组成及确定

施工仪器仪表台班折旧费是指施工仪器仪表在耐用总台班内，陆续收其原值的费用。

$$台班折旧费=\frac{施工仪器仪表原值\times(1-残值率)}{耐用总台班} \quad (4.5.13)$$

（二）维护费的组成及确定

施工仪器仪表台班维护费是指施工仪器仪表各级维护、临时故障排除所需的费用及为保证仪器仪表正常使用所需备件（备品）的维护费用。

$$台班维护费=\frac{年维护费}{年工作台班} \quad (4.5.14)$$

（三）校验费的组成及确定

施工仪器仪表台班校验费是指按国家与地方政府规定的标定与检验的费用。

$$台班校验费=\frac{年校验费}{年工作台班} \quad (4.5.15)$$

（四）动力费的组成的确定

施工仪器仪表台班动力费是指施工仪器仪表在施工过程中所耗用的电费。

$$台班动力费=台班耗电量\times电价 \quad (4.5.16)$$

五、定额基价

（一）基价的构成

定额基价是由人、材、机单价构成的。

$$定额项目基价=人工费+材料费+机械费 \quad (4.5.17)$$

式中

$$人工费=定额项目工日数\times人工单价 \quad (4.5.18)$$

$$材料费=\sum(定额项目材料用量\times材料单价) \quad (4.5.19)$$

$$机械费=\sum(定额项目台班量\times台班单价) \quad (4.5.20)$$

（二）定额基价的套用

当施工图的设计要求与预算定额的项目内容一致时，可直接套用预算定额。套用定额时应注意：

（1）根据施工图纸、设计说明和做法说明选择定额项目。

（2）要从工程内容、技术特征和施工方法上仔细核对，才能准确地确定相对应的定额项目。

（3）分项工程项目名称和计量单位要与预算定额相一致。

（三）定额基价的换算

当施工图中的分项工程项目不能直接套用预算定额时，就产生了定额的换算。

1. 换算类型

（1）当设计要求与定额项目配合比、材料不同时的换算。

（2）乘系数的换算。

（3）其他换算。

2. 换算的基本思路

$$换算后的定额基价=原定额基价+换入的费用-换出的费用 \tag{4.5.21}$$

3. 适用范围

适用于砂浆强度等级、混凝土强度等级、抹灰砂浆及其他配合比材料与定额不同时的换算。

习题精选

一、单项选择题

1. 根据国家相关法律、法规和政策规定，因停工学习、履行国家或社会义务等原因按计时工资标准支付的工资属于人工日工资单价中的(　　)。

A. 基本工资　　B. 奖金

C. 津贴补贴　　D. 特殊情况下支付的工资

2. 施工企业为补偿职工特殊或额外的劳动消耗而支付给个人的报酬，属于人工日工资单价中的(　　)。

A. 基本工资　　B. 奖金

C. 津贴补贴　　D. 特殊情况下支付的工资

3. 人工单价是指施工企业(　　)的生产工人在每工作日按规定从事施工作业应得的日工资总额。

A. 先进技术熟练程度　　B. 最低技术熟练程度

C. 平均技术熟练程度　　D. 平均先进技术熟练程度

4. 材料单价是指建筑材料从其来源地到运到(　　)价格。

A. 施工工地的　　B. 施工操作地点的

C. 施工工地仓库的　　D. 施工工地仓库后的出库

5. 某工地商品混凝土在采购中发生的有关费用如表 4.5.1 所示，该商品混凝土的材料单价为(　　)元/m^3。

表 4.5.1　某工地商品混凝土在采购中发生的有关费用表

供应价格（元/m^3）	运杂费（元/m^3）	运输损耗率	采购及保管费率
300	20	1%	5%

A. 323.2　　B. 338.15　　C. 339.15　　D. 339.36

6. 某材料自甲、乙两地采购，相关信息如表 4.5.2 所示，则其材料单价为(　　)元/t。

表 4.5.2　某材料自甲、乙两地采购信息表

供货地点	采购量（t）	原价（元/t）	运杂费（元/t）	运输损耗率（%）	采购保管费率（%）
甲	300	50	10	2	3
乙	200	55	8		

A. 63.80　　B. 63.83　　C. 64.26　　D. 64.30

7. 已知材料原价为 100 元，运杂费为 10 元，运输损耗费为 10 元，采购及保管费率为 30%，材料采购及保管费为(　　)。

A. 30 元　　B. 36 元　　C. 6 元　　D. 3 元

8. 某工程购置钢材为 1000t，原价为 2500 元/t，运杂费为 50 元/t，运输损耗费率为 0.5%，采购及保管费率为 5%，生产厂家花费的运输包装费为 60 元/t，则钢材的单价为(　　)元/t。

A. 2500　　B. 2723.63　　C. 2753.63　　D. 2690.89

9. 下列材料单价的计算公式中正确的是(　　)。

A.（供应价格＋运杂费）×（1＋运输损耗费）×（1＋采购及保管费率）

B. $\frac{供应价格+运杂费}{(1-运输损耗率)\times(1-采购及保管费率)}$

C. $\frac{(供应价格+运杂费)\times(1+采购及保管费率)}{1-运输损耗率}$

D. $\frac{(供应价格+运杂费)\times(1+运输损耗率)}{1-采购及保管费率}$

10. 已知某工地钢材由甲方、乙方供货，甲方、乙方的原价分别为 3830 元/t、3810 元/t，甲方、乙方的运杂费分别为 31.5 元/t、33.5 元/t，甲方、乙的供应量分别为 400t、800t，材料的运输损耗率为 1.5%，采购保管费率为 2.5%，则该工地钢材的材料单价为(　　)元/t。

A. 4003.92　　B. 4004.92　　C. 4001.92　　D. 4002.92

11. 下列不属于材料单价中采购及保管费的是(　　)。

A. 运输费用　　B. 仓储费　　C. 仓储损耗费　　D. 工地保管费

12. 材料运输损耗是指材料在运输和装卸搬运过程中不可避免的损耗。一般通过损耗率来规定损耗标准，材料运输损耗＝(　　)。

A. 材料运输损耗＝(材料原价＋材料包装费)×运输损耗率

B. 材料运输损耗＝(材料原价＋材料运杂费)×运输损耗率

C. 材料运输损耗＝(材料原价＋材料保管费)×运输损耗率

D. 材料运输损耗＝(材料原价＋材料试验费)×运输损耗率

13. 某施工机械预算价格为 50000 元，耐用总台班为 2000 台班，一次检修费为 3000 元，寿命期内检修次数为 3 次，每台班发生的其他费用合计为 30.9 元/台班，忽略残值和资金时间价值，则该机械的台班单价为(　　)元。

A. 60.40　　B. 62.20　　C. 65.40　　D. 67.20

14. 施工机械台班单价是指某种施工机械在一个台班内，为了正常运转所必需(　　)的各项费用之和。

A. 支出　　B. 分摊和支出　　C. 收入　　D. 分摊

15. 确定施工机械台班单价时，如机械为进口施工机械，则其原值应按(　　)取定。

A. 离岸价格　　B. 抵岸价格

C. 到岸价格＋关税　　D. 离岸价格＋关税

16. 某施工机械预计使用 8 年，一次检修费为 4500 元，寿命期检修次数为 2 次，耐用总台班为 2000 台班，则台班检修费为(　　)元。

A. 6.75　　B. 4.50　　C. 0.84　　D. 0.56

17. 某施工机械设备司机 2 人，若年制度工作日为 254 天，年工作台班为 250 台班，人工日工资单价为 80 元，则该施工机械的台班人工费为(　　)元/台班。

A. 78.72　　B. 81.28　　C. 157.44　　D. 162.56

18. 已知某施工机械预算价格为 100 万元，时间价值系数为 1.2，残值率为 3%，机械耐用总台班为 5000 台班，则该机械台班折旧费为(　　)元。

A. 240　　B. 233　　C. 194　　D. 200

19. 施工机械的操作司机（司炉）和其他操作人员的工资属于(　　)。

A. 第一类费用　　B. 施工机具使用费

C. 企业管理费　　D. 措施项目费

20. 已知在钢筋混凝土基层上做 20mm 厚 1∶3 水泥砂浆找平层，每 $100m^2$ 所需人工 7.8 工日。1∶3 水泥砂浆 $2.02m^3$，素水泥浆 $0.10m^3$，水 $0.60m^3$，200L 灰浆搅拌机 0.34 台班。1∶3 水泥砂浆每增减 5mm 时，每 $100m^2$ 所需人工 1.41 工日。1∶3 水泥砂浆 0.51 m^3，200L 灰浆搅拌机 0.09 台班。则在钢筋混凝土基层上做 30mm 厚水泥砂浆找平层，每 $100m^2$ 人工、材料、机械台班的消耗数量分别为(　　)。

A. 人工 10.62 工日，1∶3 水泥砂浆 $3.04m^3$，素水泥浆 $0.10m^3$，水 $0.60m^3$，200L 灰浆搅拌机 0.52 台班

B. 人工 10.62 工日，1∶3 水泥砂浆 $2.04m^3$，素水泥浆 $0.10m^3$，水 $0.60m^3$，200L 灰浆搅拌机 0.52 台班

C. 人工 10.62 工日，1∶3 水泥砂浆 $3.04m^3$，素水泥浆 $0.15m^3$，水 $0.60m^3$，200L 灰浆搅拌机 0.52 台班

D. 人工 10.62 工日，1∶3 水泥砂浆 $3.04m^3$，素水泥浆 $0.10m^3$，水 $0.60m^3$，200L 灰浆搅拌机 0.46 台班

21. 已知在 M10 水泥砂浆砖基础中，每 $10m^3$ 的定额项目基价为 1254.31 元，其中人工费 303.36 元，材料费 931.65 元，机械费 19.30 元。每 $10m^3$ 的 M10 水泥砂浆定额用量为 $2.36m^3$，M10 水泥砂浆单价为 110.82 元/m^3，M15 水泥砂浆单价为 122.54 元//m^3。则 M15 水泥砂浆砖基础每 $10m^3$ 定额基价和人工费、材料费、机械费分别是(　　)元。

A. 1281.97　303.36　959.31　19.30　　B. 1287.91　311.02　931.65　19.30

C. 1287.97　331.02　911.65　19.30　　D. 1281.97　331.02　931.65　16.30

22. 定额基价是指反映完成定额项目规定的单位建筑安装产品，在定额编制基期所需的(　　)。

A. 人工费、材料费、施工机械使用费或其总和

B. 人工费、施工机械使用费或其总和

C. 人工费、材料费或其总和

D. 材料费、施工机械使用费或其总和

23. 使用工程定额计价法所套用的定额基价由若干个计算出的项目的单价构成，计算公式为(　　)。

A. 定额项目基价=人工费+材料费+机械费

B. 定额项目基价=人工费+材料费+机械费+管理费的分摊

C. 定额项目基价=人工费+材料费+机械费+管理费的分摊+规费的分摊

D. 定额项目基价=人工费+材料费+机械费+管理费的分摊+规费的分摊+利润的分摊

二、多项选择题

1. 人工单价是指施工企业平均技术熟练程度的生产工人在每工作日（国家法定工作时间内）按规定从事施工作业应得的日工资总额，它主要由(　　)组成。

A. 计时工资或计件工资　　B. 奖金

C. 津贴补贴　　D. 劳动保护费

E. 特殊情况下支付的工资

2. 下列关于材料单价的费用构成中，应包含在采购及保管费中的有(　　)。

A. 运杂费　　B. 仓储费

C. 工地保管费　　D. 运输损耗费

E. 仓储损耗

3. 施工机械台班单价组成的内容包括(　　)。

A. 校验费　　B. 检修费

C. 维护费　　D. 安拆费及场外运输费

E. 燃料动力费

4. 施工仪器仪表单价组成的内容包括(　　)。

A. 折旧费　　B. 校验费

C. 维护费　　D. 安拆费及场外运输费

E. 检修费

5. 建筑材料、成品、半成品及工程设备的材料单价主要由(　　)等组成。

A. 材料原价　　B. 运杂费

C. 采购及保管费　　D. 材料包装费

E. 材料施工损耗费

6. 材料原价是指材料、工程设备的(　　)。

A. 出厂价格　　B. 进口材料抵岸价

C. 商家供应价格　　D. 进口材料到岸价

E. 材料单价

7. 在施工机械台班单价的费用构成中，关于安拆费及场外运费的说法，正确的有(　　)。

A. 安拆简单、移动需要起重及运输机械的轻型施工机械，安拆费及场外运费计入台班

单价

B. 安拆复杂、移动需要起重及运输机械的重型施工机械，安拆费及场外运费单独计算

C. 不需要相关机械辅助运输的自行移动机械，不计算场外运费

D. 不需要安拆的施工机械，不计算一次安拆费

E. 固定在车间的施工机械，需要单独计算安拆费及场外运费

8. 当施工图中的分项工程项目不能直接套用预算定额时，就产生了定额的换算。定额基价的换算包括(　　)。

A. 配合比材料不同时的换算

B. 乘系数的换算

C. 气候不同时的换算

D. 施工地点不同时的换算

E. 施工单位不同时的换算

9. 以下定额基价计算公式中正确的有(　　)。

A. 定额项目基价＝人工费＋材料费＋机械费

B. 人工费＝定额项目工日数×人工单价

C. 材料费＝∑(定额项目材料用量×材料单价)

D. 机械费＝∑(定额项目台班量×台班单价)

E. 换算后的定额基价＝原定额基价＋换出的费用－换入的费用

参考答案

一、单项选择题

1. D	2. C	3. C	4. D	5. D	6. D	7. B	8. D	9. A	10. B
11. A	12. B	13. A	14. B	15. C	16. B	17. D	18. C	19. B	20. A
21. A	22. A	23. A							

二、多项选择题

1. ABCE	2. BCE	3. BCDE	4. ABC	5. ABC
6. ABC	7. ABCD	8. AB	9. ABCD	

第六节　工程造价信息

考纲要求

1. 熟悉工程造价信息的含义和管理。

2. 了解工程造价资料的分类、工程造价资料积累的内容。

3. 掌握工程造价指数的内容、特征及编制。

4. 了解工程造价信息的动态管理。

考点汇总

一、工程造价信息的管理

（一）工程造价信息的含义

工程造价信息是指工程造价管理机构发布的建设工程人工、材料、工程设备、施工机械台班的价格信息，以及各类工程的造价指数、指标等。

（二）工程造价信息的管理

最能体现工程造价信息变化特征，并且在工程价格的市场机制中起重要作用的工程造价信息主要包括以下几类：

（1）人工价格。

（2）材料、设备价格。

（3）机械台班价格。

（4）综合单价。

（5）其他，包括各种脚手架、模板等周转性材料的租赁价格等。

二、工程造价资料的积累

（一）工程造价资料的分类

1．不同工程类型

按照其不同工程类型（如厂房、铁路、住宅、公建、市政工程等）进行划分，并分别列出其包含的单项工程和单位工程。

2．不同阶段

按照其不同阶段，分为项目可行性研究投资估算、初步设计概算、施工图预算、竣工结算、工程决算等。

3．不同范围

按照其不同范围，分为建设项目、单项工程和单位工程造价资料，同时也包括有关新材料、新工艺、新设备、新技术的分部分项工程造价资料。

（二）工程造价资料积累的内容

1．建设项目和单项工程造价资料

（1）对造价有主要影响的技术经济条件。

（2）主要的工程量、主要的材料量和主要设备的名称、型号、规格、数量等。

（3）投资估算、概算、预算、竣工决算及造价指数等。

2．单位工程造价资料

包括工程的内容、建筑结构特征、主要工程量、主要材料的用量和单价、人工工日和人工费以及相应的造价。

3．其他

包括有关新材料、新工艺、新设备、新技术分部分项工程的人工工日用量，主要材料用量，机械台班用量。

（三）工程造价资料的管理

1. 建立造价资料积累制度

2. 资料数据库的建立和网络化管理

三、工程造价指数的编制和动态管理

（一）工程造价指数的概念及其特性分析

1. 工程造价指数的概念

工程造价指数是指反映一定时期的工程造价相对于某一固定时期或上一时期工程造价的变化方向、趋势和程度的比值或比率。

2. 工程造价指数的分类

按照构成内容不同，可以分为单项价格指数和综合价格指数。

按照使用范围和对象不同，可以分为建设项目或单项工程造价指数、设备工器具价格指数、建筑安装工程造价指数、人工价格指数、材料价格指数、施工机械使用费指数。

按造价资料期限长短，可以分为时点造价指数、月指数、季指数、年指数。

3. 工程造价指数的特征

（1）建设项目或单项工程造价指数：属于总体指数，用平均数指数的形式表示。

（2）设备、工器具价格指数：属于总体指数，用综合指数的形式表示。

（3）建筑安装工程造价指数：属于总体指数，用平均数指数的形式表示。

（4）各种单项价格指数：属于个体指数，编制过程相对比较简单。包括：人工费指数、材料费指数、施工机械使用费指数、企业管理费指数、企业管理费指数、工程建设其他费用指数等。

（二）工程造价指数的编制

1. 各种单项价格指数的编制

（1）人工费、材料费、施工机械使用费等价格指数的编制。

（2）企业管理费及工程建设其他费用等费率指数的编制。

2. 设备、工器具价格指数的编制

（1）同度量因素的选择：设备、工器具的采购数量。拉氏体系主张采用基期指标作为同度量因素，派氏体系主张采用报告期指标作为同度量因素。

（2）设备、工器具价格指数的编制：计算价格指数选择用量大、价格高、变动多的主要设备工器具的购置数量和单价进行计算。采用派氏公式编制设备、工器具价格指数。

3. 建筑安装工程价格指数

属于质量指标指数，应用派氏公式计算。

$$\text{建筑安装工程造价指数}=\frac{\text{报告期建筑安装工程费}}{\dfrac{\text{报告期人工费}}{\text{人工费指数}}+\dfrac{\text{报告期材料费}}{\text{材料费指数}}+\dfrac{\text{报告期施工机械使用费}}{\text{施工机械使用费指数}}+\dfrac{\text{报告期企业管理费}}{\text{企业管理费指数}}+\text{利润}+\text{规费}+\text{税金}} \tag{4.6.1}$$

4. 建设项目或单项工程造价指数的编制

$$\text{建设项目或单项工程指数}=\frac{\text{报告期建设项目或单项工程造价}}{\dfrac{\text{报告期建筑安装工程费}}{\text{建筑安装工程造价指数}}+\dfrac{\text{报告期设备、工器具费}}{\text{设备、工器具价格指数}}+\dfrac{\text{报告期工程建设其他费用}}{\text{工程建设其他费用指数}}} \quad (4.6.2)$$

（三）工程造价信息的动态管理

1. 工程造价信息管理的基本原则

（1）标准化原则。

（2）有效性原则。

（3）定量化原则。

（4）时效性原则。

（5）高效处理原则。

2. 我国目前工程造价信息管理的现状及问题

（1）我国工程造价信息管理的现状。

（2）我国工程造价信息管理目前存在的问题。

1）对信息的采集、加工和传播缺乏统一规划、统一编码。

2）信息网建设有待完善。

3）定额计价方法下积累的信息资料与清单计价方法标准不符，不能完全实现和工作量清单计价方法的接轨。

3. 工程造价信息的管理

（1）发展造价信息咨询业，建立不同层次的造价信息动态管理体系。

（2）工程造价管理信息化。

（3）工程造价信息化建设。

1）制定工程造价信息化管理发展规划。

2）加快有关工程造价软件和网络的发展。

3）发展工程造价信息化，推进造价信息的标准化工作。

4）加快培养工程造价管理信息化人才。

习题精选

一、单项选择题

1. 以下不是按照不同阶段对工程造价资料进行分类的是（　　）。

A. 投资估算　　B. 单项工程　　C. 施工图预算　　D. 竣工结算

2. 工程造价资料积累的内容应包括（　　）。

A. “量”（如主要工程量、材料量、设备量等）和“价”及对造价有重要影响的技术经济条件

B. “量”（如主要工程量、材料量、设备量等）和“价”

C. “量”（如主要工程量、材料量、设备量等）及对造价有重要影响的技术经济条件

D. “价”及对造价有重要影响的技术经济条件

3. 下列属于单位工程造价资料的是(　　)。

A. 建设标准　　B. 建设工期

C. 主要材料用量和单价　　D. 主要设备的名称和型号

4. 相关新材料、新工艺、新设备、新技术分部分项工程的人工工日、主要材料的用量、机械台班用量属于工程造价资料积累内容中的(　　)。

A. 建设项目工程造价资料　　B. 单项工程造价资料

C. 单位工程造价资料　　D. 其他

5. 下列不属于单位工程造价资料的是(　　)。

A. 项目建设标准、建设工期　　B. 主要的工程量和主要的材料量

C. 建筑结构特征　　D. 工程的内容

6. 关于工程造价资料的说法，错误的是(　　)。

A. 1991 年 11 月，建设部印发了关于《建立工程造价资料积累制度的几点意见》的文件，标志着我国工程造价资料积累制度正式建立起来

B. 工程造价资料按照其不同阶段，一般分为项目可行性研究投资估算、初步设计概算、施工图预算、竣工结算、工程决算等

C. 工程造价资料积累的内容应包括“量”和“价”，还要包括对造价确定有重要影响的技术经济条件

D. 要建立造价资料数据库，首要的问题是对工程造价数据资料的搜集、整理工作

7. 要建立工程造价资料数据库，首要的问题是(　　)。

A. 工程结构分解　　B. 原始数据的收集

C. 数据输入工作　　D. 工程的分类与编码

8. 下列不能体现工程造价资料数据库作用的是(　　)。

A. 编制概算指标、投资估算指标的重要基础资料

B. 考核基本建设投资效果的依据

C. 编制固定资产投资计划的参考

D. 编制招标控制价和投标报价的参考依据

9. 关于工程造价指数在研究实际工作中作用的说法，错误的是(　　)。

A. 可以利用工程造价指数分析价格变动趋势及其原因

B. 可以利用工程造价指数预计宏观经济变化对工程造价的影响

C. 工程造价指数是承发包双方进行工程估价和结算的重要依据

D. 工程造价指数是发包人编制招标控制价的重要依据

10. 工程造价指数按照构成内容不同，可以分为(　　)。

A. 单项价格指数和综合价格指数　　B. 时点造价指数和区间造价指数

C. 定基指数和环比指数　　D. 月指数和年指数

11. 下列各工程造价指数中，可以用综合指数形式进行表示的是(　　)。

A. 建设项目造价指数　　B. 设备、工器具价格指数

C. 建筑安装工程造价指数　　D. 人工费价格指数

12. 建设项目或单项工程造价指数，是由设备、工器具价格指数、建筑安装工程造价指数及(　　)综合得到的。

A. 预备费指数　　B. 工程建设其他费用指数

C. 企业管理费指数　　D. 人工费价格指数

13. 下列各工程造价指数中，属于单项价格指数的是(　　)。

A. 建设项目造价指数　　B. 设备、工器具价格指数

C. 建筑安装工程造价指数　　D. 工程建设其他费用指数

14. 在编制设备、工器具价格指数时，应该选择的指数化因素是(　　)。

A. 设备、工器具采购的数量　　B. 设备、工器具采购的时间

C. 设备、工器具采购的规模　　D. 设备、工器具采购的价格

15. 在编制设备、工器具价格指数时，应该选择的同度量因素是(　　)。

A. 设备、工器具采购的数量　　B. 设备、工器具采购的时间

C. 设备、工器具采购的规模　　D. 设备、工器具采购的价格

16. 某工程在建设期初和建设期第一年末实际发生的设备、工器具购置情况如表 4.6.1 所示。与建设期初相比，第一年末的设备、工器具价格指数为(　　)。

表 4.6.1　某工程设备、工器具购置情况

时间	甲类设备		乙类设备		丙类设备		工器具	
	单价（万元/台）	数量（台）	单价（万元/台）	数量（台）	单价（万元/台）	数量（台）	单价（万元/台）	数量（台）
建设期初	100	5	75	7	50	10	8	60
第一年末	110	5	78	8	48	12	10	65

A. 98.02　　B. 108.11　　C. 110.72　　D. 119.70

17. 某单项工程中，建筑安装工程费为 2 000 万元价格指数为 108%；设备工器具购置费为 2 000 万元，价格指数为 102%；工程建设其他费用为 250 万元，价格指数为 105%，则单项工程造价指数为(　　)。

A. 315.00%　　B. 105.26%　　C. 104.92%　　D. 105.00%

18. 下列不属于工程造价信息管理需遵循的基本原则的是(　　)。

A. 有效性原则　　B. 定量化原则

C. 稳定性原则　　D. 高效处理原则

19. 工程造价信息的管理需要建立不同层次的造价信息动态管理体系，目前我国造价信息的提供以(　　)为主导。

A. 工程造价信息咨询行业　　B. 中国工程造价管理协会

C. 政府主管部门　　D. 工程造价信息网

二、多项选择题

1. 下列各种信息资料中，属于工程造价信息的有(　　)。

A. 造价指数　　B. 人工价格

C. 模板的租赁价格　　D. 税金的综合税率

E. 未中标项目的综合单价

2. 下列工程造价资料中，属于按不同范围进行分类的有(　　)。

A. 施工图预算

B. 单项工程造价资料

C. 单位工程造价资料

D. 市政工程造价资料

E. 新工艺分部分项工程造价资料

3. 关于工程造价资料的管理的说法，正确的有(　　)。

A. 要建立造价资料数据库，首要的问题是工程的分类与编码

B. 建立工程造价资料数据库是工程计价依据极其重要的基础性工作

C. 建设项目工程概况、建设条件属于工程造价资料积累的内容

D. 建立工程造价资料数据库有利于对价格进行宏观上的科学管理，减少各地重复搜集同样造价资料的工作

E. 建立工程造价资料数据库可以给编制招标控制价和投标报价提供参考依据

4. 工程造价指数的作用有(　　)。

A. 可以利用工程造价指数分析价格变动趋势及其原因

B. 可以利用工程造价指数估计工程造价变化对宏观经济的影响

C. 工程造价指数是工程承发包双方进行工程估价和结算的重要依据

D. 工程造价指数是编制消耗量定额的重要依据

E. 工程造价指数是调整工程造价价差的依据

5. 下列各造价指数中，按造价资料的限期长短对工程造价指数分类的有(　　)。

A. 时点造价指数

B. 周指数

C. 月指数

D. 季指数

E. 年指数

6. 下列各造价指数中，可以用平均数指数的形式进行表示的有(　　)。

A. 建设项目造价指数

B. 单项工程造价指数

C. 设备、工器具价格指数

D. 建筑安装工程造价指数

E. 工程建设其他费用指数

7. 为了使决策者可以及时、准确地获得相应的工程造价信息，在工程造价信息管理中应遵循的基本原则有(　　)。

A. 有效性原则

B. 稳定性原则

C. 定性化原则

D. 时效性原则

E. 高效处理原则

8. 关于我国造价信息管理存在问题的说法，正确的有(　　)。

A. 对造价信息的采集、加工和传播缺乏统一规划、统一编码

B. 造价信息的提供以造价信息咨询行业为主导，资源拥有处于分散状态

C. 现有工程造价网多为造价站或咨询公司所建，网站只是将已有的造价信息显示出来，缺乏对信息的整理与分析

D. 定额计价方法下积累的信息资料与清单计价方法标准不符，不能完全实现和工程量清单计价方法的接轨

E. 工程造价信息系统开发与资源拥有处于分散状态，无法达到信息资源共享和优势互补

参考答案

一、单项选择题

1. B 2. A 3. C 4. D 5. A 6. D 7. D 8. B 9. D 10. A
11. B 12. B 13. D 14. D 15. A 16. B 17. C 18. C 19. C

二、多项选择题

1. ABC 2. BCE 3. ACE 4. ABCE 5. ACDE
6. ABD 7. ADE 8. ACDE

第五章　工程决策和设计阶段造价管理

第一节　决策和设计阶段造价管理工作程序和内容

考纲要求

1. 了解决策和设计阶段工程造价确定与控制的意义。
2. 熟悉决策和设计阶段影响工程造价的主要因素。
3. 了解建设项目可行性研究与工程造价确定和控制。
4. 熟悉设计方案评价、比选的方法及对工程造价确定和控制的影响。

考点汇总

一、决策和设计阶段工程造价确定与控制的意义

（1）提高资金利用效率和投资控制效率。

（2）使工程造价确定与控制工作更主动。

（3）便于技术与经济相结合。

（4）在项目决策和设计阶段控制工程造价效果最显著。

二、决策和设计阶段影响工程造价的主要因素

（一）决策阶段影响工程造价的主要因素

1. 项目建设规模
2. 建设地区及建设地点（厂址）
3. 技术方案
4. 设备方案
5. 工程方案
6. 环境保护措施

（二）设计阶段影响工程造价的主要因素

1. 影响工业建设项目工程造价的主要因素

（1）总平面设计：总平面设计中影响工程造价的因素有占地面积、功能分区和运输方式的选择。

（2）工艺设计。

（3）建筑设计：在建筑设计阶段影响工程造价的主要因素有平面形状、流通空间、建筑

物层高、建筑物层数、柱网布置、建筑物的体积与面积、建筑结构。

（4）材料。

（5）设备选用。

2. 影响民用建设项目工程造价的主要因素

（1）住宅小区建设规划中影响工程造价的主要因素：我国城市居民点的总体规划一般分为居住区、小区和住宅组三级布置，即由几个住宅组组成小区，又由几个小区组成居住区。小区规划设计的核心问题是提高土地利用率。

1）占地面积。

2）建筑群体的布置形式。

（2）民用住宅建筑设计中影响工程造价的主要因素：

1）建筑物平面形状和周长系数。

2）住宅的层高和净高。

3）住宅的层数。

4）住宅单元组成、户型和住户面积。

5）住宅建筑结构的选择。

三、建设项目可行性研究与工程造价确定和控制

（一）可行性研究的概念

（二）可行性研究报告的内容

（三）可行性研究报告的作用

（四）可行性研究对工程造价确定与控制的影响

（1）项目可行性研究结论的正确性是工程造价合理性的前提。

（2）项目可行性研究的内容是决定工程造价的基础。

（3）工程造价高低、投资多少也影响可行性研究结论。

（4）可行性研究的深度既影响投资估算的精确度，也影响工程造价的控制效果。

四、设计方案的评价、比选与工程造价确定和控制

（一）建设项目经济评价的作用及内容

国家发展改革委、建设部2006年发布的《建设项目经济评价方法与参数》（第三版）规定：建设项目经济评价包括财务评价（也称财务分析）和经济效果评价（也称经济分析）。

对于费用效益计算比较简单，建设期和运营期比较短，不涉及进出口平衡等一般项目，如果财务评价的结论能够满足投资决策需要，可不进行经济效果评价；对于关系公共利益、国家安全和市场不能有效配置资源的经济和社会发展项目，除应进行财务评价外，还应进行经济效果评价；对于特别重大的建设项目尚应辅以区域经济与宏观经济影响分析方法进行经济效果评价。

（二）设计方案评价、比选的原则与内容

1. 设计方案评价、比选的原则

（1）建设项目设计方案评价、比选要协调好技术先进性和经济合理性的关系。

(2) 建设项目设计方案评价、比选除考虑一次性建设投资的比选，还应考虑项目运营过程中的费用比选。

(3) 建设项目设计方案评价、比选要兼顾近期与远期的要求。

2. 设计方案评价、比选的内容

一般在设计方案评价、比选时，应以单位或分部分项工程为对象，通过主要技术经济指标的对比，确定合理的设计方案。

(三) 设计方案评价、比选的方法

(1) 建设项目多方案整体宏观方面的评价、比选，一般采用投资回收期法、计算费用法、净现值法、净年值法、内部收益率法，以及上述几种方法同时使用等。

(2) 在建设项目本身局部多方案的评价、比选，除了可用上述宏观方案比较方法外，一般采用价值工程原理或多指标综合评分法比选。

(3) 在建设项目设计阶段，多方案比选多属于本身局部方案比选，或者是更具体的、小的方案比选，一般采用造价额度、运行费用、净现值、净年值法进行比选，极特殊的、复杂的方案比选采用综合的财务评价方法。

(四) 设计方案评价、比选应注意的问题

1. 工期的比较

2. 采用新技术的分析

3. 对产品功能的分析评价

当参与对比的设计方案功能项目和水平不同时，应对之进行可比性换算，使之满足以下几方面的可比条件：①需要可比；②费用消耗可比；③价格可比；④时间可比。

(五) 设计方案评价、比选对工程造价确定和控制的影响

习题精选

一、单项选择题

1. 在建设项目基本建设程序各个阶段的造价控制中，对工程造价控制效果最显著的是(　　)。

A. 决策和设计阶段　B. 施工阶段　C. 竣工验收阶段　D. 发承包阶段

2. 项目建设规模的合理选择关系着项目的成败，决定着工程造价合理与否，其制约因素不包括(　　)。

A. 市场因素　B. 技术因素　C. 环境因素　D. 设备因素

3. 在项目建设规模确定中需考虑的首要因素是(　　)。

A. 市场因素　B. 技术因素　C. 环境因素　D. 设备因素

4. 工程方案选择是在已选定项目建设规模、技术方案和设备方案的基础上，研究论证主要建筑物、构筑物的建造方案，包括对于(　　)的确定。

A. 建设地区　B. 建设地点　C. 环境保护措施　D. 建筑标准

5. 在工业项目总平面设计中，影响工程造价的主要因素不包括(　　)。

A. 占地面积　B. 功能分区　C. 建设地点　D. 运输方式的选择

6. 下列属于工业建设项目在设计阶段影响工程造价的主要因素是(　　)。

A. 建设规模　　B. 技术方案　　C. 建设标准　　D. 工艺设计

7. 关于工业建设项目在设计阶段影响工程造价的主要因素的说法，错误的是(　　)。

A. 在总平面设计中，从降低工程造价的角度来看，应尽可能选择无轨运输，可以减少占地，节约投资

B. 工业厂房层数的选择应该重点考虑生产性质和生产工艺的要求

C. 对于多跨厂房，当跨度不变时，中跨数量越少越经济

D. 一般来说，建筑物周长与建筑面积比越低，设计越经济

8. 在民用项目住宅建筑设计中，衡量单元组成、户型设计是否经济合理的指标是(　　)。

A. 结构面积系数　　B. 周长系数　　C. 建筑密度　　D. 占地面积

9. 关于项目可行性研究与工程造价的关系的说法，正确的是(　　)。

A. 工程造价的正确性是项目可行性研究结论合理性的前提

B. 项目可行性研究的内容是决定工程造价的基础

C. 投资估算的深度影响项目可行性研究的精确度

D. 投资决策阶段对工程造价的影响程度不大

10. 关于项目可行性研究与工程造价的关系的说法，不正确的是(　　)。

A. 项目可行性研究的深度影响投资估算的精确度

B. 工程造价合理性是项目可行性研究结论正确性的前提

C. 项目可行性研究的深度影响工程造价的控制效果

D. 项目可行性研究的内容是决定工程造价的基础

11. 国家发展改革委、建设部2006年发布的《建设项目经济评价方法与参数》(第三版) 规定：建设项目经济评价包括(　　)。

A. 财务评价和经济效果评价

B. 财务评价和社会评价

C. 财务分析和环境评价

D. 财务分析和区域经济与宏观经济影响分析

12. 下列必须进行经济效果评价的项目是(　　)。

A. 费用效益计算比较简单的项目　　B. 项目建设期和运营期比较短的项目

C. 不涉及进出口平衡的项目　　D. 市场不能有效配置资源的项目

13. 下列不属于设计方案比选原则的是(　　)。

A. 协调好技术先进性和经济合理性的关系

B. 考虑建设投资和运营费用的关系

C. 兼顾近期和远期的要求

D. 处理好靠近原料、燃料提供地和产品消费地的关系

14. 一般在设计方案评价、比选时，应以(　　)为对象，通过主要技术经济指标的对比，确定合理的设计方案。

A. 建设项目　　B. 单位工程或子单位工程

C. 单位工程或分部分项工程　　D. 分部工程或子分部工程

二、多项选择题

1. 下列属于决策和设计阶段工程造价确定与控制的主要意义的有(　　)。

A. 可以提高项目决策的正确性

B. 在决策和设计阶段控制工程造价效果最显著

C. 提高资金利用效率和投资控制效率

D. 便于技术与经济相结合

E. 提高投资估算的精确度

2. 项目合理建设规模的确定方法主要有(　　)。

A. 盈亏平衡产量分析法　　B. 平均成本法

C. 造价额度法　　D. 净现值法

E. 生产能力平衡法

3. 在工业建设项目建筑设计阶段，影响工程造价的主要因素有(　　)。

A. 流通空间　　B. 工艺设计

C. 功能分区　　D. 建筑物的体积与面积

E. 建筑结构

4. 在工业建设项目工艺设计过程中，影响工程造价的因素主要包括(　　)。

A. 生产方法　　B. 工艺流程

C. 设备选型　　D. 工艺定额

E. 建筑结构

5. 在民用项目住宅小区规划中，影响工程造价的主要因素有(　　)。

A. 单元组成、户型　　B. 占地面积

C. 建筑群体的布置形式　　D. 建筑物平面形状

E. 建筑结构

6. 关于建设项目可行性研究与工程造价的关系的说法，正确的有(　　)。

A. 项目可行性研究结论的正确性是项目工程造价合理性的前提

B. 项目的工程造价是决定项目可行性研究内容的基础

C. 工程造价高低、投资多少也影响可行性研究结论

D. 投资估算的精确度依赖于项目可行性研究的深度

E. 工程造价的控制效果依赖于项目可行性研究的深度

7. 方案评价、比选是一项复杂的工作，涉及的因素很多，考虑的角度也不同，一般要遵循的原则有(　　)。

A. 协调好技术先进性和经济合理性的关系

B. 考虑建设投资和运营费用的关系

C. 兼顾近期与远期的要求

D. 考虑社会平均水平与个别先进水平的统筹

E. 考虑简明适用原则

8. 在建设项目决策阶段，建设项目多方案整体宏观方面的评价、比选，一般采用的方法有(　　)。

A. 投资回收期法　　B. 计算费用法

C. 造价额度法　　D. 运行费用法
E. 净年值法

9. 在对设计方案进行评价、比选时，当参与对比的设计方案功能项目和水平不同时，应对之进行(　　)可比性换算，使之满足方案评价、比选的条件。

A. 需要可比　　B. 费用消耗可比
C. 价格可比　　D. 时间可比
E. 建设工期

参考答案

一、单项选择题

1. A　2. D　3. A　4. D　5. C　6. D　7. C　8. A　9. B　10. B
11. A　12. D　13. D　14. C

二、多项选择题

1. BCD　2. ABE　3. ADE　4. ABC　5. BC
6. ACDE　7. ABC　8. ABE　9. ABCD

第二节　投资估算编制

考纲要求

1. 了解投资估算的概念、作用、编制内容及依据。
2. 掌握静态投资部分的估算方法。
3. 掌握动态投资部分的估算方法。
4. 掌握流动资金的估算方法。
3. 熟悉投资估算文件的组成。

考点汇总

一、投资估算的概念和作用

(一) 投资估算的概念

投资估算是指在项目投资决策阶段，按照规定的程序、办法和依据，对拟建项目所需投资，通过编制估算文件预先测算和估计的过程。

(二) 投资估算的作用

(1) 项目建议书阶段的投资估算，是项目主管部门审批项目建议书的依据之一，并对项目的规划、规模起参考作用。

（2）项目可行性研究阶段的投资估算，是项目投资决策的重要依据，也是研究、分析、计算项目投资经济效果的重要条件。

（3）项目投资估算是设计阶段造价控制的依据，投资估算一经确定，即成为限额设计的依据，用以对各设计专业实行投资切块分配，作为控制和指导设计的尺度。

（4）项目投资估算可作为项目资金筹措及制定建设贷款计划的依据，建设单位可根据批准的项目投资估算额，进行资金筹措和向银行申请贷款。

（5）项目投资估算是核算建设项目固定资产投资需要额和编制固定资产投资计划的重要依据。

（6）项目投资估算是建设工程设计招标、优选设计单位和设计方案的重要依据。

二、投资估算的编制内容和依据

（一）编制内容

建设项目投资的估算包括建设投资、建设期利息和流动资金的估算。

建设投资估算的内容按照费用的性质划分，包括工程费用、工程建设其他费用和预备费用三部分。

按形成资产法估算建设投资时，工程费用形成固定资产；工程建设其他费用可分别形成固定资产、无形资产及其他资产；预备费为简化计算，一并计入固定资产。

（二）编制依据

（1）国家、行业和地方政府的有关法律、法规或规定；政府有关部门、金融机构等部门发布的价格指数、利率、汇率、税率等有关参数。

（2）拟建项目建设方案确定的各项工程建设内容。

（3）与项目建设相关的工程地质资料、设计文件、图纸或有关专业提供的主要工程量和主要设备清单等。

（4）行业部门、项目所在地工程造价管理机构或行业协会等编制的投资估算指标、概算指标（定额）、工程建设其他费用定额（规定）、综合单价、价格指数和有关造价文件等。

（5）工程所在地的同期的工、料、机市场价格，建筑、工艺及附属设备的市场价格和有关费用。

（6）类似工程的各种技术经济指标和参数。

（7）其他技术经济资料。

三、静态投资部分的估算方法

项目建议书阶段，投资估算的精度低，可采取简单的匡算法，如生产能力指数法、系数估算法、比例估算法、混合法、指标估算法等。

在可行性研究阶段，投资估算精度要求高，需采用相对详细的投资估算方法，即指标估算法。

（一）项目建议书阶段投资估算

1. 生产能力指数法

该办法主要应用于设计深度不足，拟建建设项目与类似建设项目的规模不同，设计定型并系列化，行业内相关指数和系数等基础资料完备的情况。

$$C = C_1 \left(\frac{Q}{Q_1}\right)^x \cdot f \tag{5.2.1}$$

式中 C_1——已建成类似项目的投资额；

C——拟建建设项目投资额；

Q_1——已建类似项目的生产能力；

Q——拟建项目的生产能力；

f——不同建设时期、不同的建设地点而产生的定额水平、设备购置和建筑安装材料价格、费用变更和调整等的综合调整系数；

x——生产能力指数（$0 \leqslant x \leqslant 1$）。

2. 系数估算法

系数估算法也称为因子估算法，它是以拟建项目的主体工程费或主要设备购置费为基数，以其他工程费与主体工程费或设备购置费的百分比为系数，依此估算拟建项目总投资的方法。

这种方法简单易行，但是精度较低，一般应用于设计深度不足，拟建建设项目与类似建设项目的主体工程费或主要生产工艺设备投资比重较大，行业内相关系数等基础资料完备的情况。

$$C=E(1+f_1P_1+f_2P_2+f_3P_3+\cdots)+I \tag{5.2.2}$$

式中 C——拟建建设项目的静态投资；

E——拟建建设项目的主体工程费或主要生产工艺设备费；

P_1、P_2、P_3…——已建成类似建设项目的辅助或配套工程费占主体工程费或主要生产工艺设备费的比重；

f_1、f_2、f_3…——由于建设时间、地点而产生的定额水平、建筑安装材料价格、费用变更和调整等综合调整系数；

I——根据具体情况计算的拟建建设项目各项其他基本建设费用。

3. 比例估算法

比例估算法是依据已有同类建设项目主要设备投资占项目总投资的比例和拟建项目主要设备投资，估算拟建项目投资的方法。

该办法主要应用于设计深度不足，拟建建设项目与类似建设项目的主要生产工艺设备投资比重较大，行业内相关系数等基础资料完备的情况。其表达式为：

$$C = \frac{1}{K}\sum_{i=1}^{n} Q_i P_i \tag{5.2.3}$$

式中 C——拟建建设项目的静态投资；

K——主要生产工艺设备费占拟建建设项目投资的比例；

n——主要生产工艺设备种类数；

Q_i——第 i 种主要生产工艺设备的数量；

P_i——第 i 种主要生产工艺设备的购置费（到厂价格）。

4. 混合方法

（1）生产指数法与比例估算法混合估算。

（2）系数估算法与比例估算法混合估算。

5. 指标估算法

指标估算法是依据投资估算指标，对各单位工程或单项工程费用进行估算，进而估算建设项目总投资的方法。再按相关规定估算工程建设其他费用、基本预备费、建设期利息等，形成拟建项目静态投资。

（二）可行性研究阶段的投资估算

1. 建筑工程费用估算

（1）单位建筑工程投资估算法：以单位建筑工程量投资乘以建筑工程总量计算。

1）单位长度价格法：水库以水坝单位长度的投资乘以相应的建筑工程量计算建筑工程费。

2）单位面积价格法：一般工业与民用建筑以单位建筑面积的投资乘以相应的建筑工程量计算建筑工程费。

3）单位容积价格法：工业窑炉砌筑以单位容积的投资乘以相应的建筑工程量计算建筑工程费。

4）单位功能价格法：医院以单位床位的投资乘以医院所有病床的数量计算建筑工程费。

（2）单位实物工程量投资估算法：以单位实物工程量的投资乘以实物工程总量计算。

（3）概算指标投资估算法：对于没有上述估算指标且建筑工程费占总投资比例较大的项目，可采用概算指标估算法。

2. 安装工程费估算

工艺设备、金属结构、管道、工业炉窑砌筑、保温工程、绝热、变配电、自控仪表等安装工程估算均以单项工程为单元，根据设计选用的材质、规格或专业设计的具体内容，套用技术标准、材质和规格、施工方法相适应的投资估算指标或类似工程造价资料进行估算。

$$\text{安装工程费}=\text{设备原价}\times\text{安装费率} \tag{5.2.4}$$

$$\text{安装工程费}=\text{设备吨重}\times\text{每吨安装费} \tag{5.2.5}$$

$$\text{安装工程费}=\text{安装工程实物量}\times\text{安装费用指标} \tag{5.2.6}$$

3. 设备及工器具购置费估算

$$\text{设备购置费}=\text{设备原价}+\text{设备运杂费} \tag{5.2.7}$$

（1）国产设备原价估算：国产设备原价分为国产标准设备原价和国产非标准设备原价。

1）国产标准设备原价估算：国产标准设备原价在计算时，一般采用带有备件的原价。占投资比重较大的主体工艺设备出厂价估算，应在掌握该设备的产能、规格、型号、材质、设备重量的条件下，以向设备制造厂家和设备供应商询价，或类似工程选用设备订货合同价和市场调研为基础进行估算。其他小型通用设备出厂价估算，可以根据行业和地方相关部门定期发布的价格信息进行估算。

2）国产非标准设备原价估算：非标准设备原价也应在掌握该设备的产能、规格、型号、材质、设备质量、加工制造复杂程度的条件下，以向设备制造厂家和设备供应商询价，或类似工程选用设备订货合同价和市场调研为基础，按技术经济指标进行估算。

非标准设备原价估算有多种不同的计算方法，如成本计算估价法、系列设备插入估价法、分部组合估价法、定额估价法等。

(2) 进口设备（材料）原价估算：投资估算阶段进口设备的原价通常可分为离岸价（FOB）和到岸价（CIF）两种情况计算。

采用离岸价（FOB）为基数计算时：

$$进口设备原价=离岸价(FOB)\times综合费率 \quad (5.2.8)$$

综合费率包括：国际运费及运输保险费、银行财务费、外贸手续费、关税和增值税等税费。

采用到岸价（CIF）为基数计算时：

$$进口设备原价=到岸价(CIF)\times综合费率 \quad (5.2.9)$$

综合费率包括：银行财务费、外贸手续费、关税和增值税等税费。

(3) 设备运杂费估算：

$$设备运杂费=设备原价\times设备运杂费率 \quad (5.2.10)$$

(4) 备品备件费估算：一般根据设计所选用的设备特点，按设备百分比估算，估算时并入设备费。

(5) 工具、器具及生产家具购置费的估算。

4. 工程建设其他费用估算

工程建设其他费用的计算应结合拟建项目的具体情况，有合同或协议明确的费用按合同或协议列入。无合同或协议明确的费用，根据国家和各行业部门、工程所在地地方政府的有关工程建设其他费用定额和计算办法估算。

5. 基本预备费估算

基本预备费估算一般是以建设项目的工程费用和工程建设其他费用之和为基础，乘以基本预备费率进行计算。

四、动态投资部分的估算方法

1. 价差预备费

价差预备费的内容包括：人工、设备、材料、施工机械的价差费，建筑安装工程费及工程建设其他费用调整，利率、汇率调整等增加的费用。

$$P=\sum_{t=1}^{n} I_t[(1+f)^m(1+f)^{0.5}(1+f)^{t-1}-1] \quad (5.2.11)$$

式中 P——价差预备费，元；

n——建设期，年；

I_t——建设期中第 t 年的静态投资计划额，包括工程费用、工程建设其他费用及基本预备费，元；

f——年涨价率，%；

m——建设前期年限（从编制估算到开工建设），年；

t——年度数。

2. 建设期利息估算

建设期贷款利息的估算，根据建设期资金用款计划，可按当年借款在当年年中支用考虑，即当年借款按半年计息，上年借款按全年计息。

五、流动资金的估算

流动资金估算一般采用分项详细估算法和扩大指标估算法。

（一）分项详细估算法

可行性研究阶段的流动资金估算应采用分项详细估算法。

（二）扩大指标估算法

扩大指标估算法简便易行，但准确度不高，适用于项目建议书阶段的估算。

计算流动资金的公式为：

$$\text{年流动资金额}=\text{年费用基数}\times\text{各类流动资金率} \tag{5.2.12}$$

（三）估算流动资金应注意的问题

（1）在采用分项详细估算法时，应根据项目实际情况分别确定现金、应收账款、预付账款、存货和应付账款的最低周转天数，并考虑一定的保险系数。

（2）流动资金属于长期性（永久性）流动资产，流动资金的筹措可通过流动负债和资本金的方式解决。流动资金一般要求在投产前一年开始筹措，为简化计算，可规定在投产的第一年开始按生产负荷安排流动资金需用量。其借款部分按全年计算利息，流动资金利息应计入生产期间财务费用，项目计算期末收回全部流动资金（不含利息）。

（3）用详细估算法计算流动资金，需以经营成本及其中的某些科目为基数，因此实际上流动资金估算应能够在经营成本估算之后进行。

（4）对铺底流动资金有要求的建设项目，应按国家或行业的有关规定计算铺底流动资金。非生产经营性建设项目不列铺底流动资金。

（5）在不同生产负荷下的流动资金，应按不同生产负荷所需的各项费用金额，根据上述公式分别估算，而不能直接按照100%负荷下的流动资金乘以生产负荷百分比求得。

（6）当投入物和产出物采用不含税价格时，估算中应注意将销项税额和进项税额分别包括在相应的年费用金额中。

六、投资估算的文件组成

（一）编制说明

（二）投资估算分析

（1）工程投资比例分析。

（2）分析设备购置费、建筑工程费、安装工程费、工程建设其他费用、预备费占建设总投资的比例，分析引进设备费用占全部设备费用的比例等。

（3）分析影响投资的主要因素。

（4）与国内类似工程项目的比较，分析说明投资高低原因。

（三）单项工程投资估算汇总表

（四）建设投资估算表

（五）建设期利息估算表

（六）流动资金估算表

（七）项目总投资估算汇总表

（八）项目分年投资计划表

习题精选

一、单项选择题

1. 关于项目可行性研究阶段投资估算的作用的说法，错误的是(　　)。

A. 项目可行性研究阶段的投资估算是主管部门审批项目建议书的重要依据

B. 项目可行性研究阶段的投资估算是施工企业进行成本核算的重要依据

C. 项目可行性研究阶段的投资估算是项目投资决策的重要依据

D. 项目可行性研究阶段的投资估算是设计阶段造价控制的重要依据

2. 作为设计任务书下达的投资限额是(　　)。

A. 投资估算　　B. 设计概算　　C. 工程费用估算　　D. 工程费用概算

3. 关于投资估算生产能力指数法的说法，正确的是(　　)。

A. 一般情况下，生产能力指数取值范围在 0～1.5 之间

B. 当拟建项目生产规模扩大主要依赖增大设备规模时，生产能力指数取值在 0.8～0.9 之间

C. 这种方法主要适用于投资与规模呈线性关系的类似项目

D. 若已建类似项目的生产规模与拟建项目生产规模相差不大，其比值在 0.5～2 之间，则指数的取值近似为 1

4. 某地拟于 2019 年新建一年产 60 万吨产品的生产线，该地区 2017 年建成的年产 50 万吨相同产品的生产线的建设投资额为 5000 万元，假定 2017 年至 2019 年该地区工程造价年均递增 5%，生产能力指数取 1，则该生产线的建设投资为(　　)万元。

A. 6000　　B. 6300　　C. 6600　　D. 6615

5. 在项目建议书阶段，当拟建项目设计深度不足，无详细的工程设计资料，拟建建设项目与类似建设项目的规模不同，设计定型并系列化，行业内相关指数和系数等基础资料完备的情况下，适用采用的投资估算方法为(　　)。

A. 生产能力指数法　　B. 系数估算法

C. 比例估算法　　D. 指标估算法

6. 以拟建项目的主体工程费或主要设备为基数，以其他工程费与主体工程费或主要设备费的百分比为系数估算项目总投资的方法称为(　　)。

A. 类似项目对比法　　B. 系数估算法

C. 生产能力指数法　　D. 比例估算法

7. 投资估算精度相对较高，既可以适用于项目建议书阶段，又适用于可行性研究阶段使用的投资估算方法是(　　)。

A. 类似项目对比法　　B. 系数估算法

C. 生产能力指数法　　D. 指标估算法

8. 按照生产能力指数法（生产能力指数＝0.6，调整系数＝1），若将设计中的化工生产系统的生产能力提高三倍，投资额大约增加(　　)。

A. 200%　　B. 300%　　C. 230%　　D. 130%

9. 已建年产1000t某产品的化工生产系统，现采用相似生产线扩建该产品生产系统，扩建规模是原有的两倍。已知生产能力指数为0.6，综合调整系数为1.08，采用生产能力指数法估计扩建系统的静态投资要比原有生产系统多(　　)。

A. 116%　　B. 63.7%　　C. 58.7%　　D. 29.6%

10. 已建年产3000t某化工产品生产项目的静态投资额为2000万元，现拟建年产相同产品5000t类似项目。若生产能力指数为0.6，综合调整系数为1.2，则采用生产能力指数法估计拟建项目的静态投资为(　　)万元。

A. 4369　　B. 3261　　C. 3621　　D. 4000

11. 年产量10万吨某化工产品已建项目的静态投资额为5000万元，现拟建年产20万吨同产品的类似项目。若生产能力指数为0.6，综合调整系数为1.2，则采用生产能力指数法估算的拟建项目静态投资额为(　　)万元。

A. 7579　　B. 6000　　C. 9490　　D. 9094

12. 在可行性研究阶段建设项目投资估算原则上应采用(　　)。

A. 单位建筑工程投资估算法　　B. 单位实物工程量投资估算法

C. 概算指标投资估算法　　D. 单位功能价格法

13. 按照单位实物工程量投资估算法，下列工程中以每延长米投资乘以实物工程量计算建筑工程费用的是(　　)。

A. 土石方工程　　B. 矿井巷道衬砌工程

C. 路面铺设工程　　D. 工业窑炉砌筑

14. 按照单位建筑工程投资估算法，以单位容积的投资乘以建筑工程总量计算建筑工程费用的是(　　)。

A. 一般工业与民用建筑工程　　B. 水库工程

C. 矿山掘进工程　　D. 工业窑炉砌筑工程

15. 关于可行性研究阶段设备购置费估算的说法，正确的是(　　)。

A. 估算设备购置费时，国内设备和进口设备宜统一估算

B. 在对进口设备原价估算时，可采用公式“进口设备原价=离岸价×综合费率”进行估算

C. 国产标准设备原价在估算时，一般采用不带备件的原价

D. 备品备件费的估算，一般根据设计所选用的设备特点，按设备安装费的百分比估算

16. 在可行性研究阶段，工业炉窑砌筑安装工程估算以(　　)为单元，套用相应的投资估算指标或类似工程造价资料进行估算。

A. 单项工程　　B. 单位工程　　C. 分部工程　　D. 分项工程

17. 在可行性研究阶段，基本预备费的估算一般是以建设项目的(　　)为基础，乘以基本预备费率进行计算。

A. 工程费用

B. 工程费用和工程建设其他费用之和

C. 建设投资

D. 建设投资与建设期利息之和

18. 某建设项目建安工程费1500万元，设备购置费400万元，工程建设其他费用300万元。已知基本预备费率为5%，项目建设前期年限是0.5年，建设期为2年，每年完成投

资的 50%，年均投资价格上涨率为 7%，则该项目的预备费为(　　)万元。

A. 248.21　　B. 336.23　　C. 346.39　　D. 358.21

19. 关于建设期利息的说法，正确的是(　　)。

A. 建设期利息包括国际商业银行贷款在建设期间应计的借款利息

B. 建设期利息包括在境内发行的债券在建设期后的借款利息

C. 建设期利息不包括国外借贷银行以年利率方式收取的各种管理费

D. 建设期利息不包括国内代理机构以年利率方式向贷款单位收取的转贷费和担保费

20. 在可行性研究阶段建设期利息估算中，建设期利息按(　　)×年利率计算。

A. 年初借款本息累计＋本年借款额　　B. 年初借款本息累计＋本年借款额/2

C. 年初借款本息累计－本年借款额　　D. 年初借款本息累计－本年借款额/2

21. 某新建项目，建设期为 5 年，分年均衡进行贷款，第一年贷款 1000 万元，第二年贷款 2000 万元，第三年贷款 500 万元，年贷款利率为 6%，建设期间只计息不支付，则该项目第三年贷款利息为(　　)万元。

A. 204.11　　B. 243.60　　C. 345.00　　D. 355.91

22. 在可行性研究阶段建设投资估算中，对于建设期利息的估算正确的是(　　)。

A. 根据建设期资金用款计划，当年借款按全年计息，上年借款也按全年计息

B. 根据建设期资金用款计划，当年借款按半年计息，上年借款按全年计息

C. 根据建设期资金用款计划，当年借款按半年计息，上年借款也按半年计息

D. 根据建设期资金用款计划，当年借款按全年计息，上年借款按半年计息

23. 下列不属于流动资产的是(　　)。

A. 现金　　B. 预付账款　　C. 预收账款　　D. 存货

24. 在可行性研究阶段的流动资金估算应采用(　　)。

A. 分项详细估算法　　B. 扩大指标估算法

C. 单位建筑工程投资估算法　　D. 单位实物工程量投资估算法

25. (　　)简便易行，但准确度不高，适用于项目建议书阶段流动资金的估算。

A. 分项详细估算法　　B. 扩大指标估算法

C. 单位建筑工程投资估算法　　D. 单位实物工程量投资估算法

26. 关于流动资金投资估算的说法，正确的是(　　)。

A. 在采用分项详细估算法时，应根据项目实际情况分别确定现金、应收账款、预付账款、存货和应付账款的最低周转次数，并考虑一定的保险系数

B. 流动资金筹措借款部分按全年计算利息，其利息应计入建设期利息

C. 非生产经营性建设项目不列铺底流动资金

D. 流动资金估算应在经营成本估算之前进行

二、多项选择题

1. 建设投资估算的内容按照费用的性质划分，包括(　　)。

A. 建筑安装工程费　　B. 设备及工器具购置费

C. 工程建设其他费用　　D. 预备费

E. 流动资金

2. 流动资金是指生产经营性项目投产后，用于购买(　　)等所需的周转资金。

A. 原材料　　B. 燃料
C. 支付工资　　D. 其他经营费用
E. 固定资产

3. 在按形成资产法估算建设投资时，工程费用形成固定资产，工程建设其他费用可分别形成(　　)。

A. 固定资产　　B. 流动资产
C. 无形资产　　D. 其他资产
E. 速动资产

4. 下列属于项目建议书阶段编制投资估算方法的有(　　)。

A. 比例估算法　　B. 系数估算法
C. 生产能力指数法　　D. 类似项目对比法
E. 工程量估算法

5. 系数估算法的种类很多，我国常用的方法有(　　)。

A. 设备系数法　　B. 主体专业系数法
C. 朗格系数法　　D. 综合调整系数法
E. 生产能力系数法

6. 在项目建议书阶段，当拟建项目设计深度不足，拟建建设项目与类似建设项目的主要生产工艺设备投资比重较大，行业内相关系数等基础资料完备的时候，可采用的投资估算方法的有(　　)。

A. 生产能力指数法　　B. 系数估算法
C. 比例估算法　　D. 指标估算法
E. 分项详细估算法

7. 在可行性研究阶段的建筑工程费用估算中，单位建筑工程投资估算法可以进一步分为(　　)。

A. 单位容积价格法　　B. 单位功能价格法
C. 单位实物工程量投资估算法　　D. 概算指标投资估算法
E. 单位长度价格法

8. 在可行性研究阶段的投资估算中，建筑工程费用估算一般采用(　　)。

A. 单位实物工程量投资估算法
B. 工料单价投资估算法
C. 单位建筑工程投资估算法
D. 概算指标投资估算法
E. 工程量估算法

9. 按照单位建筑工程投资估算法，以单位长度的投资乘以建筑工程总量计算建筑工程费用的有(　　)。

A. 一般工业与民用建筑工程　　B. 水库工程
C. 工业窑炉砌筑工程　　D. 矿山掘进工程
E. 铁路路基工程

10. 在可行性研究阶段对建设期利息估算时，国外贷款利息应包括国外贷款银行根据贷款协议向贷款方以年利率方式收取的(　　)。

A. 手续费　　B. 转贷费

C. 担保费　　D. 管理费

E. 承诺费

参考答案

一、单项选择题

1. B	2. A	3. D	4. D	5. A	6. B	7. D	8. D	9. B	10. B
11. D	12. C	13. B	14. D	15. B	16. A	17. B	18. D	19. A	20. B
21. A	22. B	23. C	24. A	25. B	26. C				

二、多项选择题

1. ABCD	2. ABCD	3. ACD	4. ABC	5. ABC
6. BC	7. ABE	8. ACD	9. BDE	10. ADE

第三节　设计概算编制

考纲要求

1. 了解设计概算的概念与作用。
2. 熟悉设计概算编制内容及依据。
3. 掌握设计概算的编制方法。

考点汇总

一、设计概算的概念和作用

（一）设计概算的概念

设计概算是以初步设计文件为依据，按照规定的程序、方法和依据，对建设项目总投资及其构成进行的概略计算。采用两阶段设计的建设项目，初步设计阶段必须编制设计概算；采用三阶段设计的，扩大初步设计阶段必须编制修正概算。

（二）设计概算的作用

(1) 设计概算是编制建设项目固定资产投资计划，确定和控制建设项目投资的依据。

(2) 设计概算是签订建设工程施工合同和贷款合同的依据。

(3) 设计概算是控制施工图设计和施工图预算的依据。

(4) 设计概算是编制招标控制价（招标标底）和投标报价的依据。

(5) 设计概算是衡量设计方案经济合理性和选择最佳设计方案的依据。

(6) 设计概算是考核建设项目投资效果的依据。

二、设计概算的编制内容和依据

(一) 编制内容

1. 单位工程概算

单位工程概算是编制单项工程综合概算（或项目总概算）的依据，是单项工程综合概算的组成部分。单位工程概算分为单位建筑工程概算和单位设备及安装工程概算两大类。

2. 单项工程综合概算

单项工程概算是确定一个单项工程所需要建设费用的文件，它是由单项工程中各单位工程概算汇总编制而成的，是建设项目总概算的组成部分，只包括单项工程的工程费用。

3. 建设项目总概算

建设项目总概算是以初步设计文件为依据，在单项工程综合概算的基础上计算建设项目概算总投资的成果文件。它是由各单项工程综合概算、工程建设其他费用概算、预备费、建设期利息和铺底流动资金概算汇总编制而成的。

建设项目若为一个独立单项工程，则建设项目总概算书与单项工程综合概算书可合并编制。

(二) 编制依据

(1) 国家、行业和地方政府有关建设和造价管理的法律、法规、规定。

(2) 批准的建设项目设计任务书（或批准的可行性研究文件）和主管部门的有关规定。

(3) 工程勘察与设计文件。

(4) 常规的施工组织设计。

(5) 建设项目的技术复杂程度，新技术、新材料、新工艺以及专利使用情况等。

(6) 工程造价管理机构发布的概算定额（或概算指标），类似工程概预算及技术经济指标。

(7) 建设工程所在地区的人工、材料、施工机具台班市场价格，标准设备和非标准设备价格资料，现行的有关设备原价及运杂费率。

(8) 政府有关部门、金融机构等发布的价格指数、利率、汇率、税率以及工程建设其他费用等。

(9) 资金筹措方式或资金来源。

(10) 建设项目批准的相关文件、合同、协议等。

三、设计概算的编制方法

(一) 单位工程概算的编制方法

1. 单位建筑工程概算的编制方法

单位建筑工程概算应按构成单位工程的主要分部分项工程编制，根据初步设计工程量按工程所在省、市、自治区颁发的概算定额（指标）或行业概算定额（指标），以及工程费用定额计算。

(1) 概算定额法：又称扩大单价法或扩大结构定额法。概算定额法适用于设计达到一定深度，建筑结构尺寸比较明确，能按照设计的平面、立面、剖面图纸计算出楼地面、墙身、门窗和屋面等扩大分项工程（或扩大结构构件）工程量的项目。这种方法编制出的概算精度较高。

（2）概算指标法：概算指标法的适用范围是设计深度不够，不能准确地计算出工程量，但工程设计技术比较成熟而又有类似工程概算指标可以利用。主要适用初步设计概算编制阶段的建筑物的土建、给排水、暖通、照明工程等，以及较为简单或单一的构筑物这类单位工程编制，计算出的费用精确度不高，往往只起到控制性作用。

概算指标的调整方法如下：

1）调整概算指标中的每平方米（立方米）综合单价。

$$\text{结构变化修正概算指标(元/m}^2\text{)}=J+Q_1P_1-Q_2P_2 \quad (5.3.1)$$

式中 J——原概算指标；

Q_1——概算指标中换入结构的工程量；

Q_2——概算指标中换出结构的工程量；

P_1——换入结构的综合单价指标；

P_2——换出结构的综合单价指标。

2）调整概算指标中的人、材、机数量。

$$\begin{matrix}\text{结构变化修正概算}\\\text{指标的人、材、机数量}\end{matrix}=\begin{matrix}\text{原概算指标的}\\\text{人、材、机数量}\end{matrix}+\begin{matrix}\text{换入结构}\\\text{件工程量}\end{matrix}\times\begin{matrix}\text{相应定额人、}\\\text{材、机消耗量}\end{matrix}-\begin{matrix}\text{换出结构}\\\text{件工程量}\end{matrix}\times\begin{matrix}\text{相应定额人、}\\\text{材、机消耗量}\end{matrix} \quad (5.3.2)$$

以上两种方法，前者是直接修正结构件指标单价，后者是修正概算指标工、料、机数量。修正之后，方可按上述方法分别套用。

（3）类似工程预算法：类似工程预算法是利用技术条件相类似的已完工程或在建工程的预算或结算资料，编制拟建单位工程概算的方法。适用于拟建工程设计与已完工程或在建工程的设计相类似而又没有可用的概算指标时采用，但必须对建筑结构差异和价差进行调整。

建筑结构差异的调整方法与概算指标法的调整方法相同，类似工程造价的价差调整有两种方法：

1）类似工程造价资料有具体的人工、材料、机械台班的用量时：可按类似工程预算造价资料中的主要材料、工日、机械台班数量乘以拟建工程所在地的主要材料预算价格、人工单价、机械台班单价，计算出人、材、机费，再计取企业管理费、利润、规费和税金，即可得出所需的造价指标。

2）类似工程造价资料只有人工费、材料费、施工机具使用费和企业管理费时：

$$D=A\cdot K \quad (5.3.3)$$

$$K=a\%\cdot K_1+b\%\cdot K_2+d\%\cdot K_3+d\%\cdot K_4+e\%\cdot K_5 \quad (5.3.4)$$

式中 D——拟建工程成本单价；

A——类似工程成本单价；

K——成本单价综合调整系数；

$a\%$、$b\%$、$c\%$、$d\%$——类似工程预算的人工费、材料费、施工机具使用费、企业管理费占预算成本的比重，如：$a\%$=类似工程人工费/类似工程预算成本×100%，$b\%$、$c\%$、$d\%$类同；

K_1、K_2、K_3、K_4——拟建工程地区与类似工程预算成本在人工费、材料费、施工机具使用费和企业管理费之间的差异系数，如：K_1＝拟建工程概算的人工费（或工资标准）/类似工程预算人工费（或地区工资标准），K_2、K_3、K_4类同。

2. 单位设备及安装工程概算的编制方法

（1）单位设备购置费概算。

（2）单位设备安装工程费概算的编制方法：

1）预算单价法：当初步设计较深，有详细的设备清单时，可直接按安装工程预算定额单价编制安装工程概算，概算编制程序基本同于安装工程施工图预算。该方法具有计算比较具体、精确性较高之优点。

2）扩大单价法：适用于初步设计深度不够，设备清单不完备，只有主体设备或仅有成套设备质量时。

3）设备价值百分比法（安装设备百分比法）：适用于设计深度不够，只有设备出厂价（价格波动不大），而无详细规格、质量的定型产品和通用设备产品。

4）综合吨位指标法：适用于价格波动较大，且设计文件提供的设备清单有规格和质量的非标准设备和引进设备。

（二）单项工程综合概算的编制方法

单项工程综合概算以单项工程所属的单位工程概算为基础，采用“综合概算表”进行汇总编制而成。对只有单一具有独立生产能力单项工程的建设项目，不需要编制综合概算，可直接编制独立的总概算，按二级编制形式编制。

（三）建设项目总概算的编制

建设项目总概算是设计文件的重要组成部分，是确定整个建设项目从筹建到竣工交付使用所预计花费的全部费用的文件。

设计总概算文件一般包括：编制说明、总概算表、各单项工程综合概算书、工程建设其他费用概算表、主要建筑安装材料汇总表。

习题精选

一、单项选择题

1. 按照国家有关规定，作为年度固定资产投资计划、计划投资总额及构成数额的编制和确定依据的是（　　）。

A. 经批准的投资估算　　B. 经批准的设计概算

C. 经批准的施工图预算　　D. 经批准的工程决算

2. 在建设项目各阶段的工程造价中，一经批准将作为控制建设项目投资最高限额的是（　　）。

A. 投资估算　　B. 设计概算　　C. 施工图预算　　D. 工程决算

3. 单位工程概算按其工作性质可分为单位建筑工程概算和单位设备及安装工程概算两类，下列属于单位设备及安装工程概算的是（　　）。

A. 通风、空调工程概算　　B. 工器具及生产家具购置费概算
C. 电气照明工程概算　　D. 特殊构筑物工程概算

4. 若某工程项目由若干个单项工程组成，下列不属于单项工程综合概算组成内容的是(　　)。
A. 建筑工程费用　　B. 安装工程费用
C. 设备及工器具购置费用　　D. 工程建设其他费用

5. 三级概算编制形式的组成内容不包括(　　)。
A. 建设项目总概算　　B. 分部分项工程概算
C. 单位工程概算　　D. 单项工程综合概算

6. 当工程项目由若干个单项工程组成时，单项工程综合概算中的内容应该包括(　　)。
A. 预备费　　B. 工程建设其他费用
C. 建安工程费　　D. 建设期贷款利息

7. 三级概算文件编制形式的组成内容有(　　)。
A. 建筑工程费用概算、安装工程费用概算、设备工器具费用概算
B. 工程费用概算、工程建设其他费用概算、预备费概算
C. 建设项目总概算、单项工程综合概算、单位工程概算
D. 分部分项工程费概算、措施项目费概算、其他项目费概算

8. 若某工程项目由若干个单项工程组成，下列费用构成中，属于单项工程综合概算组成内容的是(　　)。
A. 设备及工器具购置费用　　B. 工程建设其他费用
C. 预备费　　D. 生产或经营性项目铺底流动资金

9. 下列各概算文件中，属于单项工程综合概算的是(　　)。
A. 特殊构筑物工程概算　　B. 场外工程（红线以外）概算
C. 一般土建工程概算　　D. 弱电工程概算

10. 关于设计概算的说法，错误的是(　　)。
A. 设计概算是确定建设项目从筹建至竣工交付使用为止所需全部费用的技术经济文件
B. 设计概算一经批准就作为工程造价管理的最高限额
C. 设计概算是确定建设项目资金筹措方式或资金来源的依据
D. 设计概算是衡量设计方案技术经济合理性的重要依据

11. 建设项目设计概算的编制，一般首先编制(　　)的设计概算，然后再逐级汇总，形成单项工程综合概算及建设项目总概算。
A. 单项工程　　B. 单位工程　　C. 分部工程　　D. 分项工程

12.《建设项目设计概算编审规程》CECA/GC2—2007 规定：建筑工程概算应按(　　)编制，根据初步设计工程量按工程所在省、市、自治区颁发的概算定额（指标）或行业概算定额（指标），以及工程费用定额计算。
A. 构成建设项目的主要单项工程
B. 构成单项工程的主要单位工程
C. 构成单位工程的主要分部分项工程
D. 构成分部工程的主要分项工程

13. 某拟建工程初步设计已达到必要的深度，能够据此计算出扩大分项工程的工程量，则能较为准确地编制拟建工程概算的方法是(　　)。

A. 概算指标法　　B. 类似工程预算法

C. 概算定额法　　D. 综合吨位指标法

14. 当初步设计深度有详细的设备清单时，最能精确编制设备安装工程费概算的方法是(　　)。

A. 预算单价法　　B. 扩大单价法

C. 设备价值百分比法　　D. 综合吨位指标法

15. 当设计文件提供的设备属于价格波动较大的非标准设备或者引进设备，且设备清单有设备出厂价、规格和设备质量时，编制设备安装工程费概算最适宜的方法是(　　)。

A. 预算单价法　　B. 扩大单价法

C. 设备价值百分比法　　D. 综合吨位指标法

16. 某建设项目订购了 50t 的国产非标准设备，订货价格为 50000 元/t，已知设备运杂费率为 8%，设备安装费率为 20%，根据设备价值百分比法，该项目的设备安装工程概算价值为(　　)。

A. 40 万元　　B. 50 万元　　C. 54 万元　　D. 324 万元

17. 概算指标法采用的是(　　)。

A. 人、材、机费用指标　　B. 全费用指标

C. 完全单价指标　　D. 综合单价指标

18. 某市一栋普通办公楼为砖混结构 $3000m^3$，一般土建工程单位造价为 970 元/m^2，其中：毛石基础为 39 元/m^3，而今拟建一栋办公楼 $3500m^3$，是采用钢筋混凝土带形基础为 51 元/m^3，其他结构相同。该拟建办公楼一般土建工程概算编制适合采用(　　)。

A. 概算定额法　　B. 概算指标法

C. 扩大单价法　　D. 类似工程预算法

19. 已知某进口设备原价为 1500 万元，安装费率为 14%，设备质量为 300t，每吨设备安装费指标为 8000 元，则该进口设备安装费为(　　)万元。

A. 240　　B. 210　　C. 225　　D. 200

20. 某新建砖混结构住宅工程，其外墙采用贴釉面砖，每平方米建筑面积消耗量为 $0.9m^2$，釉面砖人、材、机费用单价为 60 元/m^2。类似工程概算指标为 58000 元/$100m^2$，外墙采用水泥砂浆抹面，每平方米建筑面积消耗量为 $0.95m^2$，水泥砂浆抹面人、材、机费用单价为 10 元/m^2，则该砖混结构工程修正概算指标为(　　)元/m^2。

A. 591.60　　B. 624.50　　C. 628.00　　D. 645.28

21. 在编制建筑工程概算时，当初步设计达到一定深度，建筑结构比较明确，能够按照初步设计图纸计算出分部工程项目的工程量时，最适宜的概算编制方法是(　　)。

A. 概算指标法　　B. 类似工程预算法

C. 预算单价法　　D. 概算定额法

22. 当采用类似工程预算法编制概算时，必须要调整的因素是(　　)。

A. 质量类似和进度差异　　B. 时间差异和地点差异

C. 建筑结构差异和价格差异　　D. 质量差异和价格差异

23. ①确定各分部分项工程项目的概算定额单价；②按照概算定额分部分项工程顺序列出单位工程中分项工程或扩大分项工程的项目名称，并计算工程量；③计算单位工程人、材、机费；④搜集基础资料、熟悉设计图纸和了解有关施工条件和施工方法；⑤计算企业管理费、利润、规费和税金；⑥计算单位工程概算造价；⑦编写概算编制说明。按照概算定额法编制设计概算，以上工作正确的先后顺序是(　　)。

A. ⑦④②①③⑤⑥　　B. ⑦④①②③⑤⑥

C. ④②①③⑤⑥⑦　　D. ④①②③⑤⑥⑦

24. 某桥式起重机净重 6t，每吨设备安装费指标为 200 元/t，其中人工费为 60 元/t，则该桥式起重机安装费及其中的人工费为(　　)。

A. 840 元，260 元　B. 1560 元，360 元　C. 1200 元，360 元　D. 1200 元，840 元

25. ①公用工程；②生产管理服务性工程；③厂外工程；④生活福利工程；⑤主要工艺生产装置；⑥辅助工艺生产装置。以上工程在工业建设项目总概算的工程费用中，排列顺序正确的是(　　)。

A. ③①②④⑤⑥　　B. ①②⑤⑥④③

C. ②⑤⑥④①③　　D. ⑤⑥①②④③

26. 关于单项工程综合概算的说法，不正确的是(　　)。

A. 单项工程综合概算是由该单项工程各专业单位工程概算汇总而成

B. 当建设项目只有一个单项工程时，按两级概算编制形式直接编制总概算

C. 民用工程项目综合概算表仅包括建筑工程费一项

D. 综合概算表的费用组成一般应包括建筑工程费用、安装工程费用、设备及工器具购置费及工程建设其他费用

27. 关于建设项目总概算的编制的说法，正确的是(　　)。

A. 项目总概算应按照建设单位规定的统一表格进行编制

B. 对工程建设其他费的各组成项目分别列项计算

C. 主要建筑安装材料汇总表只需列出建设项目的钢筋、水泥等主要材料各自的总消耗量

D. 总概算编制说明应装订于总概算文件最后

二、多项选择题

1. 某建设项目由厂房、办公楼、宿舍等单项工程组成，则单项工程综合概算中的内容有(　　)。

A. 机械设备及安装工程概算　　B. 电气设备及安装工程概算

C. 工程建设其他费用概算　　D. 特殊构筑物工程概算

E. 流动资金概算

2. 设计概算可分为(　　)三级。

A. 分项工程概算　　B. 分部工程概算

C. 单位工程概算　　D. 单项工程综合概算

E. 建设项目总概算

3. 建设项目总概算的编制中，工程费用的编制依据包括(　　)。

A. 工程取费标准　　B. 贷款的方式及利率

C. 采用的指标或定额
D. 设备材料价格的取定
E. 基本预备费的取费标准

4. 下列属于单位建筑工程概算的有(　　)。
A. 一般土建工程概算
B. 弱电工程概算
C. 特殊构筑物工程概算
D. 电气设备及安装工程概算
E. 工具、器具及生产家具购置费用概算

5. 单位建筑工程概算的编制方法主要有(　　)。
A. 设备价值百分比法
B. 概算定额法
C. 综合吨位指标法
D. 概算指标法
E. 类似工程预算法

6. 二级编制形式设计概算文件的组成包括(　　)。
A. 总概算表
B. 工程建设其他费用计算表
C. 单项工程综合概算表
D. 单位工程概算表
E. 编制说明

参考答案

一、单项选择题

1. B	2. B	3. B	4. D	5. B	6. C	7. C	8. A	9. B	10. C
11. B	12. C	13. C	14. A	15. D	16. B	17. A	18. B	19. A	20. B
21. D	22. C	23. C	24. C	25. D	26. D	27. B			

二、多项选择题

1. ABD	2. CDE	3. ACD	4. ABC	5. BDE
6. ABDE				

第四节　施工图预算编制

考纲要求

1. 熟悉施工图预算的基本概念。
2. 掌握施工图预算的编制方法。

考点汇总

一、施工图预算的基本概念

(一) 施工图预算的含义

施工图预算是以施工图设计文件为依据，按照规定的程序、方法和依据，在工程施工前对工程项目的工程费用进行的预测与计算。

（二）施工图预算的作用

1. 施工图预算对设计方的作用

（1）根据施工图预算进行控制投资。

（2）根据施工图预算进行优化设计、确定最终设计方案。

2. 施工图预算对投资方的作用

（1）施工图预算是设计阶段控制工程造价的重要环节，是控制施工图设计不突破设计概算的重要措施。

（2）施工图预算是控制造价及资金合理使用的依据。

（3）施工图预算是确定工程招标控制价（或编制标底）的依据。

（4）施工图预算可以作为确定合同价款、拨付工程进度款及办理工程结算的基础。

3. 施工图预算对施工企业的目的和作用

（1）施工图预算是建筑施工企业投标报价的基础。

（2）施工图预算是建筑工程预算包干的依据和签订施工合同的主要内容。

（3）施工图预算是施工企业安排调配施工力量、组织材料供应的依据。

（4）施工图预算是施工企业控制工程成本的依据。

（5）施工图预算是进行“两算”对比的依据。

4. 施工图预算对其他方面的作用

（三）施工图预算的编制内容

施工图预算由建设项目总预算、单项工程综合预算和单位工程预算组成。建设项目总预算由单项工程综合预算汇总而成，单项工程综合预算由组成本单项工程的各单位工程预算汇总而成，单位工程预算包括建筑工程预算和设备及安装工程预算。

施工图预算根据建设项目实际情况可采用三级预算编制或二级预算编制形式。当建设项目有多个单项工程时，应采用三级预算编制形式，三级预算编制形式由建设项目总预算、单项工程综合预算、单位工程预算组成。当建设项目只有一个单项工程时，应采用二级预算编制形式，二级预算编制形式由建设项目总预算和单位工程预算组成。

建筑工程预算按其工程性质分为一般土建工程预算、装饰装修工程预算、给排水工程预算、采暖通风工程预算、煤气工程预算、电气照明工程预算、弱电工程预算、特殊构筑物如炉窑等工程预算和工业管道工程预算等。

设备安装工程预算可分为机械设备安装工程预算、电气设备安装工程预算和热力设备安装工程预算等。

二、施工图预算的编制方法

施工图预算编制的关键在于编制好单位工程施工图预算。其编制可以采用工料单价法和综合单价法两种计价方法。工料单价法是传统的定额计价模式下的施工图预算编制方法，而综合单价法是适应市场经济条件的工程量清单计价模式下的施工图预算编制方法。

（一）工料单价法

按照分部分项工程单价产生的方法不同，工料单价法又可以分为预算单价法和实物量法。

1. 预算单价法（定额单价法）

（1）编制前的准备工作：①收集编制施工图预算的编制依据；②熟悉图纸等基础资料；③了解施工组织设计和施工现场情况。

（2）列项并计算工程量：①划分工程项目；②计算并整理工程量。

（3）套用定额预算单价。

（4）计算直接费。

（5）工料分析。

（6）计算主材费（未计价材料费）。

（7）按计价程序计取其他费用，并汇总造价。

（8）复核。

2. 实物量法

用实物量法编制单位工程施工图预算，就是根据施工图计算的各分项工程量及可计量措施项目工程量分别乘以地区定额中人工、材料、施工机械台班的定额消耗量，分类汇总得出该单位工程所需的全部人工、材料、施工机械台班消耗数量，然后再乘以当时当地人工工日单价、各种材料单价、施工机械台班单价，求出相应的人工费、材料费、施工机具使用费。企业管理费、利润、规费及税金等费用计取方法与预算单价法相同。

实物量法的优点是能比较及时地将反映各种材料、人工、机械的当时当地市场单价计入预算价格，不需调价，反映当时当地的工程价格水平。

3. 预算单价法与实物量法的异同

用实物量法编制施工图预算，能把“量”“价”分开，计算出量后，不再去套用静态的定额基价，而是套用相应预算定额人工、材料、机械台班的定额单位消耗量，分别汇总得到人工、材料和机械台班的实物量，用这些实物量去乘以该地区当时的人工工日、材料、施工机械台班的实际单价，这样能比较真实地反映工程产品的实际价格水平，工程造价的准确性高。

（二）综合单价法

1. 全费用综合单价

全费用综合单价，即单价中综合了分项工程及可计量措施项目的人工费、材料费、机械费，管理费、利润、规费、税金以及一定范围的风险等全部费用。以各子项工程量乘以全费用单价的合价汇总后，再加上措施项目的完全价格，就生成了单位工程施工图预算造价。公式如下：

$$建筑安装工程预算造价=(\sum 子项工程量\times 子项全费用单价)+措施项目费用 \tag{5.4.1}$$

2. 清单综合单价

分部分项工程及可计量措施项目综合单价中综合了人工费、材料费、施工机械使用费，企业管理费、利润，并考虑了一定范围的风险费用，但并未包括措施费、规费和税金，因此它是一种不完全单价。以各分部分项工程量乘以该综合单价的合价汇总后，再加上措施项目费、规费和税金后，即单位工程的造价。公式如下：

$$建筑安装工程预算造价=(\sum 子项工程量\times 子项综合单价)+措施项目不完全价格+规费+税金 \tag{5.4.2}$$

习题精选

一、单项选择题

1. 施工图预算编制可以采用(　　)和综合单价法两种计价方法。

A. 清单计价法　　B. 实物量法　　C. 预算单价法　　D. 工料单价法

2. 关于施工图预算的作用的说法，正确的是(　　)。

A. 施工图预算可以作为投资方拨付工程进度款的基础

B. 施工图预算是工程造价管理部门制定招标控制价的依据

C. 施工图预算是业主方进行施工图预算与施工预算“两算”对比的依据

D. 施工图预算是施工单位安排建筑资金计划的依据

3. 作为施工企业办理工程结算的主要依据，也是确定施工合同价款、拨付工程进度款的重要依据是(　　)。

A. 投资估算　　B. 施工图预算　　C. 施工预算　　D. 工程概算

4. 对设计单位而言，编制施工图预算的目的是(　　)。

A. 检验工程设计在经济上的合理性

B. 控制工程投资和合同价格

C. 进行工程投标和控制分包工程合同价格

D. 确定合同价款、拨付工程进度款及办理工程结算

5. 对于承包商而言，施工图预算的作用之一是(　　)。

A. 检验设计的经济合理性　　B. 测算标底

C. 测算造价指数　　D. 拟定降低成本措施

6. 单位工程预算包括建筑工程预算和设备安装工程预算，下列属于设备安装工程预算的是(　　)。

A. 电气照明工程预算　　B. 电气设备及安装工程预算

C. 热力设备安装工程预算　　D. 工业管道工程预算

7. 施工图预算编制的关键在于(　　)。

A. 编制好单位工程施工图预算　　B. 编制好单项工程施工图预算

C. 编制好建设项目总预算　　D. 选择施工图预算的编制方法

8. 下列属于施工图预算编制依据的是(　　)。

A. 施工合同或同类型工程资料　　B. 建筑安装工程预算造价

C. 工料分析及汇总　　D. 编制说明

9. 定额单价法和实物量法是编制施工图预算的两种方法，关于这两种方法的编制步骤和特点的说法，正确的是(　　)。

A. 定额单价法在计算得到分项工程量后，先套用定额预算单价，计算人材机费，再进行工料分析

B. 实物量法在计算得到分项工程量后，套用定额预算单价，计算人材机费，再进行工料分析

C. 定额单价法反映市场价格水平

D. 实物量法编制速度快，但调价计算烦琐

10. 在用预算单价法编制施工图预算时，当分项工程施工工艺条件与预算单价或单位估价表不一致而造成人工、施工机具的数量增减时，应(　　)。

A. 直接套用预算单价

B. 按人工、施工机具的实际价格换算预算单价

C. 按人工、施工机具的实际消耗量与实际价格换算预算单价

D. 按人工、施工机具的实际消耗量换算预算单价

11. 在用预算单价法编制施工图预算时，当分项工程的主要材料品种与预算单价或单位估价表中规定材料不一致时，应(　　)。

A. 直接套用预算单价

B. 需要按实际使用材料的价格换算预算单价

C. 需要按实际使用材料的消耗量换算预算单价

D. 需要按实际使用材料的消耗量与价格换算预算单价

12. 采用工料单价法和综合单价法编制施工图预算，区别主要在于(　　)。

A. 预算造价的构成不同　　B. 预算所起的作用不同

C. 预算编制依据不同　　D. 单价包含的费用内容不同

13. 与预算单价法相比，实物量法编制施工图预算的缺点是(　　)。

A. 工料消耗不清晰　　B. 人材机价格不能体现市场价格

C. 分项工程单价不直观　　D. 计算、统计的价格不准确

14. 先计算汇总单位工程人材机费，再计算措施费、企业管理费、利润、规费和税金等，最后汇总单位工程预算造价的施工图预算编制方法是(　　)。

A. 综合单价法　　B. 清单计价法

C. 工料单价法　　D. 实物量法

15. 采用实物量法编制施工图预算时，在按人工、材料、机械台班的市场价计算人、材、机费用之后，下一步骤是(　　)。

A. 进行工料分析　　B. 计算管理费、利润等费用

C. 计算工程量　　D. 编写编制说明

16. 下列各项中，不属于施工图预算的文件组成的是(　　)。

A. 单项工程综合预算表　　B. 单位工程预算

C. 工程量计算书　　D. 总预算表

17. 在施工图预算编制时，先计算单位工程分部分项工程量，然后再乘以对应的定额预算单价，求出各分项工程人材机费，再汇总成预算造价的方法是(　　)。

A. 综合单价法　　B. 实物量法　　C. 工料单价法　　D. 清单计价法

18. ①了解施工组织设计和施工现场情况；②计算直接费；③套用定额预算单价；④列项并计算工程量；⑤按计价程序计取其他费用，并汇总工程造价；⑥复核；⑦工料分析；⑧主算主材费（未计价材料费）。以上有关施工图预算的编制工作中，其正确的编制步骤是(　　)。

A. ①④③②⑧⑦⑤⑥　　B. ①④③②⑦⑧⑤⑥

C. ①④③②⑦⑧⑥⑤　　D. ①④③②⑧⑦⑥⑤

19. 按照工程量清单计价规定，工程量清单应采用清单综合单价计价，该综合单价中没有包括的费用是(　　)。

A. 措施费　　B. 管理费　　C. 利润　　D. 风险费用

二、多项选择题

1. 施工图预算是以施工图设计文件为依据，按照规定的程序、方法和依据，在工程施工前对工程项目的(　　)进行的预测与计算。

A. 建筑工程费用　　B. 安装工程费用
C. 设备及工器具购置费　　D. 工程建筑其他费用
E. 预备费

2. 施工图预算按建设项目组成分为(　　)。

A. 单位工程施工图预算　　B. 建设项目总预算
C. 分部工程施工图预算　　D. 单项工程预算
E. 分项工程施工图预算

3. 根据工程性质，下列工程预算属于建筑工程造价的有(　　)。

A. 给排水工程预算　　B. 采暖通风工程预算
C. 一般土建工程预算　　D. 电气设备工程预算
E. 炉窑工程

4. 施工图预算对施工企业的作用主要表现在(　　)。

A. 根据施工图预算进行优化设计　　B. 是确定工程招标控制价依据
C. 是控制造价及资金合理使用的依据　　D. 是建筑工程预算包干的依据
E. 是控制工程成本的依据

5. 施工图预算对投资方的作用主要表现在(　　)。

A. 根据施工图预算进行优化设计
B. 是确定工程招标控制价（或编制标底）的依据
C. 是控制造价及资金合理使用的依据
D. 作为拨付工程进度款及办理工程结算的依据
E. 是控制工程成本的依据

6. 施工图预算编制依据有(　　)。

A. 经过会审的施工图纸　　B. 现行的建筑安装施工定额
C. 招标文件　　D. 施工组织设计
E. 企业定额

7. 编制施工图预算的依据不包括(　　)。

A. 预算定额　　B. 时间定额
C. 施工定额　　D. 工序定额
E. 施工方案

8. 施工图预算编制方法有(　　)。

A. 综合单价法　　B. 实物量法
C. 费用单价法　　D. 预算单价法
E. 基价法

9. 与实物量法相比，采用定额单价法编制单位工程施工图预算的优点有（　　）。

A. 不需调整价差

B. 计算简单、工作量较小和编制速度较快

C. 能及时将各种人工、材料、机械的当时当地市场单价计入预算价格

D. 便于工程造价管理部门集中统一管理

E. 反映当时当地的工程价格水平

10. 关于施工图预算的说法，正确的有（　　）。

A. 施工图预算一定要结合施工图纸和预算定额编制

B. 施工图预算是进行“两算对比”的依据

C. 综合单价法中的单价是指全费用综合单价

D. 实物法能将资源消耗量和价格分开计算

E. 使用预算单价时一般需要进行工料分析

11. 编制施工图预算的过程中，包括在预算单价法中，但不包括在实物法中的工作内容有（　　）。

A. 套用预算定额

B. 汇总人、材、机费用

C. 计算未计价材料费

D. 熟悉图纸和预算预定以及单位估价表

E. 计算其他费用

12. 采用定额单价法编制施工图预算造价时，应在汇总单位工程人工、材料、施工机具使用费的基础上，计算出主材费，再按规定计取（　　）。

A. 规费

B. 风险费

C. 利润

D. 税金

E. 企业管理费

参考答案

一、单项选择题

1. D　2. A　3. B　4. A　5. D　6. C　7. A　8. A　9. A　10. D

11. B　12. D　13. C　14. C　15. B　16. C　17. C　18. B　19. A

二、多项选择题

1. ABC　2. ABD　3. ABCE　4. DE　5. BCD

6. ACD　7. BCD　8. ABD　9. BD　10. BDE

11. ACD　12. ACDE

第六章　工程施工招标投标阶段造价管理

第一节　施工招标方式和程序

考纲要求

1. 了解招标投标概念和性质。
2. 掌握建设工程施工招标的范围和具体规定。
3. 熟悉施工招标方式。
4. 熟悉施工招标程序。

考点汇总

一、招标投标的性质

我国法学界一般认为，建设工程招标是要约邀请，而投标是要约，中标通知书是承诺。《中华人民共和国合同法》也明确规定，招标公告是要约邀请。也就是说，招标实际上是邀请投标人对招标人提出要约（即报价），属于要约邀请。投标则是一种要约，它符合要约的所有条件，如具有缔结合同的主观目的；一旦中标，投标人将受投标书的约束；投标书的内容具有足以使合同成立的主要条件等。招标人向中标的投标人发出的中标通知书，则是招标人同意接受中标的投标人的投标条件，即同意接受该投标人的要约的意思表示，应属于承诺。

二、施工招标范围

（一）《中华人民共和国招标投标法》的规定

《中华人民共和国招标投标法》规定，在中华人民共和国境内进行下列工程建设项目，包括项目的勘察、设计、施工、监理以及与工程建设有关的重要设备、材料等的采购，必须进行招标：

（1）大型基础设施、公用事业等关系社会公共利益、公共安全的项目。

（2）全部或者部分使用国家资金投资或者国家融资的项目。

（3）使用国际组织或者外国政府贷款、援助资金的项目。

（二）必须招标工程项目的具体规定

（1）全部或者部分使用国有资金投资或者国家融资的项目包括：

1）使用预算资金 200 万元人民币以上，并且该资金占投资额 10%以上的项目。

2）使用国有企业事业单位资金，并且该资金占控股或者主导地位的项目。

（2）使用国际组织或者外国政府贷款、援助资金的项目包括：

1）使用世界银行、亚洲开发银行等国际组织贷款、援助资金的项目。

2）使用外国政府及其机构贷款、援助资金的项目。

（3）不属于上述第1条、第2条规定情形的大型基础设施、公用事业等关系社会公共利益、公众安全的项目，必须招标的具体范围包括：

1）煤炭、石油、天然气、电力、新能源等能源基础设施项目。

2）铁路、公路、管道、水运，以及公共航空和A1级通用机场等交通运输基础设施项目。

3）电信枢纽、通信信息网络等通信基础设施项目。

4）防洪、灌溉、排涝、引（供）水等水利基础设施项目。

5）城市轨道交通等城建项目。

（4）上述第1条至第3条规定范围内的各类工程建设项目，包括项目的勘察、设计、施工、监理以及与工程建设有关的重要设备、材料等的采购，达到下列标准之一的，必须进行招标：

1）施工单项合同估算价在400万元人民币以上。

2）重要设备、材料等货物的采购，单项合同估算价在200万元人民币以上。

3）勘察、设计、监理等服务的采购，单项合同估算价在100万元人民币以上。

同一项目中可以合并进行的勘察、设计、施工、监理以及与工程建设有关的重要设备、材料等的采购，合同估算价合计达到前款规定标准的，必须招标。

（三）关于可以不招标项目的规定

《中华人民共和国招标投标法》规定，涉及国家安全、国家秘密、抢险救灾或者属于利用扶贫资金实行以工代赈、需要使用农民工等特殊情况，不适宜进行招标的项目，按照国家有关规定可以不进行招标。

《中华人民共和国招标投标法实施条例》规定，除招标投标法规定的可以不进行招标的特殊情况外，有下列情形之一的，可以不进行招标：

（1）需要采用不可替代的专利或者专有技术。

（2）采购人依法能够自行建设、生产或者提供。

（3）已通过招标方式选定的特许经营项目投资人依法能够自行建设、生产或者提供。

（4）需要向原中标人采购工程、货物或者服务，否则将影响施工或者功能配套要求。

（5）国家规定的其他特殊情形。

三、施工招标方式

根据《中华人民共和国招标投标法》，工程施工招标分公开招标和邀请招标两种方式。

《中华人民共和国招标投标法实施条例》规定，国有资金占控股或者主导地位的依法必须进行招标的项目，应当公开招标。但有下列情形之一的，可以邀请招标：

（1）技术复杂、有特殊要求或者受自然环境限制，只有少量潜在投标人可供选择。

（2）采用公开招标方式的费用占项目合同金额的比例过大。

四、施工招标程序

公开招标与邀请招标在程序上的主要差异：一是使施工承包商获得招标信息的方式不

同；二是对投标人资格审查的方式不同。但是，公开招标与邀请招标均要经过招标准备、资格审查与投标、开标评标与授标三个阶段。

习题精选

一、单项选择题

1. 招标人通过媒体发布招标公告，或向符合条件的投标人发出招标文件，称为(　　)。

A. 要约　　B. 要约邀请　　C. 承诺　　D. 邀请

2. 根据国家规定，下列属于必须进行招标的项目是(　　)。

A. 涉及国家安全的建设项目

B. 设备采购的单项合同估算价位 250 万元及以上的电力基础设施项目

C. 购置抢险救灾物资总价为 300 万元及以上的电力基础设施项目

D. 公共体育场馆建设项目

3. 国家发展和改革委员会规定，施工单项合同估算价在(　　)万元人民币以上的通信基础设施项目必须进行招标。

A. 100　　B. 200　　C. 250　　D. 400

4. 根据《中华人民共和国招标投标法》的规定，以下必须进行招标的项目是(　　)。

A. 非外国政府贷款项目　　B. 大型基础设施项目

C. 特定专利项目　　D. 私人投资项目

5. 根据《中华人民共和国招标投标法》的规定，以下可以不进行招标的项目是(　　)。

A. 大型基础设施项目　　B. 国家融资的项目

C. 使用专有技术的项目　　D. 全部使用国有资金的项目

6. 使用世界银行国际组织贷款的各类工程建设项目，包括项目的勘察、设计、施工、监理以及与工程建设有关的重要设备、材料等的采购，其施工单项合同估算价在(　　)万元人民币以上的，必须进行招标。

A. 50　　B. 100　　C. 200　　D. 400

7. 根据《中华人民共和国招标投标法》及有关规定，下列不属于必须招标的工程建设项目范围的是(　　)。

A. 某城市的地铁工程项目　　B. 公共航空项目

C. 某省的体育馆建设项目　　D. 排涝基础设施项目

8. 根据《中华人民共和国招标投标法》及有关规定，下列说法正确的是(　　)。

A. 公民个人投资的项目一律不需要招标

B. 施工单项合同估算价为 500 万元的项目都必须招标

C. 使用国际组织贷款的项目，如果规模标准达不到法定要求可以不招标

D. 所有总投资额在 3000 万元人民币以上的项目都必须招标

9. 政府投资建设某小学的教学楼，根据有关法律规定，其勘察设计合同估算价(　　)万元人民币以上必须招标。

A. 50　　B. 100　　C. 200　　D. 400

10. 对于属于必须招标项目范围的工程项目，下列说法正确的是(　　)。

A. 勘察合同估算价在 50 万元人民币以上的就必须招标

B. 所有设备、材料等货物的采购，只要单项合同估算价在 200 万元人民币以上的就必须招标

C. 监理合同估算价在 100 万元人民币以上的就必须招标

D. 施工单项合同估算价为 500 万元人民币的项目，其设计阶段可自行发包

11. 下列工程项目中，经有关部门批准可不进行招标的是(　　)。

A. 使用世界银行贷款的项目

B. 采用的主要施工技术是特定专利的通信信息网络项目

C. 城市轨道交通项目

D. 防洪、灌溉基础设施项目

12. 下列工程项目中，可以不进行招标的是(　　)。

A. 信息网络工程项目　　B. 学校校舍的抗震加固项目

C. 国家特许的融资项目　　D. 涉及抢险救灾的工程项目

13. 对于实行邀请招标方式的工程项目，招标人应当(　　)。

A. 在国家指定的媒体上发布招标公告

B. 向 3 家以上符合资质条件的投标人发出投标邀请书

C. 向 5 家以上符合资质条件的投标人发出投标邀请书

D. 向社会公众明示招标要求

14. 《中华人民共和国招标投标法》规定的招标方式是(　　)。

A. 公开招标、邀请招标和议标　　B. 公开招标和议标

C. 邀请招标和议标　　D. 公开招标和邀请招标

15. 根据《中华人民共和国招标投标法》的规定，建设工程招标应在国家指定的报刊和信息网络上发布招标公告，该招标方式为(　　)。

A. 公开招标　　B. 邀请招标　　C. 联合招标　　D. 议标

16. 以招标公告的方式邀请不特定的法人或其他组织投标的招标方式是(　　)。

A. 邀请招标　　B. 直接发包　　C. 有限竞争招标　　D. 公开招标

17. 关于公开招标与邀请招标区别的说法，正确的是(　　)。

A. 招标人不同

B. 投标人数量不同

C. 发布招标信息的方式不同

D. 发布招标信息的单位不同

18. 下列各项工作中，属于资格审查与投标工作阶段的是(　　)。

A. 编制资格预审文件　　B. 发售招标文件

C. 投标文件初评　　D. 发布资格预审公告

19. 下列各项工程中，属于资格审查与投标阶段投标人的主要工作内容的是(　　)。

A. 研究投标策略　　B. 参加开标会议

C. 购买招标文件　　D. 组织现场踏勘

二、多项选择题

1. 下列工程项目中，必须进行招标的有(　　)。

A. 使用预算资金 200 万元人民币以上的项目

B. 使用国有企业事业单位资金，并且该资金占控股或者主导地位的项目

C. A1 级通用机场

D. 大型体育场馆

E. 国家特许的融资项目

2. 下列工程项目中，必须进行招标的有(　　)。

A. 新能源基础设施项目

B. 抢险救灾工程

C. 采用专用技术作为施工主要技术的项目

D. 使用外国政府援助资金的项目

E. 供气、供热等市政工程项目

3.《中华人民共和国招标投标法》规定，凡在我国境内进行的下列工程建设项目，必须进行招标的有(　　)。

A. 大型基础设施、公用事业等关系社会公共利益、公共安全的项目

B. 技术复杂、专业性强或其他特殊要求的项目

C. 全部使用国有资金投资或国家融资的项目

D. 使用国际组织或者外国政府贷款、援助资金的项目

E. 采用特定专利或专有技术的项目

4. 根据《中华人民共和国招标投标法》及有关规定，下列建设项目中属于必须进行招标的项目范围的有(　　)。

A. 利用世界银行贷款新建水电站

B. 某市居民用水水库工程

C. 经济适用住房项目

D. 某市利用国有资金建的垃圾处理场

E. 某高校的图书馆改建工程

5. 某使用国有企业事业单位资金，并且该资金占控股或者主导地位的项目，可采用邀请招标的情形有(　　)。

A. 技术复杂、有特殊要求或者受自然环境限制，只有少量潜在投标人可供选择

B. 利用扶贫资金实行以工代赈的项目

C. 建筑艺术造型有特殊要求的

D. 采用公开招标方式的费用占项目合同金额的比例过大

E. 需要采用不可替代的专利或者专有技术

6.《中华人民共和国招标投标法》规定的建设项目的招标方式有(　　)

A. 公开招标　　B. 议标

C. 邀请招标　　D. 直接招标

E. 指定招标

参考答案

一、单项选择题

1. B　2. B　3. D　4. B　5. C　6. D　7. C　8. C　9. B　10. C
11. B　12. D　13. B　14. D　15. A　16. D　17. C　18. B　19. C

二、多项选择题

1. BC　2. AD　3. ACD　4. ABD　5. AD
6. AC

第二节　施工招投标文件组成

考纲要求

1. 熟悉招标文件的组成内容及其编制要求。
2. 掌握投标文件的内容。
3. 掌握投标文件的递交要求。
4. 熟悉对投标行为的限制性规定。

考点汇总

一、招标文件的组成内容及其编制要求

按照《中华人民共和国招标投标法》的规定，招标文件应当包括招标项目的技术要求、对投标人资格审查的标准、投标报价要求和评标标准等所有实质性要求和条件以及拟签订合同的主要条款。建设项目施工招标文件是由招标人（或其委托的咨询机构）编制，由招标人发布的，它既是投标单位编制投标文件的依据，也是招标人与将来中标人签订工程承包合同的基础。

（一）施工招标文件的编制内容

根据《标准施工招标文件》的规定，施工招标文件包括以下内容。

（1）招标公告（或投标邀请书）。
（2）投标人须知。
（3）评标办法。
（4）合同条款及格式。
（5）工程量清单。
（6）图纸。
（7）技术标准和要求。
（8）投标文件格式。

(9) 规定的其他材料。

(二) 招标文件的澄清和修改

招标文件的澄清将在规定的投标截止时间15天前以书面形式发给所有购买招标文件的投标人，但不指明澄清问题的来源。如果澄清发出的时间距投标截止时间不足15天，相应推迟投标截止时间。

投标人在收到澄清后，应在规定的时间内以书面形式通知招标人，确认已收到该澄清。

招标人对已发出的招标文件进行必要的修改，应当在投标截止时间15天前，招标人以书面形式修改招标文件，并通知所有已购买招标文件的投标人。如果修改招标文件的时间距投标截止时间不足15天，相应推后投标截止时间。

二、投标文件的组成内容及其编制要求

(一) 投标文件的内容

(1) 投标函及投标函附录。

(2) 法定代表人身份证明或附有法定代表人身份证明的授权委托书。

(3) 联合体协议书（如工程允许采用联合体投标）。

(4) 投标保证金。

(5) 已标价工程量清单。

(6) 施工组织设计。

(7) 项目管理机构。

(8) 拟分包项目情况表。

(9) 资格审查资料。

(10) 规定的其他材料。

(二) 投标文件的递交

1. 投标保证金与投标有效期

(1) 投标人在递交投标文件的同时，应按规定的金额、担保形式递交投标保证金，并作为其投标文件的组成部分。联合体投标的，其投标保证金由牵头人或联合体各方递交，并应符合规定。投标保证金除现金外，可以是银行出具的银行保函、保兑支票、银行汇票或现金支票。投标保证金的数额不得超过项目估算价的2%，且最高不超过80万元。出现下列情况的，投标保证金将不予返还：

1) 投标人在规定的投标有效期内撤销或修改其投标文件。

2) 中标人在收到中标通知书后，无正当理由拒签合同协议书或未按招标文件规定提交履约担保。

(2) 投标有效期从投标截止时间起开始计算，主要用作组织评标委员会评标、招标人定标、发出中标通知书，以及签订合同等工作，一般考虑以下因素：

1) 组织评标委员会完成评标需要的时间。

2) 确定中标人需要的时间。

3) 签订合同需要的时间。

一般项目投标有效期为60～90天，大型项目120天左右。投标保证金的有效期应与投标有效期保持一致。

2. 投标文件的递交方式

（1）投标文件的正本与副本应分开包装，加贴封条，并在封套上清楚标记“正本”或“副本”字样，于封口处加盖投标人单位章。

（2）在规定的投标截止时间前，投标人可以修改或撤回已递交的投标文件，但应以书面形式通知招标人。在招标文件规定的投标有效期内，投标人不得要求撤销或修改其投标文件。

（3）投标人准备和参加投标活动发生的费用自理。

（三）对投标行为的限制性规定

1. 联合体投标

两个以上法人或者其他组织可以组成一个联合体，以一个投标人的身份共同投标。联合体投标需遵循以下规定：

（1）联合体各方应按招标文件提供的格式签订联合体协议书，联合体各方应当指定牵头人，授权其代表所有联合体成员负责投标和合同实施阶段的主办、协调工作，并应当向招标人提交由所有联合体成员法定代表人签署的授权书。

（2）联合体各方签订共同投标协议后，不得再以自己名义单独投标，也不得组成新的联合体或参加其他联合体在同一项目中投标。联合体各方在同一招标项目中以自己名义单独投标或者参加其他联合体投标的，相关投标均无效。

（3）招标人接受联合体投标并进行资格预审的，联合体应当在提交资格预审申请文件前组成。资格预审后联合体增减、更换成员的，其投标无效。

（4）由同一专业的单位组成的联合体，按照资质等级较低的单位确定资质等级。

（5）联合体投标的，应当以联合体各方或者联合体中牵头人的名义提交投标保证金。以联合体中牵头人名义提交的投标保证金，对联合体各成员具有约束力。

2. 串通投标

在投标过程有串通投标行为的，招标人或有关管理机构可以认定该投标无效。

（1）有下列情形之一的，属于投标人相互串通投标：

1）投标人之间协商投标报价等投标文件的实质性内容。

2）投标人之间约定中标人。

3）投标人之间约定部分投标人放弃投标或者中标。

4）属于同一集团、协会、商会等组织成员的投标人按照该组织要求协同投标。

5）投标人之间为谋取中标或者排斥特定投标人而采取的其他联合行动。

（2）有下列情形之一的，视为投标人相互串通投标：

1）不同投标人的投标文件由同一单位或者个人编制。

2）不同投标人委托同一单位或者个人办理投标事宜。

3）不同投标人的投标文件载明的项目管理成员为同一人。

4）不同投标人的投标文件异常一致或者投标报价呈规律性差异。

5）不同投标人的投标文件相互混装。

6）不同投标人的投标保证金从同一单位或者个人的账户转出。

（3）有下列情形之一的，属于招标人与投标人串通投标：

1）招标人在开标前开启投标文件并将有关信息泄露给其他投标人。

2）招标人直接或者间接向投标人泄露标底、评标委员会成员等信息。

3）招标人明示或者暗示投标人压低或者抬高投标报价。

4）招标人授意投标人撤换、修改投标文件。

5）招标人明示或者暗示投标人为特定投标人中标提供方便。

6）招标人与投标人为谋求特定投标人中标而采取的其他串通行为。

习题精选

一、单项选择题

1. 当进行资格预审时，招标文件中应包括(　　)，其可代替资格预审通过通知书，以明确投标人已具备了在某具体标段的投标资格。

A. 招标公告　　B. 投标邀请书　　C. 招标邀请书　　D. 资格预审公告

2. 投标人编制施工投标文件所需要的合理时间，即投标准备时间，最短不得少于(　　)天。

A. 7　　B. 15　　C. 20　　D. 30

3. 关于招标文件的澄清和修改的说法，错误的是(　　)。

A. 招标文件的澄清应在规定的投标截止时间 15 天前以书面形式发给所有购买招标文件的投标人

B. 招标文件的澄清可以指明澄清问题的来源

C. 投标人收到澄清后的确认时间，可以采用相对的时间也可以采用绝对的时间

D. 招标人对已发出的招标文件的修改时间距投标截止时间不足 15 天，应推后投标截止时间

4. 下列不属于建设工程施工投标文件内容的是(　　)。

A. 投标保证金　　B. 资格审查资料

C. 工程量清单　　D. 法定代表人身份证明

5. 投标人应当按照招标文件的要求编制投标文件，下列不属于投标文件内容的是(　　)。

A. 已标价工程量清单　　B. 施工组织设计

C. 拟分包项目情况表　　D. 工程图纸

6. 投标人在投标过程中出现(　　)时，招标人可以没收投标人递交的投标保证金。

A. 投标文件的密封不符合招标文件的要求

B. 投标文件中附有招标人不能接受的条件

C. 在投标有效期内撤回其投标文件

D. 拒绝签字确认评标委员会对投标书中错误的修正

7. 出现特殊情况需要延长投标有效期的，招标人以书面形式通知所有投标人延长投标有效期。下列说法不正确的是(　　)。

A. 投标人同意延长的，应相应延长其投标保证金的有效期

B. 投标人同意延长的，不得要求或被允许修改或撤销其投标文件

C. 投标人拒绝延长的，其投标失效，但投标人有权收回其投标保证金

D. 投标人拒绝延长的，其投标失效，没收其投标保证金

8. 甲、乙两家工程承包公司组成联合体，共同投标一个体育馆工程项目。由于时间紧迫，标书送出之后才商议签订联合投标协议。对此，评标委员会初审时应(　　)。

A. 通知甲或乙补充联合投标协议　　B. 按无效标处理

C. 通知甲补充联合投标协议　　D. 通知甲和乙补充联合投标协议

9. 甲、乙、丙三家为同一专业的承包单位，其资质等级依次为一级、二级、三级。当三家单位实行联合共同承包时，应按(　　)的业务许可范围承揽工程。

A. 甲　　B. 乙　　C. 丙　　D. 建设单位认可

10. 下列选项中，不符合《中华人民共和国招标投标法》关于联合体各方资格规定的是(　　)。

A. 联合体各方均应当具备承担招标项目的相应能力

B. 招标文件对投标人资格条件有规定的，联合体各方均应当具备规定的相应资格条件

C. 由同一专业的单位组成的联合体，按照资质等级较低的单位确定资质等级

D. 由同一专业的单位组成的联合体，按照资质等级较高的单位确定资质等级

11. 联合体投标时，以联合体中牵头人的名义提交了投标保证金。该保证金对(　　)具有约束力。

A. 联合体的牵头人　　B. 联合体各成员

C. 招标单位　　D. 未支付保证金的其他成员

12. 甲、乙两个施工单位组成施工联合体投标某图书馆工程，甲为施工总承包一级资质，乙为施工总承包二级资质，则下列说法错误的是(　　)。

A. 该施工联合体应按施工总承包二级资质确定等级

B. 如果该施工联合体中标，甲、乙应就各自承担的工程分别与建设单位签订合同

C. 如果该施工联合体中标，甲、乙应就中标项目向建设单位承担连带责任

D. 如果在合同履行过程中，乙破产，则甲应当承担原由乙承担的工程任务

13. 某省直机关办公楼建设项目进行招标，招标文件中明确规定投标人的资质等级必须是施工总承包二级以上（包括二级），甲（施工总承包三级）、乙（施工总承包二级）、丙（施工总承包一级）、丁（施工总承包一级）纷纷组成投标联合体参与投标，则下列说法正确的是(　　)。

A. 甲可以与乙组成联合体以一个投标人的身份共同投标

B. 乙、丙组成投标联合体，其资质等级应为施工总承包一级

C. 若丙、丁组成的投标联合体中标，以丁作为代表与招标人签订施工合同

D. 丙、丁组成联合体，将共同投标协议连同投标文件一并提交给招标人

14. 关于投标人行为的说法，正确的是(　　)。

A. 投标人可以低于成本价的报价竞标

B. 投标人应按照合同条款的要求编制投标文件

C. 投标人可与其他单位组成联合体，并以各自的身份投标

D. 投标人应制定在技术、工期和成本等方面对招标人有吸引力的施工方案

15. 下列属于资格预审文件的是(　　)。

A. 资格预审公告　　B. 合同主要条款　　C. 评标办法　　D. 合同格式文件

16. 关于投标人的说法，错误的是(　　)。
A. 投标人应具备承担招标项目的能力
B. 投标人可以补充、修改或撤回已提交的投标文件
C. 投标人可以参加现场踏勘
D. 投标人应制定对招标人有吸引力的施工方案
17. 关于工程建设项目招投标的说法，错误的是(　　)。
A. 投标人不得以低于成本的报价竞标
B. 中标的联合体各方应共同与招标人签订合同，就中标项目向招标人承担连带责任
C. 招标人可根据建设项目的性质，强制某些投标人组成联合体共同投标
D. 投标人不得相互串通投标报价，损害他人合法权益
18. 下列有关投标文件编制时应遵循的规定，正确的是(　　)。
A. 投标函附录可提出比招标文件要求更能吸引招标人的承诺
B. 投标文件应按"投标文件格式"编写，不可增加附页
C. 允许投标人递交备选投标方案的，投标人所递交的备选投标方案均予以考虑
D. 投标文件的正本可有多份，副本份数按招标文件有关规定
19. 关于投标有效期的说法，正确的是(　　)。
A. 投标有效期从提交投标文件时间起开始计算
B. 投标人同意延长投标有效期的，不得修改投标文件的实质性内容
C. 投标保证金的有效期应大于投标有效期
D. 投标有效期内撤回投标文件，投标保证金应予退还
20. 一般项目投标有效期为(　　)天。
A. 60～90　　B. 90～120　　C. 50～80　　D. 60～120
21. 投标有效期期从(　　)开始计算。
A. 施工合同签订之日　　B. 发布中标通知之日
C. 工程开工之日　　D. 投标截止之日
22. 有关投标有效期的说法，不正确的是(　　)。
A. 一般项目投标有效期为 60～90 天
B. 大型项目投标有效期为 120 天左右
C. 投标有效期从发布招标文件起开始计算
D. 投标保证金的有效期应与投标有效期一致
23. 关于投标保证金的说法，正确的是(　　)。
A. 投标保证金一般不得低于项目估算价的 2%
B. 招标人在投标有效期内可挪用投标保证金
C. 投标保证金的有效期与投标有效期相同
D. 境内投标单位投标必须进行招标项目，可以现金形式提交投标保证金
24. 下列行为中，属于投标人与招标人串通投标行为的是(　　)。
A. 投标人为了争取中标而降低报价
B. 投标人之间通过竞价内定中标人，再参加投标
C. 某投标人为其他投标人陪标

D. 开标前招标人将其他投标人投标信息告知某投标人

25. 下列不属于投标人相互串通投标情形的是(　　)。

A. 投标人之间协商投标报价等投标文件的实质性内容

B. 投标人之间约定中标人

C. 投标人之间约定部分投标人放弃投标或者中标

D. 不同投标人的投标文件由同一单位或者个人编制

二、多项选择题

1. 建设项目施工招标文件可由(　　)编制，由招标人发布。

A. 工程造价管理机构　B. 招标人

C. 建设单位项目管理机构　D. 招标代理机构

E. 评标委员会

2. 下列文件和资料中，属于招标文件内容的有(　　)。

A. 投标人须知　B. 合同条款及格式

C. 投标文件　D. 施工方案

E. 评标办法

3. 投标人应当按照招标文件的要求编制投标文件。下列属于投标文件内容的有(　　)。

A. 已标价工程量清单　B. 施工组织设计

C. 拟分包项目情况表　D. 工程图纸

E. 投标保证金

4. 关于投标文件编制时应遵循的规定，以下说法正确的有(　　)。

A. 投标函附录在满足招标文件实质性要求的基础上，可提出比招标文件要求更吸引招标人的承诺

B. 投标文件必须附法定代表人签署的授权委托书

C. 当投标文件副本和正本不一致时，以正本为准

D. 投标文件改动之处应由项目经理签字确认

E. 只有中标人所递交的备选投标方案方可予以考虑

5. 投标保证金除现金外，可以是银行出具(　　)。

A. 银行保函　B. 保兑支票

C. 银行汇票　D. 现金支票

E. 存款凭证

6. 在下列(　　)情况下，投标保证金将被没收。

A. 投标人在投标有效期内撤回其投标文件

B. 投标人在投标截止日期前撤回其投标文件

C. 中标人未能在规定期限内提交履约保证金

D. 中标人未能在规定期限内签署合同协议

E. 投标人所投的标为废标

7. 根据我国现行施工招标投标管理规定，投标有效期的确定一般应考虑的因素有(　　)。

A. 投标报价需要的时间

B. 组织评标需要的时间
C. 确定中标人需要的时间
D. 签订合同需要的时间
E. 提交履约保证金需要的时间
8. 联合体参加资格预审并获通过的，下列(　　)情况下，招标人有权拒绝该投标联合体。
A. 联合体更改了一个成员，该成员虽然未经过资格预审，但其资质比替换下去的成员高
B. 在提交投标文件截止日期之后又增加一个成员，但该联合体马上通知了招标单位
C. 在投标有效期内有一个联合体成员因故退出投标
D. 联合体成员未发生变动，但某成员资质升级了
E. 在投标截止日期之前，一个资质较低的联合体成员因故退出投标
9. 关于联合体投标的说法，错误的有(　　)。
A. 联合体参加资格预审并获通过的，资格预审后联合体增减、更换成员的，其投标无效
B. 联合体各方必须指定牵头人，并应当向招标人提交由联合体成员牵头人签署的授权书
C. 联合体投标的，联合体各方必须指定牵头人，并必须以联合体牵头人的名义提交投标保证金
D. 联合体各方在同一招标项目中以自己名义单独投标或者参加其他联合体投标的，相关投标均无效
E. 联合体投标时，以联合体中牵头人名义提交的投标保证金，对联合体各成员具有约束力
10. 关于施工企业组成联合体的说法，正确的有(　　)。
A. 联合体通过资格预审后，可更换其成员
B. 联合体投标的，可以联合体中牵头人的名义提交投标保证金
C. 联合体各方均应具备承担招标工程的相应资质
D. 联合体应按成员中资质等级最高的确定资质等级
E. 相同专业施工企业组成的联合体应按资质等级较低的确定资质等级
11. 下列行为中，属于或视为投标人相互串通投标的有(　　)。
A. 不同投标人的投标文件异常一致或者投标报价呈规律性差异
B. 投标人向其他投标人学习以往承包的项目的投标技巧
C. 不同投标人的投标保证金从同一单位或者个人的账户转出
D. 招标人在开标前开启投标文件并将有关信息泄露给其他投标人
E. 属于同一集团、协会、商会等组织成员的投标人按照该组织要求协同投标

参考答案

一、单项选择题

1. B	2. C	3. B	4. C	5. D	6. C	7. D	8. B	9. C	10. D
11. B	12. B	13. D	14. D	15. A	16. B	17. C	18. A	19. B	20. A

21. D　22. C　23. C　24. D　25. D

二、多项选择题

1. BD	2. ABE	3. ABCE	4. ACE	5. ABCD
6. ACD	7. BCD	8. ABCE	9. BC	10. BCE
11. ACE				

第三节　施工合同示范文本

考纲要求

1. 了解建设工程施工合同类型及选择。

2. 熟悉建设工程施工合同（示范文本）中有关工程价款的合同条款。

考点汇总

一、建设工程施工合同的类型及选择

（一）建设工程施工合同的类型

按计价方式不同，建设工程合同可以划分为总价合同、单价合同和成本加酬金合同三大类。

1. 总价合同

总价合同是指合同当事人约定以施工图、已标价工程量清单或预算书及有关条件进行合同价格计算、调整和确认的建设工程施工合同，在约定的范围内合同总价不做调整。合同当事人应在专用合同条款中约定总价包含的风险范围和风险费用的计算方法，并约定风险范围以外的合同价格的调整方法。

2. 单价合同

单价合同是指合同当事人约定以工程量清单及其综合单价进行合同价格计算、调整和确认的建设工程施工合同，在约定的范围内合同单价不做调整。合同当事人应在专用合同条款中约定综合单价包含的风险范围和风险费用的计算方法，并约定风险范围以外的合同价格的调整方法。

3. 成本加酬金合同

成本加酬金合同是由发包人向承包人支付工程项目的实际成本，并按事先约定的某一种方式支付酬金的合同类型。

（二）建设工程施工合同类型的选择

建设单位应综合考虑以下因素来选择适合的合同类型。

1. 工程项目的复杂程度

建设规模大且技术复杂的工程项目，承包风险较大，各项费用不易准确估算，因而不宜

采用固定总价合同。最好是对有把握的部分采用固定总价合同，估算不准的部分采用单价合同或成本加酬金合同。

2. 工程项目的设计深度

如果已完成工程项目的施工图设计，施工图纸和工程量清单详细而明确，则可选择总价合同；如果实际工程量与预计工程量可能有较大出入时，应优先选择单价合同；如果只完成工程项目的初步设计，工程量清单不够明确时，则可选择单价合同或成本加酬金合同。

3. 工程施工技术的先进程度

如果在工程施工中有较大部分采用新技术、新工艺，建设单位和施工承包单位对此缺乏经验，又无国家标准时，为了避免投标单位盲目地提高承包价款，或由于对施工难度估计不足而导致承包亏损，不宜采用总价合同，而应选用成本加酬金合同。

4. 工程施工工期的紧迫程度

对于一些紧急工程（如灾后恢复工程等），要求尽快开工且工期较紧时，可能仅有实施方案，还没有施工图纸，施工承包单位不可能报出合理的价格，选择成本加酬金合同较为合适。

二、《建设工程施工合同（示范文本）》中的合同条款

为了指导建设工程施工合同当事人的签约行为，维护合同当事人的合法权益，依据《中华人民共和国合同法》《中华人民共和国建筑法》《中华人民共和国招标投标法》以及相关法律法规，住房城乡建设部、国家工商行政管理总局对《建设工程施工合同（示范文本）》(GF-2013-0201）进行了修订，制定了《建设工程施工合同（示范文本）》(GF-2017-0201)（以下简称《示范文本》）。

《示范文本》为非强制性使用文本，适用于房屋建筑工程、土木工程、线路管道和设备安装工程、装修工程等建设工程的施工承发包活动。

（一）《示范文本》的组成

《示范文本》由合同协议书、通用合同条款和专用合同条款三部分组成。

1. 合同协议书

《示范文本》合同协议书共计 13 条，集中约定了合同当事人基本的合同权利义务。

2. 通用合同条款

通用合同条款是合同当事人根据《中华人民共和国建筑法》《中华人民共和国合同法》等法律法规的规定，就工程建设的实施及相关事项，对合同当事人的权利义务做出的原则性约定。通用合同条款共计 20 条。

3. 专用合同条款

专用合同条款是对通用合同条款原则性约定的细化、完善、补充、修改或另行约定的条款。

（二）合同文件的优先顺序

组成合同的各项文件应互相解释，互为说明。除专用合同条款另有约定外，解释合同文件的优先顺序如下：

（1）合同协议书。

(2) 中标通知书（如果有）。

(3) 投标函及其附录（如果有）。

(4) 专用合同条款及其附件。

(5) 通用合同条款。

(6) 技术标准和要求。

(7) 图纸。

(8) 已标价工程量清单或预算书。

(9) 其他合同文件。

上述各项合同文件包括合同当事人就该项合同文件所做出的补充和修改，属于同一类内容的文件，应以最新签署的为准。

(三) 发包人与承包人的一般义务

(四) 承包人的项目经理

(五) 合同价格与费用

1. 签约合同价

2. 合同价格

3. 费用

费用是指为履行合同所发生的或将要发生的所有必需的开支，包括管理费和应分摊的其他费用，但不包括利润。

(六) 涉及费用的主要合同条款

1. 化石、文物

2. 交通运输

(1) 出入现场的权利。

(2) 场外交通。

(3) 场内交通。

(4) 超大件和超重件的运输。

(5) 道路和桥梁的损坏责任。

3. 知识产权

4. 工程质量

5. 安全文明施工与环境保护

安全文明施工费由发包人承担，发包人不得以任何形式扣减该部分费用。因基准日期后合同所适用的法律或政府有关规定发生变化，增加的安全文明施工费由发包人承担。

除专用合同条款另有约定外，发包人应在开工后 28 天内预付安全文明施工费总额的 50%，其余部分与进度款同期支付。

6. 工期延误

因发包人原因导致工期延误。在合同履行过程中，因下列情况导致工期延误和（或）费用增加的，由发包人承担由此延误的工期和（或）增加的费用，且发包人应支付承包人合理的利润。

(1) 发包人未能按合同约定提供图纸或所提供图纸不符合合同约定的。

（2）发包人未能按合同约定提供施工现场、施工条件、基础资料、许可、批准等开工条件的。

（3）发包人提供的测量基准点、基准线和水准点及其书面资料存在错误或疏漏的。

（4）发包人未能在计划开工日期之日起 7 天内同意下达开工通知的。

（5）发包人未能按合同约定日期支付工程预付款、进度款或竣工结算款的。

（6）监理人未按合同约定发出指示、批准等文件的。

（7）专用合同条款中约定的其他情形。

7. 不利物质条件

不利物质条件是指有经验的承包人在施工现场遇到的不可预见的自然物质条件、非自然的物质障碍和污染物，包括地表以下物质条件和水文条件以及专用合同条款约定的其他情形，但不包括气候条件。

8. 异常恶劣的气候条件

异常恶劣的气候条件是指在施工过程中遇到的，有经验的承包人在签订合同时不可预见的，对合同履行造成实质性影响的，但尚未构成不可抗力事件的恶劣气候条件。

9. 暂停施工

10. 提前竣工

11. 材料与设备

12. 试验与检验

13. 法律变化引起的价格调整

基准日期后，法律变化导致承包人在合同履行过程中所需增加的费用（不包含市场价格波动引起的费用调整），由发包人承担由此增加的费用；减少时，应从合同价格中予以扣减。基准日期后，因法律变化造成工期延误时，工期应予以顺延。

因承包人原因造成工期延误，在工期延误期间出现法律变化的，由此增加的费用和（或）延误的工期由承包人承担。

（七）验收和工程试车

（八）缺陷责任与保修

1. 工程保修的原则

在工程移交发包人后，因承包人原因产生的质量缺陷，承包人应承担质量缺陷责任和保修义务。缺陷责任期届满，承包人仍应按合同约定的工程各部位保修年限承担保修义务。

缺陷责任期从工程通过竣工验收之日起计算，合同当事人应在专用合同条款约定缺陷责任期的具体期限，但该期限最长不超过 24 个月。

2. 质量保证金

在工程项目竣工前，承包人已经提供履约担保的，发包人不得同时预留工程质量保证金。

（1）承包人提供质量保证金的方式：

1）质量保证金保函。

2）相应比例的工程款。

3）双方约定的其他方式。

（2）质量保证金的扣留方式：

1）在支付工程进度款时逐次扣留，在此情形下，质量保证金的计算基数不包括预付款的支付、扣回以及价格调整的金额。

2）工程竣工结算时一次性扣留质量保证金。

3）双方约定的其他扣留方式。

除专用合同条款另有约定外，质量保证金的扣留原则上采用上述第1）种方式。

发包人累计扣留的质量保证金不得超过工程价款结算总额的3%。如承包人在发包人签发竣工付款证书后28天内提交质量保证金保函，发包人应同时退还扣留的作为质量保证金的工程价款；保函金额不得超过工程价款结算总额的3%。

3. 修复费用

保修期内，修复的费用按照以下约定处理：

（1）保修期内，因承包人原因造成工程的缺陷、损坏，承包人应负责修复，并承担修复的费用以及因工程的缺陷、损坏造成的人身伤害和财产损失。

（2）保修期内，因发包人使用不当造成工程的缺陷、损坏，可以委托承包人修复，但发包人应承担修复的费用，并支付承包人合理利润。

（3）因其他原因造成工程的缺陷、损坏，可以委托承包人修复，发包人应承担修复的费用，并支付承包人合理的利润，因工程的缺陷、损坏造成的人身伤害和财产损失由责任方承担。

（九）违约

（十）不可抗力

不可抗力是指合同当事人在签订合同时不可预见，在合同履行过程中不可避免且不能克服的自然灾害和社会性突发事件，如地震、海啸、瘟疫、骚乱、戒严、暴动、战争和专用合同条款中约定的其他情形。

不可抗力导致的人员伤亡、财产损失、费用增加和（或）工期延误等后果，由合同当事人按以下原则承担：

（1）永久工程、已运至施工现场的材料和工程设备的损坏，以及因工程损坏造成的第三人人员伤亡和财产损失由发包人承担。

（2）承包人施工设备的损坏由承包人承担。

（3）发包人和承包人承担各自人员伤亡和财产的损失。

（4）因不可抗力影响承包人履行合同约定的义务，已经引起或将引起工期延误的，应当顺延工期，由此导致承包人停工的费用损失由发包人和承包人合理分担，停工期间必须支付的工人工资由发包人承担。

（5）因不可抗力引起或将引起工期延误，发包人要求赶工的，由此增加的赶工费用由发包人承担。

（6）承包人在停工期间按照发包人要求照管、清理和修复工程的费用由发包人承担。

（十一）争议解决

在《建设工程施工合同（示范文本）》中，争议的解决方式有和解、调解、争议评审及仲裁或诉讼四种。

习题精选

一、单项选择题

1. 对于工期长、技术复杂、实施过程中发生各种不可预见因素较多的大型土建工程，以及业主为了缩短工程建设周期初步设计完成后就进行施工招标的工程，应选择最适用的合同类型是(　　)。

A. 总价合同　　B. 成本加固定酬金合同

C. 单价合同　　D. 成本加百分比酬金合同

2. 承包商按投标时业主接受的合同价格一笔包死，在合同履行过程中，如果业主没有要求变更原定的承包内容，承包商在完成承包任务后，不论其实际成本如何，均应按合同价获得工程款的支付。这种合同计价模式属于(　　)。

A. 总价合同　　B. 成本加固定酬金合同

C. 单价合同　　D. 成本加百分比酬金合同

3. 采用总价合同时，(　　)要考虑承担合同履行过程中的主要风险。

A. 承包商　　B. 发包商　　C. 转包商　　D. 业主

4. 单价合同的工程量清单内所开列的工程量是(　　)。

A. 估计工程量　　B. 准确工程量　　C. 实际完成工程量　　D. 图纸工程量

5. 从承包人角度出发，为了尽量减少其合同风险，首先考虑采用的合同形式应该是(　　)。

A. 成本加酬金合同　　B. 总价合同　　C. 可调总价合同　　D. 单价合同

6. 适用于边设计、边施工的紧急工程或灾后修复工程的施工合同类型是(　　)。

A. 总价合同　　B. 可调总价合同　　C. 单价合同　　D. 成本加酬金合同

7. 采用成本加酬金合同时，(　　)要考虑承担合同履行过程中的主要风险。

A. 承包人　　B. 发包人　　C. 分包人　　D. 投资方

8. 以下成本加酬金施工合同类型中，对业主的造价管理最不利的合同形式是(　　)。

A. 成本加固定酬金合同　　B. 成本加固定百分比酬金合同

C. 成本加浮动酬金合同　　D. 目标成本加奖罚合同

9. 以下施工合同类型中，对业主的造价管理最有利的合同形式是(　　)。

A. 总价合同　　B. 成本加酬金合同　　C. 单价合同　　D. 任意合同

10. 在下列施工合同类型中，承包商承担的风险较大，因而其投标报价也较高的合同类型是(　　)。

A. 总价合同　　B. 成本加固定百分比酬金合同

C. 单价合同　　D. 成本加固定酬金合同

11. 如果工程施工中有较大部分采用新技术和新工艺，当业主和承包商在这方面过去都没有经验，且在国家颁布的标准、规范、定额中又没有可作为依据的标准时，为了避免投标人盲目地提高承包价款，或由于对施工难度估计不足而导致承包亏损，应首先选用(　　)。

A. 总价合同　　B. 可调总价合同

C. 单价合同　　D. 成本加酬金合同

12. 工程项目的设计深度，经常是选择施工合同类型的重要因素。对业主而言，在完成了施工图设计，施工图纸和工程量清单详细而明确，则可选择的合同类型是(　　)。

A. 总价合同　　B. 成本加固定酬金合同

C. 定额基价合同　　D. 成本加固定百分比酬金合同

13. 工程项目施工合同根据计价方式不同可划分为：①总价合同；②单价合同；③成本加酬金合同三种，以业主所承担的风险从小到大进行排序，正确的是(　　)。

A. ③—②—①　　B. ①—②—③　　C. ③—①—②　　D. ①—③—②

14.《建设工程施工合同（示范文本）》由三部分组成，下列不属于其组成内容的是(　　)。

A. 合同协议书　　B. 通用合同条款

C. 专用合同条款　　D. 技术标准和要求

15.《建设工程施工合同（示范文本）》通用合同条款规定，组成合同的各项文件应互相解释，互为说明。除专用合同条款另有约定外，下列文件解释合同文件的优先顺序靠前的是(　　)。

A. 投标函及其附录　　B. 专用合同条款

C. 已标价工程量清单　　D. 技术标准和要求

16. 关于《建设工程施工合同（示范文本）》中有关合同价格和费用的说法，不正确的是(　　)。

A. 签约合同价包括暂列金额

B. 合同价格是发包人和承包人在合同协议书中确定的总金额

C. 合同价格包括在履行合同过程中按合同约定进行的变更和调整

D. 费用是指为履行合同所发生的或将要发生的所有必需的开支，包括管理费和应分摊的其他费用，但不包括利润

17. 某施工合同履行过程中，经工程师确认质量合格后已隐蔽的工程，工程师又要求剥露重新检验。根据《建设工程施工合同（示范文本）》的规定，重新检验的结果表明质量合格，关于损失承担的说法，正确的是(　　)。

A. 发包人支付发生的全部费用，工期不予顺延

B. 发包人支付发生的全部费用，工期给予顺延

C. 承包人承担发生的全部费用，工期给予顺延

D. 承包人承担发生的全部费用，工期不予顺延

18. 某施工合同履行过程中，承包人未通知监理人到场检查，私自将工程隐蔽部位覆盖，工程师要求剥露检验。根据《建设工程施工合同（示范文本）》的规定，检验结果表明质量合格，关于损失承担的说法，正确的是(　　)。

A. 发包人支付发生的全部费用，工期不予顺延

B. 发包人支付发生的全部费用，工期给予顺延

C. 承包人承担发生的全部费用，工期给予顺延

D. 承包人承担发生的全部费用，工期不予顺延

19. 根据《建设工程施工合同（示范文本）》的规定，在合同履行过程中，因发包人未能按合同约定提供施工现场导致工期延误和费用增加的，关于损失承担的说法，正确的是(　　)。

A. 发包人承担由此延误的工期和增加的费用，且发包人应支付承包人合理的利润

B. 发包人承担由此延误的工期和增加的费用，但发包人不支付承包人利润

C. 承包人承担由此延误的工期和增加的费用

D. 承包人承担由此增加的费用，工期不予顺延

20. 根据《建设工程施工合同（示范文本)》的规定，对于法律变化引起的价格调整，下列做法错误的是(　　)。

A. 基准日期后，法律变化导致承包人在合同履行过程中所需增加的费用，由发包人承担

B. 基准日期后，因法律变化造成工期延误时，工期应予以顺延。

C. 基准日期后，法律变化导致承包人在合同履行过程中减少的费用，在合同价格中不予扣减

D. 因承包人原因造成工期延误，延误期间出现法律变化而增加的费用，由承包人承担

21. 根据《建设工程施工合同（示范文本)》的规定，具备无负荷联动试车条件，由(　　)组织试车，并在试车前 48h 以书面形式通知承包人。

A. 承包人　　B. 发包人　　C. 监理人　　D. 工程质量监督机构

22. 根据《建设工程施工合同（示范文本)》的规定，关于质量保证金的扣留的说法，正确的是(　　)。

A. 在支付的进度款中逐次扣留质量保证金时，质量保证金的计算基数不包括预付款的支付与扣回

B. 发包人累计扣留的质量保证金不得超过工程价款结算总额的 5%

C. 工程项目竣工前，承包人已经提供履约担保的，发包人可同时预留工程质量保证金。

D. 承包人提交的质量保证金保函不得超过工程价款结算总额的 5%

23. 根据《建设工程施工合同（示范文本)》的规定，关于不可抗力后果的承担的说法，正确的是(　　)。

A. 已运至施工现场的材料和工程设备的损坏，由承包人承担

B. 因工程损坏造成的第三人人员伤亡和财产损失由承包人承担

C. 承包人停工的费用损失由发包人和承包人合理分担

D. 承包人停工期间必须支付的工人工资由承包人承担

24. 以下不属于建设工程施工合同争议的解决方式的是(　　)。

A. 和解　　B. 仲裁　　C. 诉讼　　D. 解除合同

二、多项选择题

1. 按计价方式不同，建设工程施工合同可以划分为(　　)。

A. 总价合同　　B. 单价合同

C. 成本加酬金合同　　D. 工程勘察

E. 设计合同

2. 总价施工合同的适用条件一般包括(　　)。

A. 工程招标时的设计深度已达到施工图设计的深度，合同履行过程中不会出现较大的设计变更

B. 承包商依据的报价工程量与实际完成的工程量不会有较大差异

C. 工程规模较小、技术不太复杂的中小型工程或承包工作内容较为简单的工程部位

D. 工程合同期较短，双方可以不必考虑市场价格浮动可能对承包价格的影响

E. 工程合同期较长，但在合同总价的基础上，考虑了合同履行过程中市场价格浮动的条款

3. 建设工程施工合同的形式繁多、特点各异，建设单位应综合考虑以下(　　)因素选择的合同类型。

A. 工程项目的复杂程度　　B. 工程项目的设计深度

C. 工程施工技术的先进程度　　D. 工程施工工期的紧迫程度

E. 工程造价高低程度

4. 根据《建设工程施工合同（示范文本）》的规定，(　　)在合同订立及履行过程中均构成合同文件组成部分。

A. 合同协议书　　B. 技术标准与要求

C. 招标工程量清单　　D. 图纸

E. 建设工程工程量清单计价规范

5. 根据《建设工程施工合同（示范文本）》的规定，在履行合同过程中，由于(　　)原因造成工期延误和（或）增加费用的，承包人有权要求发包人延长工期和（或）增加费用，并支付合理利润。

A. 发包人未能按合同约定提供图纸的

B. 发包人未能按合同约定提供施工现场、基础资料、许可、批准等开工条件的

C. 发包人未能按合同约定日期支付工程预付款的

D. 异常恶劣的气候条件

E. 分包商质量问题返工

6. 根据《建设工程施工合同（示范文本）》的规定，关于缺陷责任与保修的说法，错误的有(　　)。

A. 合同当事人应在专用合同条款约定缺陷责任期的具体期限，但该期限最长不超过 12 个月

B. 发包人有权要求承包人延长缺陷责任期，并应在原缺陷责任期届满前发出延长通知

C. 发包人累计扣留的质量保证金不得超过工程价款结算总额的 3%

D. 发包人在退还质量保证金的同时按照中国人民银行发布的同期同类存款基准利率支付利息

E. 缺陷责任期届满，承包人仍应按合同约定的工程各部位保修年限承担保修义务

7. 根据《建设工程施工合同（示范文本）》的规定，关于不可抗力后果承担的说法，正确的有(　　)。

A. 不可抗力发生前已完成的工程应当按照合同约定进行计量支付

B. 已运至施工现场的工程设备的损坏，由承包人承担

C. 承包人在停工期间清理和修复工程的费用由发包人承担

D. 因工程损坏造成的第三人人员伤亡和财产损失由承包人承担

E. 承包人施工设备的损坏由承包人承担

8. 根据《建设工程施工合同（示范文本）》的规定，争议的解决方式包括(　　)。

A. 和解　　B. 友好解决

C. 调解　　D. 争议评审

E. 诉讼

参考答案

一、单项选择题

1. C	2. A	3. A	4. A	5. A	6. D	7. B	8. B	9. A	10. A
11. D	12. A	13. B	14. D	15. A	16. B	17. B	18. D	19. A	20. C
21. B	22. A	23. C	24. D						

二、多项选择题

1. ABC	2. ABCD	3. ABCD	4. ABD	5. ABC
6. AD	7. ACE	8. ACDE		

第四节　招标工程量清单编制

考纲要求

1. 了解招标工程量清单编制依据及准备工作。
2. 掌握招标工程量清单的编制内容及方法。

考点汇总

招标工程量清单是招标人依据国家标准、招标文件、设计文件以及施工现场实际情况编制的，随招标文件发布供投标报价的工程量清单，包括对其的说明和表格。招标阶段，由招标人或其委托的工程造价咨询人根据工程项目设计文件，编制出招标工程项目的工程量清单，并将其作为招标文件的组成部分。招标人对工程量清单中各分部分项工程或适合以分部分项工程项目清单设置的措施项目的工程量的准确性和完整性负责；而作为合同文件组成部分的投标文件中已标明价格并经承包人确认的工程量清单称为已标价工程量清单。

一、工程量清单计价的适用范围

工程量清单计价规范适用于建设工程发承包及其实施阶段的计价活动。使用国有资金投资的建设工程发承包，必须采用工程量清单计价；非国有资金投资的建设工程，宜采用工程量清单计价；不采用工程量清单计价的建设工程，应执行计价规范中除工程量清单等专门性规定外的其他规定。

二、招标工程量清单的编制内容

（一）分部分项工程项目清单编制

分部分项工程项目清单必须载明项目编码、项目名称、项目特征、计量单位和工程量，由招标人负责其内容填列。

1. 项目编码

分部分项工程量清单项目编码以五级编码设置，用十二位阿拉伯数字表示，同一招标工程的项目编码不得有重码。

各级编码代表的含义如下：

（1）第一级表示专业工程代码（分二位）。

（2）第二级表示附录分类顺序码（分二位）。

（3）第三级表示分部工程顺序码（分二位）。

（4）第四级表示分项工程项目名称顺序码（分三位）。

（5）第五级表示工程量清单项目名称顺序码（分三位）。

2. 项目名称

分部分项工程量清单的项目名称应按各专业工程计算规范附录的项目名称结合拟建工程的实际确定。即在编制分部分项工程量清单时，以附录中的分项工程项目名称为基础，考虑该项目的规格、型号、材质等特征要求，结合拟建工程的实际情况，使其工程量清单项目名称具体化、细化，以反映影响工程造价的主要因素。

3. 项目特征

项目特征是构成分部分项工程项目、措施项目自身价值的本质特征。分部分项工程量清单项目特征的描述应按各专业工程计算规范附录中规定的项目特征内容，结合技术规范、标准图集、施工图纸，按照工程结构、使用材质及规格或安装位置等，予以准确和全面的表述和说明。

4. 计量单位

当计量单位有两个或两个以上时，应根据所编工程量清单项目的特征要求，选择最适宜表现该项目特征并方便计量的一个单位。在一个建设项目（或标段、合同段）中，有多个单位工程的相同项目计量单位必须保持一致。

计量单位的有效位数应遵守下列规定：

（1）以“t”为单位，应保留小数点后三位数字，第四位小数四舍五入。

（2）以“m^3”“m^2”“m”“kg”为单位，应保留小数点后两位数字，第三位小数四舍五入。

（3）以“个”“件”“组”“系统”等为单位，应取整数。

5. 工程量计算

工程量计算指建设工程项目以工程设计图纸、施工组织设计或施工方案及有关技术经济文件为依据，按照工程量计算规范的计算规则、计量单位等规定，进行工程数量的计算活动。对补充项目的工程量计算则必须符合下述原则：一是其计算规则要具有可计算性，二是计算结果要具有唯一性。

（二）措施项目清单编制

1. 措施项目列项

措施项目是指为完成工程项目施工，发生于该工程施工准备和施工过程中的技术、生活、安全、环境保护等方面的项目。

2. 措施项目清单的标准格式

可以计算工程量的措施项目（即单价措施项目），如脚手架工程，混凝土模板及支架

(撑)，垂直运输、超高施工增加，大型机械设备进出场及安拆，施工排水、降水等，这类措施项目用分部分项工程量清单的方式采用综合单价编制，编制工程量清单时，必须列出项目编码、项目名称、项目特征、计量单位和工程量。

不可以计算工程量的措施项目（即总价措施项目），如安全文明施工、夜间施工、非夜间施工照明、二次搬运、冬雨季施工、地上地下设施及建筑物的临时保护设施、已完工程及设备保护等项目。应根据工程实际情况计算措施项目费用，需分摊的应合理计算摊销费用。在编制工程量清单时，必须按计算规范规定的项目编码、项目名称确定清单项目，不必描述项目特征和确定计量单位。

3. 措施项目清单的编制

（三）其他项目清单

其他项目清单是指分部分项工程量清单、措施项目清单所包含的内容以外，因招标人的特殊要求而发生的与拟建工程有关的其他费用项目和相应数量的清单。工程建设标准的高低、工程的复杂程度、施工工期的长短、工程的组成内容、发包人对工程管理要求等都直接影响其他项目清单的具体内容。其他项目清单包括暂列金额；暂估价（包括材料暂估单价、工程设备暂估单价、专业工程暂估价）；计日工；总承包服务费。

其他项目清单计价汇总表有 4 种格式，包括招标工程量清单、招标控制价、投标报价、竣工结算。

（四）规费、税金项目清单

规费项目清单应按照下列内容列项：社会保险费，包括养老保险费、失业保险费、医疗保险费、工伤保险费、生育保险费；住房公积金；工程排污费；出现计价规范中未列的项目，应根据省级政府或省级有关权力部门的规定列项。

税金项目清单中的税金是指按照国家税法规定的应计入建筑安装工程造价内的销项税额。

习题精选

一、单项选择题

1. 招标工程量清单应由(　　)编制。

A. 具有编制招标文件能力的招标人　　B. 具有编制招标文件能力的投标人

C. 招投标管理办公室　　D. 具有编制能力的招标人和投标人

2. 使用国有资金投资的建设工程发承包，(　　)采用工程量清单计价。

A. 宜　　B. 必须　　C. 可以　　D. 不得

3. 某拟建工程工程量清单项目编码编制正确的是(　　)。

A. 010401004001　　B. 010401004

C. 010401004-001　　D. 100401004001

4. 分部分项工程量清单的项目编码前(　　)位是统一编码。

A. 6　　B. 10　　C. 9　　D. 12

5. 不属于招标工程量清单编制依据的是(　　)。

A. 建设工程设计文件　　B. 专业工程量计算规范

C. 企业定额　　D. 拟定的招标文件

6. 分部分项工程量清单项目编码以五级编码设置，用(　　)阿拉伯数字表示。

A. 九位　　B. 六位　　C. 十二位　　D. 十位

7. 招标工程量清单的二级编码是(　　)。

A. 专业工程代码　　B. 分部工程顺序码

C. 附录分类顺序码　　D. 分项工程项目名称顺序码

8. 根据《建设工程工程量清单计价规范》(GB 50500—2013)的规定，分部分项工程清单的项目编码第三级表示为(　　)。

A. 专业工程代码　　B. 分部工程顺序码

C. 分项工程项目名称顺序码　　D. 工程量清单项目名称顺序码

9. 国有资金投资的工程建设项目包括(　　)。

A. 使用国家发行债券所筹资金的项目

B. 国家授权投资主体融资的项目

C. 国家特许的融资项目

D. 使用国有企事业单位自有资金，并且国有资产投资者实际拥有控制权的项目

10. 根据《建设工程工程量清单计价规范》(GB 50500—2013)的规定，在分部分项工程量清单项目特征描述中，混凝土强度等级 C20 属于(　　)。

A. 必须描述的内容　　B. 可不详细描述的内容

C. 简要描述的内容　　D. 不必描述的内容

11. 根据《建设工程工程量清单计价规范》(GB 50500—2013)的规定，在分部分项工程量清单项目的特征描述中，若墙体类型是清水砖墙，则该种描述涉及(　　)。

A. 材质要求　　B. 结构要求

C. 施工难易程度　　D. 正确计量计价

12. 措施项目是指为完成工程项目施工，(　　)的技术、生活、安全、环境保护等方面的项目。

A. 发生于该工程项目施工前

B. 发生于该工程项目竣工验收后

C. 发生于该工程项目施工准备和施工过程中

D. 发生于该工程项目施工过程中

13. 关于总价措施项目特征的说法，不正确的是(　　)。

A. 该项目费用的发生与使用时间相关

B. 该项目费用的发生仅与一个工序相关

C. 该项目费用的发生与施工方法相关

D. 该项费用的发生与实际完成的工程量大小关系不大

14. 按照《建设工程工程量清单计价规范》(GB 50500—2013)的规定，工程量清单(　　)。

A. 必须由招标人委托具有相应资质的中介机构进行编制

B. 应作为招标文件的组成部分。

C. 应采用工料单价计价

D. 由总说明和分部分项工程清单两部分组成

15. 下列措施项目中，应编制“总价措施项目清单与计价表”的是(　　)。

A. 脚手架工程　　B. 超高施工增加

C. 冬雨季施工　　D. 大型机械设备进出场及安拆

16. 编制招标工程量清单时，关于其他项目清单编制的说法，不正确的是(　　)。

A. 暂列金额由投标人支配使用，属承包人所有

B. 纳入分部分项工程量项目综合单价中的暂估价，仅包括材料、工程设备暂估价

C. 编制计日工表格时，由招标人给出暂定数量

D. 承包人对招标人自行采购的材料进行收、发及保管时所发生的费用，可计入总承包服务费

17. 下列不属于工程量清单总说明内容的是(　　)。

A. 工程招标范围　　B. 工程分包范围

C. 工程量清单编制依据　　D. 常规施工组织设计

二、多项选择题

1. 关于招标工程量清单的说法，不正确的有(　　)。

A. 编制招标工程量清单，应充分体现“量价分离”的“风险分担”原则

B. 投标人对招标工程量清单中各分部分项工程工程量的准确性和完整性负责

C. 已标价工程量清单属于招标文件的组成部分

D. 编制招标工程量清单时，需拟定常规施工组织设计

E. 编制招标工程清单时，不需要进行现场踏勘

2. 关于招标工程量清单的说法，正确的有(　　)。

A. 在工程招标时，招标工程量清单是招标文件的组成部分

B. 招标工程量清单应由具有编制投标文件能力的投标人编制

C. 在签订建筑工程施工合同时，招标工程量清单是建筑工程施工合同组成必要内容之一

D. 工程量清单可由受招标人委托且具有相应资质的中介机构进行编制

E. 计日工表应根据拟建工程的具体情况列出项目，工程数量可按暂估数量给出

3. 根据《建设工程工程量清单计价规范》(GB 50500—2013) 的规定，招标工程量清单的组成内容有(　　)。

A. 工程量清单总说明　　B. 总价措施项目清单与计价表

C. 其他项目清单与计价表　　D. 设备价格表

E. 主要材料价格表

4. 招标人在编制分部分项工程量清单时，必须根据各专业工程计算规范规定的(　　)进行编制。

A. 项目序号　　B. 项目特征

C. 计量单位　　D. 工程量

E. 项目编码

5. 在招标工程量清单编制中，关于分部分项工程项目清单编制的说法，正确的有(　　)。

A. 同一招标工程的项目编码不得有重码

B. 项目名称必须按专业工程量计算规范附录的项目名称确定

C. 分部分项工程量清单项目编码以四级编码设置，用十二位阿拉伯数字表示

D. 项目特征可采用标准图集号或施工图纸图号的方式进行描述

E. 在一个建设项目中，有多个单位工程的相同项目计量单位必须保持一致

6. 在招标工程量清单编制中，分部分项工程量清单项目特征必须描述的包括(　　)。

A. 涉及施工方案的　　B. 涉及结构要求的

C. 涉及当地材料价格的　　D. 涉及材质要求的

E. 涉及施工难易程度的

7. 关于暂列金额的说法，正确的有(　　)。

A. 暂列金额是招标人在工程量清单中暂定并包括在合同价款中的一笔款项

B. 设立暂列金额可以保证合同结算价格不再出现超过合同价格的情况

C. 暂列金额包括在签约合同之内，但并不直接属承包人所有，而是由发包人暂定并掌握使用

D. 暂列金额可用于由发包人用于在施工合同签订时尚未确定或者不可预见的相关费用

E. 暂列金额可用于由发包人用于在施工过程中合同价款调整、索赔、现场签证等费用

8. 关于暂估价的说法，正确的有(　　)。

A. 用于支付必然发生但暂时不能确定价格的材料、工程设备的单价以及专业工程的金额

B. 专业工程的暂估价一般应是综合暂估价

C. 材料暂估价应根据工程造价信息或参照市场价格估算

D. 工程设备暂估价应根据分部分项工程费估算

E. 专业工程暂估价应按专业划分，给出工程范围及包括内容，按有关计价规定估算

9. 下列属于招标工程量清单中措施项目清单内容的有(　　)。

A. 临时设施费　　B. 预留金

C. 混凝土的模板及支撑费　　D. 安全文明施工费

E. 材料二次搬运费

10. 根据《建设工程工程量清单计价规范》(GB 50500—2013) 的规定，其他项目清单计价汇总表的格式有(　　)。

A. 招标工程量清单　　B. 按月结算工程量清单

C. 招标控制价　　D. 投标报价

E. 竣工结算

11. 根据《建设工程工程量清单计价规范》(GB 50500—2013) 的规定，在确定暂列金额时应根据(　　)以及工程实际情况合理确定。

A. 施工图纸的深度　　B. 常规施工组织设计

C. 暂估价设定的水平　　D. 合同价款约定调整的因素

E. 行业建设主管部门颁发的计价定额

12. 招标工程量清单的编制依据有(　　)。

A. 相关价格信息　　B.《建设工程工程量清单计价规范》

C. 常规施工方案　　D. 招标文件

E. 工程造价管理发布的工程造信息
13. 招标工程量清单中其他项目清单包括(　　)。
A. 暂列金额　　B. 暂估价
C. 计日工　　D. 总承包服务费
E. 安全文明施工费
14. 招标工程量清单中计日工应列出(　　)。
A. 计量单位　　B. 项目名称
C. 项目特征　　D. 工程量计算规则
E. 暂估数量

参考答案

一、单项选择题

1. A　2. B　3. A　4. C　5. C　6. C　7. C　8. B　9. D　10. A
11. C　12. C　13. B　14. B　15. C　16. A　17. D

二、多项选择题

1. BCE　2. ADE　3. ABC　4. BCE　5. ADE
6. BDE　7. ACDE　8. ABCE　9. ACDE　10. ACDE
11. ACD　12. BCD　13. ABCD　14. ABE

第五节　招标控制价编制

考纲要求

1. 熟悉招标控制价的编制规定与依据。
2. 掌握招标控制价的编制方法。

考点汇总

一、招标控制价的编制规定和依据

招标控制价是招标人根据国家或省级、行业建设主管部门颁发的有关计价依据和办法，以及拟订的招标文件和招标工程量清单，结合工程具体情况编制的招标工程的最高投标限价。

1. 招标控制价与标底的关系
2. 编制招标控制价的规定

(1) 国有资金投资的工程建设项目应实行工程量清单招标，招标人应编制招标控制价，并应当拒绝高于招标控制价的投标报价。

（2）工程造价咨询人不得同时接受招标人和投标人对同一工程的招标控制价和投标报价的编制。

（3）招标控制价应在招标文件中公布，对所编制的招标控制价不得进行上浮或下调。招标人应当招标时公布招标控制价的总价，以及各单位工程的分部分项工程费、措施项目费、其他项目费、规费和税金。

（4）招标控制价超过批准的概算时，招标人应将其报原概算审批部门审核。

（5）投标人经复核认为招标人公布的招标控制价未按规定进行编制的，应在招标控制价公布后5天内向招标投标监督机构和工程造价管理机构投诉。当招标控制价复查结论与原公布的招标控制价误差大于±3%时，应责成招标人改正。当重新公布招标控制价时，若重新公布之日起至原投标截止时间不足15天的，应延长投标文件的截止时间期。

（6）招标人应将招标控制价及有关资料报送工程所在地或有该工程管辖权的行业管理部门工程造价管理机构备查。

3. 招标控制价的编制依据

二、招标控制价的编制内容

1. 招标控制价计价程序

2. 综合单价的确定

综合单价应按照招标人发布的分部分项工程项目清单的项目名称、工程量、项目特征描述，依据工程所在地区颁发的计价定额和人工、材料、机具台班价格信息等进行组价确定，未计价材料费（包括暂估单价的材料费）应计入综合单价。

为使招标控制价与投标报价所包含的内容一致，综合单价中应包括招标文件中要求投标人所承担的风险内容及其范围（幅度）产生的风险费用。

3. 措施项目费的编制

措施项目费中的安全文明施工费应当按照国家或省级、行业建设主管部门的规定标准计价，该部分不得作为竞争性费用。

4. 其他项目费的编制

（1）暂列金额：暂列金额由招标人根据工程特点、工期长短、工程环境条件（包括地质、水文、气候条件等），按有关计价规定进行估算，一般可以分部分项工程费的10%～15%为参考。

（2）暂估价：暂估价中的材料单价应按照工程造价管理机构发布的工程造价信息中的材料单价计算，工程造价信息未发布的材料单价，其单价参考市场价格估算；暂估价中的专业工程暂估价应分不同专业，按有关计价规定估算。

（3）计日工：在编制招标控制价时，对计日工中的人工单价和施工机械台班单价应按省级、行业建设主管部门或其授权的工程造价管理机构公布的单价计算；材料应按工程造价管理机构发布的工程造价信息中的材料单价计算，工程造价信息未发布单价的材料，其价格应按市场调查确定的单价计算。

（4）总承包服务费：总承包服务费应按照省级或行业建设主管部门的规定计算，在计算时可参考以下标准。

1）招标人仅要求对分包的专业工程进行总承包管理和协调时，按分包的专业工程估算造价的1.5%计算。

2）招标人要求对分包的专业工程进行总承包管理和协调，并同时要求提供配合服务时，根据招标文件中列出的配合服务内容和提出的要求，按分包的专业工程估算造价的3%～5%计算。

3）招标人自行供应材料的，按招标人供应材料价值的1%计算。

习题精选

一、单项选择题

1. 招标控制价是指由业主对招标工程进行工程造价控制的一个(　　)。

A. 实际价格　　B. 最高价格　　C. 预期价格　　D. 合理价格

2. 招标控制价与招标工程量清单不一致的是(　　)。

A. 项目编码　　B. 项目特征　　C. 工程量　　D. 综合单价

3. 关于设标底招标的利弊分析，准确的是(　　)。

A. 容易出现围标串标现象，各投标人哄抬价格，给招标人带来投资失控的风险

B. 易发生暗箱操作的现象，失去招标的公平公正性，容易诱发违法违规行为

C. 评标时，招标人对投标人的报价没有参考依据和评判基准

D. 产生先低价中标，后高额索赔等不良后果

4. 关于无标底招标的利弊分析，准确的是(　　)。

A. 容易出现围标串标现象，各投标人哄抬价格，给招标人带来投资失控的风险

B. 易发生暗箱操作的现象，失去招标的公平公正性，容易诱发违法违规行为

C. 可有效控制投资，防止恶性哄抬报价带来的投资风险

D. 不会出现投标人串标围标情况

5. 关于招标控制价招标的利弊分析，不准确的是(　　)。

A. 可使各投标人自主报价、公平竞争，符合市场规律，投标人自主报价，不受标底的左右

B. 提高了透明度，避免了暗箱操作等违法活动的产生

C. 可有效控制投资，防止恶性哄抬报价带来的投资风险

D. 既设置了控制上限，又控制了下限，减少了业主依赖评标基准价的影响

6. 关于编制招标控制价招标的规定的说法，不正确的是(　　)。

A. 工程造价咨询人不得同时接受招标人和投标人对同一工程的招标控制价和投标报价的编制

B. 招标控制价应在招标文件中公布，对所编制的招标控制价不得进行上浮或下调

C. 招标控制价超过批准的概算时，招标人应将其报原概算审批部门审核

D. 当招标控制价复查结论与原公布的招标控制价误差大于±5%时，应责成招标人改正

7. 下列不属于招标控制价编制依据的是(　　)。

A. 《建设工程工程量清单计价规范》(GB 50500—2013)

B. 拟定的招标文件及招标工程量清单

C. 工程造价管理机构发布的工程造价信息

D. 投标单位企业定额

8. 关于招标控制价编制要求的说法，不正确的是（　　）。

A. 综合单价中应包括招标文件中要求投标人所承担的风险内容及其范围（幅度）产生的风险费用

B. 措施项目费中的安全文明施工费不得作为竞争性费用

C 措施项目中可以计算工程量的项目清单采用分部分项工程量清单的方式编制，列出项目编码、项目名称、项目特征、计量单位，计算工程量并编制综合单价

D. 招标控制价暂列金额不能估算

9. 关于招标控制价中分部分项工程项目综合单价的确定的说法，正确的是（　　）。

A. 暂估单价的材料费不计入综合单价

B. 未计价材料费应计入综合单价

C. 人工单价的风险费用应纳入综合单价

D. 综合单价中应该包括招标文件中要求招标人所承担的风险内容及其范围产生的风险费用

10. 分部分项工程量清单计价的实质是（　　）问题。

A. 确定清单编码　　B. 综合单价的组价

C. 确定计量单位　　D. 确定规费费率

11. 招标控制价中分部分项工程量清单报价中的综合单价不包括（　　）。

A. 人工费　　B. 材料费　　C. 管理费　　D. 规费

12. 招标控制价编制人可以根据具体的施工方案或施工组织设计确定措施项目，认为不发生者费用可以记为（　　）。

A. 平均数　　B. 零　　C. 实际数　　D. 就高不就低

13. 编制招标控制价时，关于总承包服务费计算的说法，正确的是（　　）。

A. 招标人仅要求对分包的专业工程进行总承包管理和协调时，按估算工程造价的1.5%计算

B. 招标人自行供应材料的，按招标人供应材料价值的1%计算

C. 招标人要求对分包的专业工程提供配合服务时，按分包的专业工程估算造价的3%～5%计算

D. 招标人要求对施工现场进行统一管理及竣工资料进行统一汇总整理时，按估算工程造价的1%计算

二、多项选择题

1. 关于招标控制价编制要求的说法，正确的有（　　）。

A. 暂列金额可根据工程的复杂程度、设计深度、工程环境条件进行估算

B. 暂估价中的材料单价应按照工程造价管理机构发布的工程造价信息中的材料单价计算

C. 暂估价中的专业工程暂估价应分不同专业，按有关计价规定估算

D. 在编制招标控制价时，对计日工中的人工单价和施工机械台班单价应按省级、行业建设主管部门或其授权的工程造价管理机构公布的单价计算

E. 税金的计算基数为（分部分项工程量清单费＋措施项目清单费＋其他项目清单费）

2. 关于招标控制价编制综合单价风险的确定原则的说法，正确的有（　　）。

A. 对于技术难度较大和管理复杂的项目，可考虑一定的风险费用，并纳入综合单价中

B. 对于工程设备价格的市场风险，应依据招标文件的规定，工程所在地或行业工程造价管理机构的有关规定，以及市场价格趋势考虑一定率值的风险费用，纳入综合单价中

C 对于工程材料价格的市场风险，应依据招标文件的规定，工程所在地或行业工程造价管理机构的有关规定，以及市场价格趋势考虑一定率值的风险费用，纳入综合单价中

D. 税金、规费等法律、法规、规章和政策变化的风险应纳入综合单价

E. 人工单价等风险费用应纳入综合单价

3. 按照工程量清单报价的方法编制招标控制价时，措施项目的组价方法一般有(　　)。

A. 用估算方法的组价　　B. 用费率形式的组价

C. 用定额单价方法的组价　　D. 用综合单价形式的组价

E. 用概算指标方法的组价

参考答案

一、单项选择题

1. B　2. D　3. B　4. A　5. D　6. D　7. D　8. D　9. B　10. B

11. D　12. B　13. B

二、多项选择题

1. ABCD　2. ABC　3. BD

第六节　投标报价编制

考纲要求

1. 了解投标报价前期工作内容。
2. 熟悉投标报价的编制原则与依据。
3. 掌握工程投标报价的编制方法

考点汇总

一、投标报价前期工作

(一) 研究招标文件

1. 投标人须知

2. 合同分析

(1) 合同背景分析。

（2）合同形式分析。
（3）合同条款分析。
（4）技术标准和要求分析。
（5）图纸分析。

（二）调查工程现场

1. 自然条件调查
2. 施工条件调查
3. 其他条件调查

二、询价与工程量复核

（一）询价

1. 询价的渠道
2. 生产要素询价
（1）材料询价。
（2）施工机具询价。
（3）劳务询价。
3. 分包询价

（二）复核工程量

三、投标报价的编制原则和依据

（一）投标报价的编制原则

（1）投标报价由投标人自主确定，由投标人或受其委托、具有相应资质的工程造价咨询人员编制。

（2）投标人的投标报价不得低于工程成本。

（3）投标报价要以招标文件中设定的发承包双方责任划分，作为考虑投标报价费用项目和费用计算的基础。

（4）以施工方案、技术措施等作为投标报价计算的基本条件；以反映企业技术和管理水平的企业定额作为计算人工、材料和机具台班消耗量的基本依据。

（二）投标报价的编制依据

四、投标报价的编制方法和内容

（一）分部分项工程和单价措施项目清单与计价表的编制

1. 确定综合单价时的注意事项

（1）以项目特征描述为依据。在招标投标过程中，当出现招标工程量清单特征描述与设计图纸不符时，投标人应以招标工程量清单的项目特征描述为准，确定投标报价的综合单价。当施工中施工图纸或设计变更与招标工程量清单项目特征描述不一致时，发承包双方应按实际施工的项目特征，依据合同约定重新确定综合单价。

（2）材料、工程设备暂估价的处理。

（3）考虑合理的风险。

1）对于主要由市场价格波动导致的价格风险，发承包双方应当在招标文件中或在合同中对此类风险的范围和幅度予以明确约定，进行合理分摊。

2）对于法律、法规、规章或有关政策出台导致工程税金、规费、人工费发生变化，承包人不应承担此类风险，应按照有关调整规定执行。

3）对于承包人根据自身技术水平、管理、经营状况能够自主控制的风险，由承包人全部承担。

2. 综合单价确定的步骤和方法

（1）确定计算基础。

（2）分析每一清单项目的工程内容。

（3）计算工程内容的工程数量与清单单位的含量。

（4）分部分项工程人工、材料、机械费用的计算。

（5）计算综合单价。

3. 工程量清单综合单价分析表的编制

（二）总价措施项目清单与计价表的编制

投标人对措施项目中的总价项目投标报价应遵循以下原则：

（1）措施项目的内容应依据招标人提供的措施项目清单和投标人投标时拟定的施工组织设计或施工方案。

（2）措施项目费由投标人自主确定，但其中安全文明施工费必须按照国家或省级、行业建设主管部门的规定计价，不得作为竞争性费用。

（三）其他项目清单与计价表的编制

其他项目费主要由暂列金额、暂估价、计日工以及总承包服务费组成。

投标人对其他项目费投标报价时应遵循以下原则：

（1）暂列金额应按照招标人提供的其他项目清单中列出的金额填写，不得变动。

（2）暂估价不得变动和更改。

（3）计日工应按照其他项目清单列出的项目和估算的数量，自主确定各项综合单价并计算费用。

（4）总承包服务费应根据招标人在招标文件中列出的分包专业工程内容和供应材料、设备情况，按照招标人提出的协调、配合与服务要求和施工现场管理需要自主确定。

（四）规费、税金项目计价表的编制

规费和税金应按国家或省级、行业建设主管部门的规定计算，不得作为竞争性费用。

（五）投标价的汇总

投标人的投标总价应当与组成工程量清单的分部分项工程费、措施项目费、其他项目费和规费、税金的合计金额相一致，即投标人在进行工程量清单招标的投标报价时，不能进行投标总价优惠（或降价、让利），投标人对投标报价的任何优惠（或降价、让利）均应反映在相应清单项目的综合单价中。

习题精选

一、单项选择题

1. 承包商在获得招标文件后和确定投标报价前，按照建设工程施工投标程序依次完成的工作是(　　)。

A. 工程现场调查→招标文件研究→制定施工方案→复核工程量

B. 招标文件研究→工程现场调查→复核工程量→制定施工方案

C. 复核工程量→招标文件研究→工程现场调查→制定施工方案

D. 招标文件研究→工程现场调查→制定施工方案→复核工程量

2. 在建设工程施工投标程序中，招标文件研究后和复核工程量前需要完成的工作是(　　)。

A. 工程现场调查　　B. 计算投标报价　　C. 研究投标策略　　D. 制定施工方案

3. 在建设工程施工投标程序中，复核工程量后和确定投标报价前需要完成的工作是(　　)。

A. 工程现场调查　　B. 招标文件研究　　C. 投标答疑会　　D. 制定施工方案

4. 投标人在投标报价中填写的工程数量与招标工程量清单中的工程量(　　)。

A. 如果投标人复核后有偏差，则可以不一致

B. 必须一致

C. 不管是否复核，都可以不一致

D. 经造价工程师核实有偏差，可以不一致

5. 关于投标报价编制原则的说法，不正确的是(　　)。

A. 投标报价由投标人自主确定，但必须执行工程量清单计价规范和各专业工程量清单计算规范的强制性规定

B. 投标价应由投标人或受其委托、具有相应资质的工程造价咨询人员单位咨询人编制

C. 投标报价不得低于工程成本

D. 投标报价必须高于招标人设定的招标控制价

6. 在工程量清单计价模式下，单位工程费汇总表不包括的项目是(　　)。

A. 措施项目清单计价合计　　B. 直接费清单计价合计

C. 其他项目清单计价合计　　D. 规费与税金

7. 某分部分项工程和单价措施项目清单，定额的工程量为 600m^3，清单的工程量是 500m^3，则该清单子目的清单单位含量是(　　)。

A. 0.80　　B. 0.83　　C. 1.00　　D. 1.20

8. 在招标投标过程中，当出现招标工程量清单特征描述与设计图纸不符时，投标人应(　　)。

A. 以设计图纸的项目特征确定投标报价的综合单价

B. 以招标工程量清单的项目特征确定投标报价的综合单价

C. 与招标人协商后确定的项目特征确定投标报价的综合单价

D. 以实际施工的项目特征确定投标报价的综合单价

9. 当施工中施工图纸或设计变更与招标工程量清单项目特征描述不一致时，发承包双方应(   )。

A. 以设计图纸的项目特征确定综合单价

B. 以招标工程量清单的项目特征确定综合单价

C. 与招标人协商后确定的项目特征确定综合单价

D. 以实际施工的项目特征确定综合单价

10. 关于发承包双方对工程施工阶段的风险分摊的做法，不正确的是(   )。

A. 承包人承担5%以内的材料、工程设备价格风险

B. 承包人不承担法律、法规、规章或有关政策出台导致的风险

C. 承包人一般承担其能够自主控制的风险

D. 承包人确定综合单价时，应考虑工程施工阶段招标人应承担的风险

11. 在建设工程工程量清单计价模式中，分部分项工程量清单项目的综合单价由(   )自主报价，并为此承担风险。

A. 招标人　　B. 投标人　　C. 业主　　D. 监理单位

12. 投标人在措施项目费计算时，可根据施工组织设计采取的具体措施，在招标人提供的措施项目清单基础上增减措施项目。一般对(   )的措施不进行报价。

A. 措施项目清单中列出而实际采用

B. 措施项目清单中未列出而实际采用

C. 措施项目清单中不确定

D. 措施项目清单中列出而实际未采用

13. 投标人对其他项目费投标报价时，下列做法正确的是(   )。

A. 暂列金额应按照招标人提供的金额填写，不得变动

B. 材料、工程设备暂估价按工程造价信息提供的价格计入相应清单项目的综合单价

C. 计日工应按照投标人列出的项目和估算的数量，自主确定投标价格

D. 总承包服务费应根据投标人拟进行分包工程的情况自主确定报价

14. 在工程量清单计价模式下，关于投标人编制其他项目费报价的说法，正确的是(   )。

A. 暂列金额应由投标人根据实际情况自主确定

B. 材料暂估价应由投标人根据实际情况自主确定

C. 专业工程暂估价应由投标人根据施工组织设计或施工方案自主确定

D. 总承包服务费应由投标人根据招标文件中列出的内容和提出的要求自主确定

二、多项选择题

1. 投标报价前，投标人进行合同形式分析时，主要分析的承包方式包括(   )。

A. 分项承包　　B. 施工承包

C. 成本加酬金方式　　D. 管理承包

E. 单价方式

2. 投标报价前，投标人进行的合同分析中，合同条款分析包括(   )。

A. 承包商的任务、工作范围和责任　　B. 图纸分析

C. 技术标准和要求　　D. 付款方式、时间

E. 业主责任

3. 投标人在进行劳务询价时，若选择成建制的劳务公司进行询价，其特点有(　　)。

A. 素质较可靠，工效较高　　B. 素质达不到要求或工效降低

C. 承包商的管理工作较轻　　D. 一般费用较高

E. 劳务价格低廉

4. 投标人在进行劳务询价时，若选择劳务市场招募零散劳动力进行询价，其特点有(　　)。

A. 素质较可靠，工效较高　　B. 素质达不到要求或工效降低

C. 承包商的管理工作较轻　　D. 一般费用较高

E. 劳务价格低廉

5. 投标人在确定分部分项工程项目综合单价时，应(　　)。

A. 以招标工程量清单项目特征描述为依据

B. 以设计图纸描述的项目特征为依据

C. 以实际施工的项目特征为依据

D. 考虑招标文件中要求投标人承担的风险费用

E. 根据企业的实际消耗量水平，自主报价

6. 关于编制工程量清单其他项目费报价的做法，正确的有(　　)。

A. 暂列金额按招标人在其他项目清单中列出的金额填写

B. 材料暂估价由投标人根据实际情况自主确定

C. 专业工程暂估价由投标人根据施工组织设计或施工方案自主确定

D. 总承包服务费由投标人根据招标文件中列出的内容和提出的要求自主确定

E. 计日工按招标人在其他项目清单中列出的项目和数量，由投标人自主确定综合单价并计算计日工费用

参考答案

一、单项选择题

1. B　2. A　3. D　4. B　5. D　6. B　7. D　8. B　9. D　10. D
11. B　12. D　13. A　14. D

二、多项选择题

1. ABD　2. ADE　3. ACD　4. BE　5. ADE
6. ACE

第七章　工程施工和竣工阶段造价管理

第一节　工程施工成本管理

考纲要求

了解工程施工成本管理内容、控制理论与方法。

考点汇总

一、工程施工成本管理流程

工程施工成本管理流程图。

二、工程施工成本管理的内容和方法

(1) 成本预测：项目成本预测是项目成本计划的依据。

(2) 成本计划：成本计划是目标成本的一种表达形式，是建立项目成本管理责任制、开展成本控制和核算的基础，是进行成本费用控制的主要依据。

(3) 成本控制：成本控制应贯穿于项目建设的各个阶段，是项目成本管理的核心内容，也是项目成本管理中不确定因素最多、最复杂、最基础的管理内容。项目成本控制包括计划预控、过程控制和纠偏控制三个环节。

(4) 成本核算：项目成本核算所提供的各种信息，是成本预测、成本计划、成本控制和成本考核等的依据。

(5) 成本分析：成本分析为成本考核提供依据，也为未来的成本预测与成本计划编制指明方向。项目成本分析的基本方法包括：比较法、因素分析法、差额计算法、比率法等。

(6) 成本考核：成本考核是实现成本目标责任制的保证和手段。

综上所述，项目成本管理中的每一个环节都是相互联系和相互作用的。成本预测是成本计划的编制基础，成本计划是开展成本控制和核算的基础；成本控制能对成本计划的实施进行监督，保证成本计划的实现，而成本核算又是成本计划是否实现的最后检查，它所提供的成本信息又是成本预测、成本计划、成本控制和成本考核等的依据；成本分析为成本考核提供依据，也为未来的成本预测与编制成本计划指明方向；成本考核是实现成本目标责任制的保证和手段。

习题精选

一、单项选择题

1. 成本预测的方法可分为定性预测和定量预测两大类，常用的定量预测方法是(　　)。

A. 座谈会法　　B. 函询调查法　　C. 回归分析法　　D. 头脑风暴法

2. 项目成本编制时，当项目非常庞大和复杂而需要分为几个部分时，可采用(　　)。

A. 目标利润法　　B. 技术进步法　　C. 按实计算法　　D. 定率估算法

3. (　　)是指根据项目的合同价格扣除目标利润后得到目标成本的方法。

A. 目标利润法　　B. 技术进步法　　C. 按实计算法　　D. 定率估算法

4. (　　)是以项目计划采取的技术组织措施和节约措施所能取得的经济效果为项目成本降低额，从而求得项目目标成本的方法。

A. 目标利润法　　B. 技术进步法　　C. 按实计算法　　D. 定率估算法

5. (　　)是以项目的实际资源消耗测算为基础，根据所需资源的实际价格，详细计算各项活动或各项成本组成的目标成本。

A. 目标利润法　　B. 技术进步法　　C. 按实计算法　　D. 定率估算法

6. 在项目成本计划编制中采用按实计算法，关于人工费计算目标成本计算的说法，正确的是(　　)。

A. 人工费＝∑各类人员实际用工量×实际工资标准

B. 人工费＝∑各类人员实际用工量×计划工资标准

C. 人工费＝∑各类人员计划用工量×实际工资标准

D. 人工费＝∑各类人员计划用工量×计划工资标准

7. 在项目成本计划编制中采用按实计算法，关于材料费计算目标成本计算的说法，正确的是(　　)。

A. 材料费＝∑各类材料实际用量×实际工资标准

B. 材料费＝∑各类材料实际用量×计划工资标准

C. 材料费＝∑各类材料计划用量×实际工资标准

D. 材料费＝∑各类材料计划用量×计划工资标准

8. 在项目成本计划编制中采用按实计算法，关于施工机械使用费计算目标成本计算的说法，正确的是(　　)。

A. 施工机械使用费＝∑各类机械实际台班量×实际工资标准

B. 施工机械使用费＝∑各类机械实际台班量×计划工资标准

C. 施工机械使用费＝∑各类机械计划台班量×实际工资标准

D. 施工机械使用费＝∑各类机械计划台班量×计划工资标准

9. 成本分析、成本考核、成本核算是建设工程项目施工成本管理的重要环节，仅就此三项工作而言，其正确的工作流程是(　　)。

A. 成本核算—成本分析—成本考核　　B. 成本分析—成本考核—成本核算

C. 成本考核—成本核算—成本分析　　D. 成本分析—成本核算—成本考核

10. 成本计划的编制基础是(　　)。

A. 成本控制　　B. 成本核算　　C. 成本分析　　D. 成本预测

11. 在工程合同价与实际施工成本、工程款支付比较时，成本的计划值是(　　)。

A. 施工预算　　B. 工程合同价　　C. 实施施工成本　　D. 工程款支付

12. 作为建设项目目标成本的一种表达形式，承包企业及其项目经理部以货币形式编制项目在计划期内的生产费用、成本水平及为降低成本采取的主要措施和规划的具体方案。这属于建设工程项目成本管理内容中的(　　)。

A. 成本分析　　B. 成本计划　　C. 成本考核　　D. 成本预测

13. 根据全过程成本管理的原则，贯穿于项目建设的各个阶段，作为项目成本管理的核心内容，同时也是项目成本管理中不确定因素最多、最复杂、最基础的建设工程项目成本管理内容的是(　　)。

A. 成本计划　　B. 成本控制　　C. 成本核算　　D. 成本分析

14. 项目成本控制环节中的(　　)是指应运用计划管理的手段事先做好各项建设活动的成本安排，使项目预期成本目标的实现建立在有充分技术和管理措施保障的基础上，为项目的技术与资源的合理配置和消耗控制提供依据。

A. 计划预控　　B. 设计控制　　C. 过程控制　　D. 纠偏控制

15. 项目成本控制包括计划预控、过程控制和纠偏控制三个环节，其中不包括(　　)。

A. 计划预控　　B. 设计控制　　C. 过程控制　　D. 纠偏控制

16. 项目成本控制环节中的(　　)是指控制实际成本的发生，包括实际采购费用发生过程的控制、劳动力和生产资料使用过程的消耗控制、质量成本及管理费用的支出控制。

A. 计划预控　　B. 设计控制　　C. 过程控制　　D. 纠偏控制

17. 项目成本控制环节中的(　　)是指在项目成本运行过程中，对各项成本进行动态跟踪核算，发现实际成本与目标成本产生偏差时，分析原因，采取有效措施予以纠偏。

A. 计划预控　　B. 设计控制　　C. 过程控制　　D. 纠偏控制

18. 项目成本控制方法不包括(　　)。

A. 项目成本分析表法　　B. 工期—成本同步分析法

C. 挣值分析法　　D. 回归分析法

19. 项目成本控制方法中的(　　)是对工程项目成本、进度进行综合控制的一种分析方法。

A. 项目成本分析表法　　B. 工期—成本同步分析法

C. 挣值分析法　　D. 回归分析法

20. 挣值分析法通过比较(　　)之间的差值，可以分析由于实际价格的变化而引起的累计成本偏差。

A. 已完工程预算成本（BCWP）与已完工程实际成本（ACWP）

B. 已完工程预算成本（BCWP）与拟完工程预算成本（BCWS）

C. 已完工程实际成本（ACWP）与拟完工程预算成本（BCWS）

D. 已完工程实际成本（ACWP）与拟完工程实际成本（ACWS）

21. 挣值分析法通过比较(　　)之间的差值，可以分析由于进度偏差而引起的累计成本偏差。

A. 已完工程预算成本（BCWP）与已完工程实际成本（ACWP）

B. 已完工程预算成本（BCWP）与拟完工程预算成本（BCWS）

C. 已完工程实际成本（ACWP）与拟完工程预算成本（BCWS）

D. 已完工程实际成本（ACWP）与拟完工程实际成本（ACWS）

22. 下列符合项目成本核算中的会计核算法特点的是(　　)。

A. 简捷明了，直观易懂　　B. 覆盖范围较窄

C. 精度较差　　D. 人为调节的可能因素较小

二、多项选择题

1. 成本预测的方法可分为定性预测和定量预测两大类。下列属于定性预测方法的有(　　)。

A. 座谈会法　　B. 函询调查法

C. 加权平均法　　D. 回归分析法

E. 三点估算法

2. 以下属于项目成本计划编制方法的有(　　)。

A. 目标利润法　　B. 技术进步法

C. 按实计算法　　D. 定率估算法

E. 挣值分析法

3. 以下属于项目成本控制的方法的有(　　)。

A. 目标利润法　　B. 工期—成本同步分析法

C. 按实计算法　　D. 项目成本分析表法

E. 挣值分析法

4. 关于成本核算方法的说法，正确的有(　　)。

A. 表格核算法优点是比较简捷明了，直观易懂，易于操作，适时性较好

B. 表格核算法较难实现科学严密的审核制度，有可能造成数据失实，精度较差

C. 表格核算法核算严密、逻辑性强、人为调节的可能因素较小

D. 会计核算法核算范围较大

E. 会计核算法对核算人员的专业水平要求较高

5. 关于成本分析方法的说法，正确的有(　　)。

A. 比较法是通过技术经济指标的对比，检查目标的完成情况，分析产生差异的原因，进而挖掘内部潜力的方法

B. 因素分析法可用来分析各种因素对成本的影响程度

C. 因素分析法是差额计算法的一种简化形式，它利用各个因素的目标值与实际值的差额来计算其对成本的影响程度

D. 相关比率法通过将两个性质不同而又相关的指标加以对比，求出比率，以此来考察经营成果的好坏

E. 动态比率法将同类指标不同时期的数值进行对比，求出比率，以分析该项指标的发展方向和发展速度的方法

6. 成本分析方法中的动态比率法的计算通常采用(　　)两种方法。

A. 定基指数　　B. 环比指数

C. 同比指数　　D. 定率指数

E. 成本构成指数

7. 项目成本的考核，包括企业对项目成本的考核和企业对项目经理部可控责任成本的考核。其中项目经理部可控责任成本考核指标包括(　　)。

A. 设计成本降低额和降低率

B. 监理成本降低额和降低率

C. 项目经理责任目标总成本降低额和降低率

D. 施工责任目标成本实际降低额和降低率

E. 施工计划成本实际降低额和降低率

8. 关于建设工程项目成本管理的说法，正确的有(　　)。

A. 成本计划是开展成本控制和核算的基础

B. 成本核算是对成本计划是否实现的最后检查

C. 成本分析是成本考核的依据

D. 成本预测是成本计划的编制基础

E. 成本控制是成本计划的基础

参考答案

一、单项选择题

1. C	2. D	3. A	4. B	5. C	6. C	7. C	8. C	9. A	10. D
11. B	12. B	13. B	14. A	15. B	16. C	17. D	18. D	19. C	20. A
21. B	22. D								

二、多项选择题

1. AB	2. ABCD	3. BDE	4. ABDE	5. ABDE
6. AB	7. CDE	8. ABCD		

第二节　工程变更管理

考纲要求

1. 熟悉工程变更的处理。

2. 掌握现场签证的方法。

考点汇总

一、工程变更

1. 工程变更的范围

工程变更的范围和内容包括：

（1）取消合同中任何一项工作，但被取消的工作不能转由发包人或其他人实施。

（2）改变合同中任何一项工作的质量或其他特性。

（3）改变合同工程的基线、标高、位置或尺寸。

（4）改变合同中任何一项工作的施工时间或改变已批准的施工工艺或顺序。

（5）为完成工程需要追加的额外工作。

2. 工程变更的价款调整方法

（1）分部分项工程费的调整：工程变更引起分部分项工程项目发生变化的，应按照计价规范相关规定进行调整。

1）已标价工程量清单中有适用于变更工程项目的，且工程变更导致的该清单项目的工程数量变化不足15%时，应采用该项目的单价。

2）已标价工程量清单中没有适用但有类似于变更工程项目的，可在合理范围内参照类似项目的单价。

3）已标价工程量清单中没有适用也没有类似于变更工程项目的，由承包人根据变更工程资料、计量规则和计价办法、工程造价管理机构发布的信息（参考）价格和承包人报价浮动率，提出变更工程项目的单价或总价，并应报发包人确认后调整。

4）已标价工程量清单中没有适用也没有类似于变更工程项目，且工程造价管理机构发布的信息（参考）价格缺价的，由承包人根据变更工程资料、计量规则、计价办法和通过市场调查等取得有合法依据的市场价格提出变更工程项目的单价，报发包人确认后调整。

（2）措施项目费的调整：应按照下列规定调整措施项目费。

1）安全文明施工费，按照实际发生变化的措施项目调整，不得浮动。

2）采用单价计算的措施项目费，按照实际发生变化的措施项目按分部分项工程费的调整方法确定单价。

3）按总价（或系数）计算的措施项目费，除安全文明施工费外，按照实际发生变化的措施项目调整，但应考虑承包人报价浮动因素，即调整金额按照实际调整金额乘以承包人报价浮动率（L）计算。如果承包人未事先将拟实施的方案提交给发包人确认，则视为工程变更不引起措施项目费的调增或承包人放弃调增措施项目费的权利。

（3）删减工程或工作的补偿：如果发包人提出的工程变更，非因承包人原因删减了合同中的某项原定工作或工程，致使承包人发生的费用或（和）得到的收益不能被包括在其他已支付或应支付的项目中，也未被包含在任何替代的工作或工程中，则承包人有权提出并得到合理的费用及利润补偿。

二、现场签证

1. 现场签证的提出

2. 现场签证报告的确认

3. 现场签证报告的要求

（1）现场签证的工作如果已有相应的计日工单价，现场签证报告中应列明完成该签证工作所需的人工、材料、工程设备和施工机械台班的数量。

（2）如果现场签证的工作没有相应的计日工单价，应当在现场签证报告中列明完成该签证工作所需的人工、材料、工程设备和施工机械台班的数量及其单价。现场签证工作完成后的7天内，承包人应按照现场签证内容计算价款，报送发包人确认后，作为增加合同价款，与进度款同期支付。

4. 现场签证的限制

合同工程发生现场签证事项，未经发包人签证确认，承包人便擅自施工的，除非征得发包人书面同意，否则发生的费用由承包人承担。

习题精选

一、单项选择题

1. 以下不属于工程变更的范围和内容的是（　　）。

A. 改变合同中任何一项工作的质量或其他特性

B. 改变合同工程的基线、标高、位置或尺寸

C. 改变合同中任何一项工作的施工时间或改变已批准的施工工艺或顺序

D. 取消合同中某项工作，转由发包人或其他人实施

2. 工程变更引起分部分项工程项目发生变化的，已标价工程量清单中有适用于变更工程项目的，且工程变更导致的该清单项目的工程数量变化不足(　　)时，应采用该项目的单价。

A. 5%　　B. 10%　　C. 15%　　D. 20%

3. 已标价工程量清单中没有适用也没有类似于变更工程项目的，由(　　)根据变更工程资料、计量规则和计价办法、工程造价管理机构发布的信息（参考）价格和承包人报价浮动率，提出变更工程项目的单价或总价，并调整合同价款。

A. 发包人　　B. 监理人　　C. 承包人　　D. 设计人

4. 现场签证一般是由(　　)提出。

A. 发包人　　B. 监理人　　C. 承包人　　D. 分包人

5. 施工合同履行期间出现现场签证事件的，发、承包双方应根据(　　)调整合同价款。

A. 发包人指令　　B. 监理人指令　　C. 承包人指令　　D. 合同约定

6. 承包人应在收到发包人指令后的(　　)天内向发包人提交现场签证报告。

A. 7　　B. 5　　C. 14　　D. 28

7. 发包人应在收到现场签证报告后的(　　)h 内对报告内容进行核实，予以确认或提出修改意见。

A. 24　　B. 48　　C. 14　　D. 28

8. 发包人在收到承包人现场签证报告后的(　　)h 内未确认也未提出修改意见的，视为承包人提交的现场签证报告已被发包人认可。

A. 24　　B. 28　　C. 56　　D. 48

9. 现场签证工作完成后的(　　)天内，承包人应按照现场签证内容计算价款，报送发包人确认后，作为增加合同价款，与进度款同期支付。

A. 7　　B. 5　　C. 14　　D. 28

10. 现场签证的工作如果已有相应的计日工单价，现场签证报告中应列明完成该签证工作所需的人工、材料、工程设备和施工机械台班的(　　)。

A. 规格　　B. 型号　　C. 数量　　D. 质量

二、多项选择题

1. 工程变更的范围和内容包括(　　)。

A. 取消合同中某一项工作转由发包人或其他人实施

B. 改变合同中任何一项工作的质量或其他特性

C. 改变合同工程的基线、标高、位置或尺寸

D. 改变合同中任何一项工作的施工时间或改变已批准的施工工艺或顺序

E. 为完成工程需要追加的额外工作

2. 已标价工程量清单中没有适用也没有类似于变更工程项目的，由承包人根据(　　)提出变更工程项目的单价或总价，并应报发包人确认后调整。

A. 变更工程资料

B. 计量规则和计价办法

C. 工程造价管理机构发布的信息价格

D. 承包人报价浮动率

E. 发包人规定的浮动率

3. 工程变更导致施工方案改变并引起措施项目发生变化的，承包人提出调整措施项目费的，应事先将拟实施的方案提交发包人确认，并详细说明与原方案措施项目相比的变化情况。拟实施的方案经(　　)确认后执行，并应按相关规定调整措施项目费。

A. 发包方

B. 承包方

C. 分包方

D. 设计方

E. 监理方

4. 措施项目费用中可以进行调整的包括(　　)。

A. 安全文明施工费

B. 采用单价计算的措施项目费

C. 按总价计算的措施项目费

D. 按系数计算的措施项目费

E. 总承包服务费

5. 现场签证是指由(　　)与承包人现场代表就施工过程中涉及的责任事件所作的签认证明。

A. 发包人现场代表

B. 授权的工程监理人

C. 授权的工程造价咨询人

D. 设计单位

E. 授权的承包人

6. 在施工过程中，若发现合同工程内容因(　　)不一致时，承包人应提供所需的相关资料，提交发包人签证认可，作为合同价款调整的依据。

A. 场地条件

B. 地质水文

C. 发包人要求

D. 承包人要求

E. 分包人要求

7. 如果现场签证的工作没有相应的计日工单价，应当在现场签证报告中列明完成该签证工作所需的人工、材料、工程设备和施工机械台班的(　　)。

A. 数量

B. 质量

C. 单价

D. 型号

E. 规格

参考答案

一、单项选择题

1. D　2. C　3. C　4. C　5. D　6. A　7. B　8. D　9. A　10. C

二、多项选择题

1. BCDE　2. ABCD　3. AB　4. ABCD　5. ABC
6. ABC　7AC

第三节　工程索赔管理

考纲要求

了解工程索赔的概念、分类和条件。
掌握索赔的费用组成及处理方法。

考点汇总

一、工程索赔的概念

工程索赔是指在工程承包合同履行中，当事人一方因非己方的原因而遭受经济损失或工期延误，按照合同约定或法律规定，应由对方承担责任，而向对方提出工期和（或）费用补偿要求的行为。

二、索赔的分类和条件

（一）工程索赔的分类

1. 按索赔的当事人分类

根据索赔的合同当事人不同，可以将工程索赔分为：①承包人与发包人之间的索赔；②总承包人和分包人之间的索赔。

2. 按索赔目的和要求分类

根据索赔的目的和要求不同，可以将工程索赔分为工期索赔和费用索赔。

3. 按索赔事件的性质分类

根据索赔事件的性质不同，可以将工程索赔分为：①工程延误索赔；②加速施工索赔；③工程变更索赔；④合同终止的索赔；⑤不可预见的不利条件索赔；⑥不可抗力事件的索赔；⑦其他索赔。

（二）索赔的依据和前提条件

1. 索赔的依据

提出索赔和处理索赔都要依据下列文件或凭证：①工程施工合同文件；②国家法律、法规；③国家、部门和地方有关的标准、规范和定额；④工程施工合同履行过程中与索赔事件有关的各种凭证。

2. 索赔成立的条件

承包人工程索赔成立的基本条件包括：①索赔事件已造成了承包人直接经济损失或工期延误；②造成费用增加或工期延误的索赔事件是非因承包人的原因发生的；③承包人已经按照工程施工合同规定的期限和程序提交了索赔意向通知、索赔报告及相关证明材料。

(三) 费用索赔的组成

索赔费用的要素与工程造价的构成基本类似，一般可归结为人工费、材料费、施工机械使用费、分包费、施工管理费、利息、利润、保险费等。

(四) 工期索赔的依据及处理

1. 工期索赔的具体依据

承包人向发包人提出工期索赔的具体依据主要包括：①合同约定或双方认可的施工总进度规划；②合同双方认可的详细进度计划；③合同双方认可的对工期的修改文件；④施工日志、气象资料；⑤业主或工程师的变更指令；⑥影响工期的干扰事件；⑦受干扰后的实际工程进度等。

2. 共同延误的处理

共同延误情况下，要具体分析哪一种情况延误是有效的，应依据以下原则：

(1) 首先判断造成拖期的哪一种原因是最先发生的，即确定" 初始延误" 者，它应对工程拖期负责。在初始延误发生作用期间，其他并发的延误者不承担拖期责任。

(2) 如果初始延误者是发包人原因，则在发包人原因造成的延误期内，承包人既可得到工期延长，又可得到经济补偿。

(3) 如果初始延误者是客观原因，则在客观因素发生影响的延误期内，承包人可以得到工期延长，但很难得到费用补偿。

(4) 如果初始延误者是承包人原因，则在承包人原因造成的延误期内，承包人既不能得到工期补偿，也不能得到费用补偿。

3. 工期索赔中应当注意的问题

(1) 划清施工进度拖延的责任。

(2) 被延误的工作应是处于施工进度计划关键线路上的施工内容。

习题精选

一、单项选择题

1. 索赔的性质属于(　　)。

A. 经济补偿行为　　B. 经济惩罚行为

C. 责任追究行为　　D. 纠纷诉讼行为

2. 工程索赔是当事人一方向另一方提出索赔要求的行为，相对来说(　　)的索赔更加困难一些。

A. 发包人向供应商　　B. 承包人向供应商

C. 发包人向承包人　　D. 承包人向发包人

3. 在建设工程分包合同履行过程中，索赔事件发生后，无论是发包人的原因还是总承包人的原因所致，分包人都只能向(　　)提出索赔要求。

A. 发包人　　B. 总承包人　　C. 监理人　　D. 咨询人

4. 以下按照索赔的目的和要求分类的是(　　)。

A. 承、发包人之间的索赔　　B. 总、分包人之间的索赔
C. 工期和费用索赔　　D. 单项和一揽子索赔

5. 以下事项中，承包人能向发包人索赔利润的是(　　)。

A. 迟延提供图纸　　B. 监理人指令迟延或错误
C. 施工中发现文物、古迹　　D. 施工中遇到不利物质条件

6. 以下事项中，承包人向发包人只能索赔费用的是(　　)。

A. 迟延提供施工场地　　B. 发包人指令迟延或错误
C. 施工中发现文物、古迹　　D. 因不可抗力造成工期延误

7. 以下事项中，承包人向发包人只能索赔工期的是(　　)。

A. 迟延提供施工场地　　B. 发包人指令迟延或错误
C. 异常恶劣的气候条件导致工期延误　　D. 因不可抗力造成工期延误

8. 由于发包人的原因导致分包工程费用增加时，分包人只能向(　　)提出索赔。

A. 发包人　　B. 承包人
C. 总承包人　　D. 发包人和承包人

9. 在发、承包双方“共同延误”的情况下，如果初始延误者是客观原因，则在客观因素发生影响的延误期内，承包人(　　)。

A. 只能得到费用索赔　　B. 只能得到工期索赔
C. 既能得到费用，又能得到工期索赔　　D. 费用和工期都得不到索赔

10. 在发、承包双方“共同延误”的情况下，如果初始延误者是发包人原因，则在发包人原因造成的延误期内，承包人(　　)。

A. 只能得到费用索赔　　B. 只能得到工期索赔
C. 既能得到费用又能得到工期索赔　　D. 费用和工期都得不到索赔

11. 在发、承包双方“共同延误”的情况下，如果初始延误者是承包人原因，则在承包人原因造成的延误期内，承包人(　　)。

A. 只能得到费用索赔　　B. 只能得到工期索赔
C. 既能得到费用又能得到工期索赔　　D. 费用和工期都得不到索赔

12. 当地基开挖需要处理时，承包商如果按照设计院出具的设计变更单进行地基处理造成工期延误，承包商(　　)。

A. 只能进行费用索赔　　B. 只能进行工期索赔
C. 可以进行费用和工期索赔　　D. 不能进行任何索赔

13. 某工程项目总价值 1000 万元，合同工期为 18 个月，现承包人因建设条件发生变化需增加额外工程费用 50 万元，则承包方提出工期索赔为(　　)个月。

A. 1.5　　B. 0.9　　C. 1.2　　D. 3.6

14. 某工程施工中，由于工程师指令错误，使承包商的工人窝工 50 工日，增加配合用工 10 工日，机械一个台班，合同约定人工单价为 30 元/工日，机械台班为 360 元/台班，人工窝工补贴费为 12 元/工日，含税的综合费率为 17%，承包商可得该项索赔为(　　)元。

A. 1260　　B. 1263.6　　C. 1372.2　　D. 1474.2

15. 某土方工程业主与施工单位签订了土方施工合同，合同约定的土方工程量为 8000m³，合同期为 16 天。合同约定：工程量增加 20%以内为施工方应承担的工期风险。施工过程中，因出现了较深的软弱下卧层，致使土方量增加了 10200m³，则施工方可提出的工期索赔为(　　)天。

A. 1　　B. 4　　C. 17　　D. 14

16. 某建设项目业主与施工单位签订了可调价格合同，合同中约定：主导施工机械一台为施工单位自有设备，台班单价为 800 元/台班，折旧费 100 元/台班，人工日工资单价为 40 元/工日，窝工工费 10 元/工日，合同履行中，因场外停电全场停工 2 天，造成人员窝工 20 个工日，因业主指令增加一项新工作，完成该工作需要 5 天时间，机械 5 台班，人工 20 个工日，材料费 5000 元，则施工单位可向业主提出直接费补偿额为(　　)元。

A. 10600　　B. 10200　　C. 11600　　D. 12200

17. 某土方工程业主与施工单位签订了土方施工合同，合同约定的土方工程量为 8000m³，合同期为 16 天，合同约定：工程量增加 20%以内为施工方应承担的工期风险。施工过程中，因出现了较深的软弱下卧层，致使土方量增加了 10200m³，则施工方可提出的工期索赔为(　　)天。

A. 1　　B. 4　　C. 17　　D. 14

二、多项选择题

1. 按施工索赔的目的和要求可将索赔分为(　　)。

A. 地质变化索赔　　B. 加速施工索赔

C. 工期索赔　　D. 工程延误索赔

E. 费用索赔

2. 按照索赔的有关当事人分类，可分为(　　)。

A. 承包人与发包人之间的索赔　　B. 总承包商与分包商之间的索赔

C. 工期索赔与费用索赔　　D. 合同终止索赔与合同中断索赔

E. 不可抗力索赔与不可预见索赔

3. 按索赔事件的性质，索赔可分为(　　)。

A. 工程延误索赔　　B. 加速施工索赔

C. 工程变更索赔　　D. 合同终止索赔

E. 综合费用索赔

4. 承包人向发包人索赔成立的基本条件包括(　　)。

A. 监理工程师发出了指令并明确同意

B. 发包人发出了指令并明确表示同意

C. 索赔事件已造成了承包人直接经济损失或工期延误

D. 造成费用增加或工期延误的索赔事件是非因承包人的原因发生的

E. 承包人已经按照合同规定的期限和程序提交了索赔报告及相关证明材料

5. 索赔的依据包括(　　)。

A. 工程施工合同文件

B. 国家法律、法规

C. 有关标准、规范和定额

D. 施工中与索赔事件有关的各种凭证

E. 施工中承、发包人发出的口头指令

6. 在工程索赔的实践中，以下(　　)费用不允许索赔。

A. 承包商对索赔事项的发生原因负有责任的有关费用

B. 承包商对索赔事项未采取减轻措施因而扩大的损失费用

C. 承包商进行索赔工作的准备费用

D. 因非承包商原因一周内停水、停电、停气造成停工累计超过 6h

E. 不可抗力

7. 在承包人向发包人索赔时，人工费的索赔包括(　　)。

A. 由于完成合同之外的额外工作所花费的人工费用

B. 超过法定工作时间加班劳动，法定人工费增长

C. 非因承包商原因导致工效降低所增加的人工费用

D. 非因承包商原因导致工程停工的人员窝工费和工资上涨费等

E. 由于承包商原因导致工程延误的工资上涨费等

8. 在承包人向发包人索赔时，材料费的索赔包括(　　)。

A. 由于索赔事件的发生造成材料实际用量超过计划用量而增加的材料费

B. 由于发包人原因导致工程延期期间的材料价格上涨

C. 由于承包商管理不善，造成材料损坏、失效费用

D. 由于发包人原因导致工程延期期间的超期储存费用

E. 由于发包人原因导致材料规格型号发生变更的费用

9. 在承包人向发包人索赔时，机械使用费的索赔包括(　　)。

A. 由于完成合同之外的额外工作所增加的机械使用费

B. 非因承包人原因导致工效降低所增加的机械使用费

C. 由于发包人指令错误或迟延导致机械停工的台班停滞费

D. 由于不可抗力原因导致施工机械损坏费用

E. 由工程师指令错误或迟延导致机械停工的台班停滞费

10. 在承包人向发包人索赔时，现场管理费包括承包人完成合同之外的额外工作以及由于发包人原因导致工期延期期间的现场管理费，主要包括(　　)。

A. 管理人员工资

B. 办公费

C. 通讯费

D. 交通费

E. 财务管理费用

参考答案

一、单项选择题

1. A　2. D　3. B　4. C　5. A　6. D　7. C　8. C　9. B　10. C

11. D　12. C　13. B　14. C　15. D　16. B　17. D

二、多项选择题

1. CE	2. AB	3. ABCD	4. BCE	5. ABCD
6. ABCD	7. ABCD	8. ABDE	9. ABCE	10. ABCD

第四节　工程计量和支付

考纲要求

1. 熟悉工程计量的原则、程序和方法。
2. 熟悉合同预付款、期中支付的方法。

考点汇总

一、工程计量

（一）工程计量的程序

1. 计量原则

工程量必须以承包人完成合同工程应予计量的工程量确定。工程量计量按照合同约定的工程量计算规则、图纸及变更指示等进行计量。工程量计算规则应以相关的国家标准、行业标准等为依据，由合同当事人在专用合同条款中约定。

2. 计量周期

工程计量可选择按月或按工程形象进度分段计量，具体计量周期应在合同中约定。

3. 单价合同的计量

《建设工程工程量清单计价规范》（GB 50500—2013）中单价合同的计量规定和程序。

4. 总价合同的计量

《建设工程工程量清单计价规范》（GB 50500—2013）中总价合同的计量规定和程序。

（二）工程计量的依据

1. 质量合格证书
2. 工程量清单计价规范和技术规范
3. 设计图纸

（三）工程计量的方法

1. 实地测量计量法
2. 图纸计算法
3. 分解计量法
4. 凭据法
5. 均摊法

6. 断面法

二、工程价款支付

（一）预付款

1. 预付款的支付

（1）工程预付款额度：

1）百分比法：根据《建设工程价款结算暂行办法》的规定，预付款的比例原则上不低于合同金额的10%，不高于合同金额的30%。

2）公式计算法：

$$\text{工程预付款数额} = \frac{\text{工程总价} \times \text{材料比例}(\%)}{\text{年度施工天数}} \times \text{材料储备定额天数} \qquad (7.4.1)$$

（2）预付款的支付时间：根据《建设工程价款结算暂行办法》的规定，在具备施工条件的前提下，发包人应在双方签订合同后的一个月内或不迟于约定的开工日期前的7天内预付工程款，发包人不按约定预付，承包人应在预付时间到期后10天内向发包人发出要求预付的通知，发包人收到通知后仍不按要求预付，承包人可在发出通知14天后停止施工，发包人应从约定应付之日起向承包人支付应付款的利息（利率按同期银行贷款利率计），并承担违约责任。

2. 预付款的扣回

（1）按合同约定扣款。

（2）起扣点计算法：从未施工工程尚需的主要材料及构件的价值相当于工程预付款数额时起扣，此后每次结算工程价款时，按材料所占比重扣减工程价款，至工程竣工前全部扣清。起扣点的计算公式为：

$$T = P - \frac{M}{N} \qquad (7.4.2)$$

3. 预付款担保

（1）预付款担保的概念及作用。

（2）预付款担保的形式：预付款担保的主要形式为银行保函。还可采用由担保公司提供担保，或采取抵押等担保形式。

（二）安全文明措施费支付

（1）支付时间和比例：发包人应在工程开工后的28天内预付不低于当年施工进度计划的安全文明施工费总额的60%，其余部分按照提前的原则进行分解，与进度款同期支付。

（2）发包人未支付的责任：发包人没有按时支付安全文明施工费的，承包人可催告发包人支付；发包人在付款期满后的7天内仍未支付的，若发生安全事故的，发包人应承担连带责任。

（3）承包人义务：承包人应对安全文明施工费专款专用，在财务账目中单独列项备查，不得挪作他用，否则发包人有权要求其限期改正；造成的损失和（或）延误的工期由承包人承担。

（三）工程进度款支付

1. 工程进度款支付计算

（1）已完工程价款：已标价工程量清单中的单价项目，承包人应按工程计量确认的工程量与综合单价计算。如综合单价发生调整的，以发、承包双方确认调整的综合单价计算进度款。

已标价工程量清单中的总价项目，承包人应按合同中约定的进度款支付分解表，分别列入进度款支付申请中的安全文明施工费和本周期应支付的总价项目的金额中。

（2）支付款的调整：承包人现场签证和得到发包人确认的索赔金额列入本周期应增加的金额中。由发包人提供的材料、工程设备金额，应按照发包人签约提供的单价和数量从进度款支付中扣出，列入本周期应扣减的金额中。

（3）进度款的支付比例：进度款的支付比例按照合同约定，按期中结算价款总额计，不低于60%，不高于90%。

2. 承包人提交进度款支付申请

承包人应在每个计量周期到期后的7天内向发包人提交已完工程进度款支付申请一式四份，详细说明此周期自己认为有权得到的款额，包括分包人已完工程的价款。支付申请的内容包括：

（1）累计已完成的工程价款。

（2）累计已实际支付的工程价款。

（3）本周期已完成的合同价款。

（4）本周期合计应扣减的金额。

（5）本周期实际应支付的合同价款。

3. 发包人工程进度款支付程序

依据《建设工程工程量清单计价规范》（GB 50500—2013）的规定，工程进度款支付程序如下：

（1）发包人应在收到承包人进度款支付申请后的14天内根据计量结果和合同约定对申请内容予以核实，确认后向承包人出具进度款支付证书。

（2）发包人应在签发进度款支付证书后的14天内，按照支付证书列明的金额向承包人支付进度款。

（3）若发包人逾期未签发进度款支付证书，则视为承包人提交的进度款支付申请已被发包人认可，承包人可向发包人发出催告付款的通知。发包人应在收到通知后的14天内，按照承包人支付申请的金额向承包人支付进度款。

（4）发包人未按合同约定支付进度款的，承包人可催告发包人支付，并有权获得延迟支付的利息；发包人在付款期满后的7天内仍未支付的，承包人可在付款期满后的第8天起暂停施工。发包人应承担由此增加的费用和（或）延误的工期，向承包人支付合理利润，并承担违约责任。

习题精选

一、单项选择题

1. 按照《建设工程工程量清单计价规范》（GB 50500—2013）中单价合同的计量的规定，发包人应在收到承包人计量报告后（　　）天内核实，并将核实计量结果通知承包人。发包人未在约定时间内进行核实的，承包人提交的计量报告中所列的工程量应视为承包人实际完成的工程量。

A. 10　　B. 15　　C. 14　　D. 7

2. 主要适用于某些清单子项分散在几个计量周期内完成的计量方法是(　　)。

A. 图纸计算法　　B. 实地测量计量法

C. 分解计量法　　D. 凭据法

3. 根据《建设工程工程量清单计价规范》(GB 50500—2013)的规定，在具备施工条件的前提下，业主应在双方签订合同后的一个月内或不迟于约定的开工日期前的(　　)天内预付工程款。

A. 10　　B. 15　　C. 7　　D. 14

4. 根据《建设工程工程量清单计价规范》(GB 50500—2013)的规定，包工包料工程的预付款按合同约定拨付，原则按合同金额的(　　)比例区间预付。

A. 5%～25%　　B. 10%～25%　　C. 5%～30%　　D. 10%～30%

5. 某工程总造价为 5000 万元，该工程主要材料（含结构件等）占年度承包工程总价的比重 60%，材料储备定额天数为 30 天，按照公式计算法计算所得的工程预付款额度大约是(　　)万元。

A. 164　　B. 247　　C. 166　　D. 250

6. 业主应该在合同约定的时间拨付约定金额的预付款。如果业主不按约定预付，承包商向业主发出要求预付的通知应在预付时间到期后的(　　)天内发出。

A. 7　　B. 10　　C. 14　　D. 28

7. 根据《建设工程价款结算暂行办法》的规定，在具备施工条件的前提下，业主给承包商预付工程款应在双方签订合同后的(　　)。

A. 半个月内　　B. 一个月内　　C. 一个半月内　　D. 两个月内

8. 业主不按约定预付，承包商应在预付时间到期后按时向业主发出要求预付的通知，业主收到通知后仍不按要求预付，承包商可在发出通知(　　)天后停止施工，业主承担违约责任。

A. 7　　B. 10　　C. 14　　D. 28

9. 某工程项目，承包工程合同总额为 3000 万元，工程预付款总额为 600 万元，主要材料及构件所占比重为 60%，起扣点的累计完成工程金额是(　　)万元。

A. 1500　　B. 2000　　C. 2500　　D. 1000

10. 关于安全文明施工费的支付比例应是发包人在工程开工后预付不低于当年施工进度计划的安全文明施工费总额的(　　)，其余部分按照提前安排的原则进行分解，与进度款同期支付。

A. 50%　　B. 40%　　C. 60%　　D. 70%

11. 发包人在工程开工后的(　　)天内仍未支付安全文明施工费的，若发生安全事故，则发包人应承担连带责任。

A. 28　　B. 35　　C. 7　　D. 14

12. 进度款的支付比例按照合同约定，按期中结算价款总额计，应在(　　)区间支付。

A. 30%～60%　　B. 60%～90%　　C. 10%～90%　　D. 30%～90%

二、多项选择题

1. 工程计量可选择按(　　)计量，具体计量周期应在合同中约定。

A. 月　　B. 按工程形象进度

C. 楼层　　D. 栋

E. 验收控制界面

2. 预付款担保的主要形式有(　　)。

A. 由承包人提供信用担保
B. 由监理人提供信用担保
C. 由承包人采取抵押担保
D. 由担保公司提供担保
E. 由银行提供银行保函

3. 关于工程预付款结算的说法，正确的有(　　)。

A. 工程预付款原则上预付比例不低于合同金额的30%，不高于合同金额的60%
B. 对重大工程项目，按年度工程计划逐年预付
C. 实行工程量清单计价的，实体性消耗和非实体性消耗部分应在合同中分别约定预付款比例
D. 预付的工程款必须在合同中约定抵扣方式，并在工程进度款中进行抵扣
E. 凡是没有签订合同或不具备施工条件的工程，业主不得预付工程款

4. 关于安全文明施工费的支付的说法，正确的有(　　)。

A. 发包人应在工程开工后的14天内预付安全文明施工费
B. 首次预付不低于当年施工进度计划的安全文明施工费总额的60%
C. 发包人没有按时支付安全文明施工费的，承包人可催告发包人支付
D. 发包人在工程开工后的35天内仍未支付的，若发生安全事故，则发包人应承担连带责任
E. 发包人在付款期满后的7天内仍未支付的，若发生安全事故，则发包人应承担连带责任

5. 在期中支付价款的计算中，已标价工程量清单中的单价项目包括(　　)。

A. 分部分项工程项目
B. 安全措施项目
C. 单价措施项目
D. 暂估价项目
E. 其他项目

参考答案

一、单项选择题

1. D　2. B　3. C　4. D　5. B　6. B　7. B　8. C　9. B　10. C
11. B　12. B

二、多项选择题

1. AB　2. CDE　3. BCDE　4. BCDE　5. AC

第五节　工程结算

考纲要求

1. 掌握工程竣工结算的计价原则。

2. 熟悉质量争议工程竣工结算的处理原则。

3. 熟悉竣工结算款支付及最终结清支付程序。

考点汇总

一、工程竣工结算的编制和审核

（一）工程竣工结算的编制依据

（1）建设工程工程量清单计价规范以及各专业工程工程量清单计算规范。

（2）工程合同。

（3）发承包双方实施过程中已确认的工程量及其结算的合同价款。

（4）发承包双方实施过程中已确认调整后追加（减）的合同价款。

（5）建设工程设计文件及相关资料。

（6）投标文件。

（7）其他依据。

（二）工程竣工结算的计价原则

（1）分部分项工程和措施项目中的单价项目应依据双方确认的工程量与已标价工程量清单的综合单价计算；如发生调整的，以发、承包双方确认调整的综合单价计算。

（2）措施项目中的总价项目应依据合同约定的项目和金额计算；如发生调整的，以发承包双方确认调整的金额计算，其中安全文明施工费必须按照国家或省级、行业建设主管部门的规定计算。

（3）其他项目应按下列规定计价：

1）计日工应按发包人实际签证确认的事项计算。

2）暂估价应按发、承包双方按照《建设工程工程量清单计价规范》（GB 50500—2013）的相关规定计算。

3）总承包服务费应依据合同约定金额计算，如发生调整的，以发、承包双方确认调整的金额计算。

4）施工索赔费用应依据发、承包双方确认的索赔事项和金额计算。

5）现场签证费用应依据发、承包双方签证资料确认的金额计算。

6）暂列金额应减去工程价款调整（包括索赔、现场签证）金额计算，如有余额归发包人。

（4）规费和税金应按照国家或省级、行业建设主管部门的规定计算。规费中的工程排污费应按工程所在地环境保护部门规定标准缴纳后按实列入。

（三）竣工结算的审核

（1）国有资金投资建设工程的竣工结算的审核。

（2）非国有资金投资的建筑工程的竣工结算审核。

（四）质量争议工程的竣工结算

（1）已经竣工验收或已竣工未验收但实际投入使用的工程，其质量争议按该工程保修合同执行，竣工结算按合同约定办理。

（2）已竣工未验收且未实际投入使用的工程以及停工、停建工程的质量争议，双方应就有争议的部分委托有资质的检测鉴定机构进行检测，根据检测结果确定解决方案，或按工程质量监督机构的处理决定执行后办理竣工结算，无争议部分的竣工结算按合同约定办理。

二、竣工结算款的支付

1. 承包人提交竣工结算款支付申请

2. 发包人签发竣工结算支付证书

发包人应在收到承包人提交竣工结算款支付申请后 7 天内予以核实，向承包人签发竣工结算支付证书。

3. 支付竣工结算款

发包人签发竣工结算支付证书后的 14 天内，按照竣工结算支付证书列明的金额向承包人支付结算款。

三、合同解除的价款结算和支付

1. 不可抗力解除合同

由于不可抗力解除合同的，发包人除应向承包人支付合同解除之日前已完成工程但尚未支付的合同价款，按照谁的损失谁负责的原则解决。

2. 违约解除合同

（1）承包人违约。

（2）因发包人违约。

四、最终结清

1. 最终结清申请单

2. 最终支付证书

3. 最终结清付款

习题精选

一、单项选择题

1. 单项工程竣工结算一般由（　　）组成。

A. 建设项目竣工结算　　B. 单项工程竣工结算

C. 单位工程竣工结算　　D. 分部工程竣工结算

2. 建设项目竣工结算一般由（　　）组成。

A. 建设项目竣工结算　　B. 单项工程竣工结算

C. 单位工程竣工结算　　D. 分部工程竣工结算

3. 按照《建设工程工程量清单计价规范》（GB 50500—2013）的规定，国有资金投资建设工程的发包人，应当委托具有相应资质的工程造价咨询机构对竣工结算文件进行审核，并在收到竣工结算文件后的约定期限内向（　　）提出由工程造价咨询机构出具的竣工结算文件审核意见。

A. 发包人　　B. 承包人　　C. 政府机构　　D. 监理咨询机构

4. 承包人对发包人提出的工程造价咨询机构竣工结算审核意见有异议的，在接到该审核意见后(　　)天内，可以向有关工程造价管理机构或者有关行业组织申请调解，调解不成的，可以依法申请仲裁或者向人民法院提起诉讼。

A. 28　　B. 30　　C. 14　　D. 15

5. 关于竣工结算支付，发包人应在收到承包人提交竣工结算款支付申请后(　　)天内予以核实，向承包人签发竣工结算支付证书。

A. 14　　B. 28　　C. 7　　D. 15

6. 关于竣工结算支付，发包人签发竣工结算支付证书后的(　　)天内，按照竣工结算支付证书列明的金额向承包人支付结算款。

A. 14　　B. 28　　C. 7　　D. 15

7. 某分项工程发包方提供的估计工程量 $1500m^3$，合同中规定单价 16 元/m^3，实际工程量超过估计工程量 10%时，调整单价，单价调为 15 元/m^3，实际经过业主计量确认的工程量为 $1800m^3$，则该分项工程结算款为(　　)元。

A. 28650　　B. 27000　　C. 28800　　D. 28500

8. 因承包人违约解除合同时，发包人应在合同解除后(　　)天内核实合同解除时承包人已完成的全部合同价款以及按施工进度计划已运至现场的材料和工程设备货款，按合同约定核算承包人应支付的违约金以及造成损失的索赔金额，并将结果通知承包人。

A. 14　　B. 28　　C. 7　　D. 15

9. 关于最终结清，发包人收到承包人提交的最终结清申请单后的(　　)天内予以核实，向承包人签发最终支付证书。

A. 14　　B. 28　　C. 7　　D. 15

二、多项选择题

1. 竣工结算一般包括(　　)。

A. 建设项目竣工结算　　B. 单项工程竣工结算

C. 单位工程竣工结算　　D. 分部工程竣工结算

E. 分项工程竣工结算

2. 关于竣工结算的说法，正确的有(　　)。

A. 单位工程竣工结算由承包人编制，发包人审查

B. 实行总承包的工程，由具体承包人编制，在总包人审查的基础上，发包人审查

C. 单项工程竣工结算由总（承）包人编制，发包人可直接进行审查

D. 建设项目竣工总结算由总（承）包人编制，可由发包人委托造价咨询机构进行审查

E. 政府投资项目的竣工结算由总（承）包人编制，由建设单位审查

3. 以下属于合同解除的价款结算的有(　　)。

A. 发承包双方协商一致解除合同的

B. 不可抗力解除合同的

C. 因承包人违约解除合同的

D. 因发包人违约解除合同的

E. 应监理人违约解除合同的

4. 由于不可抗力解除合同的，发包人除应向承包人支付合同解除之日前已完成工程但尚未支付的合同价款，还应支付下列(　　)金额。

A. 合同中约定应由发包人承担的费用

B. 已实施或部分实施的措施项目应付价款

C. 承包人为合同工程合理订购且已交付的材料和工程设备货款

D. 承包人撤离现场所需的合理费用

E. 承包人为完成合同工程已开支的包括在其他各项支付之内任何合理费用

5. 按照《建设工程工程量清单计价规范》(GB 50500—2013) 的规定，在整个工程项目实施过程中，关于支付证书有(　　)。

A. 预付款支付证书

B. 进度款支付证书

C. 结算款支付证书

D. 最终结清支付证书

E. 索赔款支付证书

参考答案

一、单项选择题

1. C　2. B　3. B　4. B　5. C　6. A　7. A　8. B　9. A

二、多项选择题

1. ABC　2. ABCD　3. ABCD　4. ABCD　5. ABCD

第六节　竣工决算

考纲要求

1. 熟悉竣工决算的内容和编制方法。
2. 熟悉新增资产价值的确定方法。
3. 熟悉保修费用的处理方法。

考点汇总

一、竣工决算的基本概念

(一) 竣工决算的含义

竣工决算是以实物数量和货币形式，对工程建设项目建设期的总投资、投资效果、新增资产价值及财务状况进行的综合测算和分析。竣工决算的成果文件称作竣工决算书。

（二）竣工决算书的作用

（1）建设项目竣工决算书是综合全面地反映竣工项目建设成果及财务情况的总结性文件。

（2）建设项目竣工决算书是办理交付使用资产的依据。

（3）建设项目竣工决算书是分析和检查设计概算的执行情况，考核建设项目管理水平和投资效果的依据。

二、竣工决算书的内容

竣工决算书由竣工财务决算说明书、竣工财务决算报表、建设工程竣工图和工程造价对比分析四部分组成。

（一）竣工财务决算说明书

内容主要包括：①建设项目概况；②资金来源及运用等财务分析；③基本建设收入、投资包干结余、竣工结余资金的上交分配情况；④各项经济技术指标的分析；⑤工程建设的经验及项目管理和财务管理工作以及竣工财务决算中有待解决的问题；⑥决算与概算的差异和原因分析；⑦需要说明的其他事项。

（二）竣工财务决算报表

建设项目竣工财务决算报表根据大、中型建设项目和小型建设项目分别制定。基本建设项目竣工决算报表包括：基本建设项目概况表、基本建设项目竣工财务决算表、基本建设项目交付使用资产总表、基本建设项目交付使用资产明细表。管理规定中对基本建设项目竣工财务决算大中小型划分标准为：经营性项目投资额在5000万元（含5000万元）以上、非经营性项目投资额在3000万元（含3000万元）以上的为大中型项目，在上述标准之下的为小型项目。

（三）建设工程竣工图

建设工程竣工图是真实地记录各种地上、地下建筑物、构筑物等情况的技术文件，是工程进行交工验收、维护、改建和扩建的依据，是国家的重要技术档案。

（四）工程造价对比分析

对控制工程造价所采取的措施、效果及其动态的变化需要认真地比较对比，总结经验教训。

三、竣工决算的编制

（一）竣工决算的编制依据

（1）经批准的可行性研究报告、投资估算书，初步设计或扩大初步设计，修正总概算及其批复文件。

（2）经批准的施工图设计及其施工图预算书。

（3）设计交底或图纸会审会议纪要。

（4）设计变更记录、施工记录或施工签证单及其他施工发生的费用记录。

（5）招标控制价，承包合同、工程结算等有关资料。

（6）竣工图及各种竣工验收资料。

（7）历年基建计划、历年财务决算及批复文件。

（8）设备、材料调价文件和调价记录。

（9）有关财务核算制度、办法和其他有关资料。

（二）竣工决算的编制步骤

（1）收集、整理和分析有关依据资料。

（2）清理各项债权、债务和结余物资。

（3）核实工程变动情况。

（4）编制建设工程竣工决算说明。

（5）填写竣工决算报表。

（6）做好工程造价对比分析。

（7）清理、装订好竣工图。

（8）上报主管部门审查存档。

四、新增资产价值的确认

（一）资产的分类

① 固定资产；②流动资产；③无形资产；④其他资产。

（二）新增资产价值的确定方法

1. 新增固定资产价值的确定

新增固定资产价值的计算是以独立发挥生产能力的单项工程为对象，单项工程竣工验收合格，正式移交生产或使用，即应计算新增固定资产价值。一次交付生产或使用的工程，应一次计算新增固定资产价值；分期分批交付生产或使用的工程，应分期分批计算新增固定资产价值。在计算时应注意以下几种情况：

（1）对于为了提高产品质量、改善劳动条件、节约材料消耗、保护环境而建设的附属辅助工程，只要全部建成，正式验收交付使用后就要计入新增固定资产价值。

（2）对于单项工程中不构成生产系统，但能独立发挥效益的非生产性项目，如住宅、食堂、医务所、托儿所、生活服务网点等，在建成交付使用后，也要计算新增固定资产价值。

（3）凡购置达到固定资产标准不需安装的设备、工器具，应在交付使用后计入新增固定资产价值。

（4）属于新增固定资产价值的其他投资，应随同受益工程交付使用的同时一并计入。

（5）交付使用财产的成本。

（6）共同费用的分摊方法

2. 新增流动资产价值的确定

① 货币性资金；②应收及预付款项；③短期投资包括股票、债券、基金；④存货。

3. 新增无形资产价值的确定

（1）无形资产的计价原则：

1）投资者按无形资产作为资本金或者合作条件投入时，按评估确认或合同协议约定的金额计价。

2）购入的无形资产，按照实际支付的价款计价。

3）企业自创并依法申请取得的，按开发过程中的实际支出计价。

4）企业接受捐赠的无形资产，按照发票账单所载金额或者同类无形资产市场价作价。

5）无形资产计价入账后，应在其有效使用期内分期摊销，即企业为无形资产支出的费用应在无形资产的有效期内得到及时补偿。

（2）无形资产的计价方法：

① 专利权的计价；②专有技术的计价；③商标权的计价；④土地使用权的计价。

五、保修费用的处理

（一）建设工程质量保证（保修）金的含义

建设工程质量保证（保修）金是指合同约定的从承包人的工程款中预留，用以保证在缺陷责任期内履行缺陷修复义务的资金。缺陷是指建设工程质量不符合工程建设强制标准、设计文件，以及承包合同的约定。缺陷责任期是承包人对已交付使用的合同工程承担合同约定的缺陷修复责任的期限。一般为六个月、十二个月或二十四个月，具体可由发、承包双方在合同中约定。

缺陷责任期及其计算：缺陷责任期从工程通过竣（交）工验收之日起计算。由于承包人原因导致工程无法按规定期限进行竣工验收的，期限责任期从实际通过竣（交）工验收之日起计算。由于发包人原因导致工程无法按规定期限竣（交）工验收的，在承包人提交竣（交）工验收报告 90 天后，工程自动进入缺陷责任期。

（二）工程质量保修范围和内容

发、承包双方在工程质量保修书中约定的建设工程的保修范围包括：地基基础工程、主体结构工程、屋面防水工程、有防水要求的卫生间、房间和外墙面的防渗漏，供热与供冷系统，电气管线、给排水管道、设备安装和装修工程，以及双方约定的其他项目。具体保修的内容，双方在工程质量保修书中约定。

（三）工程质量保证（保修）金的预留、使用及管理

1. 保证（保修）金的预留

在《建设工程质量保证金管理暂行办法》中规定：建设工程竣工结算后，发包人应按照合同约定及时向承包人支付工程结算价款并预留保证金。全部或者部分使用政府投资的建设项目，按工程价款结算总额 5%左右的比例预留保证金。

2. 保证（保修）金的使用及返还

发包人在使用过程中，发现已接收的工程存在新的缺陷或已修复的缺陷部位或部件又遭损坏的，监理人和承包人应共同查清缺陷和（或）损坏的原因。经查明属承包人原因造成的，应由承包人负责维修，并承担修复和查验的费用。如果承包人不维修也不承担费用，或承包人不能在合理时间内修复缺陷的，发包人可自行修复或委托其他人修复，所需费用可按合同约定在保证金中扣除，并由承包人承担违约责任。承包人维修并承担相应费用后，不免除对工程的一般损失赔偿责任。经查明属发包人原因造成的，发包人应承担修复和查验的费用，并支付承包人合理利润。经查明属他人原因造成的缺陷，发包人负责组织维修，承包人不承担费用，且发包人不得从保证金中扣除费用。

由于承包人原因造成某项缺陷或损坏使某项工程或工程设备不能按原定目标使用而需要

再次检查、检验和修复的，发包人有权要求承包人相应延长缺陷责任期，但缺陷责任期最长不超过 2 年。此延长的期限终止后 14 天内，由监理人向承包人出具经发包人签认的缺陷责任期终止证书，并退还剩余的质量保证金。

缺陷责任期内，承包人认真履行合同约定的责任，到期后，承包人向发包人申请返还保证金。发包人在接到承包人返还保证金申请后，应于 14 日内会同承包人按照会同约定的内容进行核实。如无异议，发包人应当在核实后 14 日内将保证金返还承包人，逾期支付的，从逾期之日起，按照同期银行贷款利率计付利息，并承担违约责任。发包人在接到承包人返还保证金申请后 14 日内不予答复，经催告后 14 日内仍不予答复，视同认可承包商的返还保证金申请。如果承包人没有认真履行合同约定的保修责任，则发包人可以按照合同约定扣除保证金，并要求承包人赔偿相应的损失。

3. 保证（保修）金的管理

缺陷责任期内，实行国库集中支付的政府投资项目，保证金的管理应按国库集中支付的有关规定执行。其他政府投资项目，保证金可以预留在财政部门或发包方。缺陷责任期内，如发包方被撤销，保证金随交付使用资产一并移交使用单位，由使用单位代行发包人职责。

习题精选

一、单项选择题

1. 建设项目竣工决算应包括(　　)的全部实际费用。

A. 从设计到竣工投产　　B. 从筹集到竣工投产

C. 从立项到竣工验收　　D. 从开工到竣工验收

2. 在大、中型建设项目竣工财务决算表中，属于资金来源的是(　　)。

A. 预付及应收款　　B. 待冲基建支出

C. 应收生产单位投资借款　　D. 拨付所属投资借款

3. 某建设项目，基建拨款为 3600 万元，项目资本金为 1600 万元，项目资本公积金 160 万元，基建借款 860 万元，待冲基建支出 360 万元，基本建设支出 2600 万元，应收生产单位投资借款 460 万元，则该项目结余资金为(　　)万元。

A. 3160　　B. 3980　　C. 3520　　D. 6580

4. 大、中型建设项目竣工决算报表中，反映建设项目从开工到竣工为止全部资金来源和资金运用情况的是(　　)。

A. 建设项目竣工财务决算审批表　　B. 建设项目概况表

C. 建设项目竣工财务决算表　　D. 建设项目交付使用资产总表

5. 在大、中型建设项目竣工财务决算表中，属于资金占用的是(　　)。

A. 企业债券资金　　B. 留成收入

C. 应收生产单位投资借款　　D. 待冲基建支出

6. 建设工程竣工图是工程进行竣工验收、维护改建和扩建的依据，负责在施工图上加盖“竣工图”专用章的单位是(　　)。

A. 设计人　　B. 发包人　　C. 承包人　　D. 监理人

7. 负责组织人员编写建设工程竣工决算的文件的责任单位是(　　)。
A. 建设单位　　B. 监理单位　　C. 施工单位　　D. 项目主管部门
8. 对于新增固定资产的土地征用费、勘察设计费等费用则按(　　)分摊。
A. 建筑工程造价　　B. 安装工程造价
C. 需安装设备价值总额　　D. 工程总造价
9. 某建设项目由甲、乙两个单项工程组成，其工程费用表如表 7.6.1 所示。若项目总勘察设计费为 100 万元，则乙工程应分摊的勘察设计费为(　　)万元。

表 7.6.1　某建设项目工程费用表

单项工程	建筑工程费（万元）	安装工程费（万元）	需安装设备价值（万元）
甲	3500	500	2000
乙	1500	300	1200

A. 30.0　　B. 31.0　　C. 33.3　　D. 37.5
10. 土地征用费的分摊一般按(　　)比例分摊。
A. 建筑工程费　　B. 建筑、安装工程费用总额
C. 建安工程费和需安装设备价值总额　　D 工程费用总额
11. 某建设项目由甲、乙两个单项工程组成，其工程费用表如表 7.6.1 所示。若项目建设单位管理费为 300 万元，则乙工程应分摊的建设单位管理费为(　　)万元。
A. 90.0　　B. 93.1　　C. 100.0　　D. 112.5
12. 关于新增固定资产价值计算的说法，正确的是(　　)。
A. 为了保护环境而正在建设的附属辅助工程计入新增固定资产价值
B. 不构成生产系统但能独立发挥效益的非生产性项目在交付使用后计入新增固定资产价值
C. 达到固定资产标准不需安装的设备、工器具在购买后计入新增固定资产价值
D. 分批交付生产的工程，应待全部交付完毕后一次计入新增固定资产价值
13. 某项目的建筑工程费、需安装的设备费、安装工程费分别为 1000 万元、1200 万元和 300 万元，土地征用费是 40 万元。某车间的建筑工程费、需安装的设备费以及安装工程费分别为 600 万元、600 万元和 100 万元，则该车间应分摊的土地征用费是(　　)万元。
A. 32.0　　B. 25.5　　C. 24.0　　D. 20.0
14. 关于无形资产计价方法的说法，正确的是(　　)。
A. 专利权是具有独立性并能带来超额利润的生产要素，故其价值应按评估价格计算
B. 自创非专利技术的价值应按自创过程中发生的费用作为无形资产入账计价
C. 购买的非专利技术价值，应按其能产生的收益采用收益法进行估价计算
D. 自创的商标权应将商标设计、制作费用作为无形资产入账
15. 新增固定资产价值的计算对象是(　　)。
A. 独立专业的单位工程　　B. 独立施工的专业工程
C. 独立发挥生产能力的单项工程　　D. 独立设计的单位工程
16. 关于共同费用分摊应计入新增固定资产价值的说法，正确的是(　　)。
A. 建设单位管理费按建筑、安装工程造价总额做比例分摊
B. 勘察设计费按按建筑、安装工程及需安装设备价值总额做比例分摊

C. 土地征用费按建筑工程造价做比例分摊

D. 土地使用权出让金按建筑、安装工程造价总额做比例分摊

17. 工程竣工后，由于洪水等不可抗力造成的损坏，承担保修费用的单位是(　　)。

A. 施工单位　　B. 设计单位　　C. 建设单位　　D. 监理单位

18. 因建筑材料、建筑构配件和设备质量不合格引起的质量缺陷，属于承包单位采购的，承担经济责任的是(　　)。

A. 承包单位　　B. 验收单位　　C. 供应单位　　D. 设计单位

19. 因建筑材料、验收构配件和设备质量不合格引起的质量缺陷，属于发包人采购的，承担经济责任的是(　　)。

A. 验收单位　　B. 发包人　　C. 供应单位　　D. 设计单位

20. 缺陷责任期的开始起算日期是(　　)。

A. 工程完工之日　　B. 提交竣工验收申请之日

C. 通过竣工验收之日　　D. 通过竣工验收后 30 天

21. 由于发包人原因导致工程无法按规定期限进行竣工验收的，在承包人提交竣工验收报告(　　)天后，自动进入缺陷责任期。

A. 30　　B. 60　　C. 90　　D. 120

22. 全部或者部分使用政府投资的建设项目，预留保证金的比例一般为工程价款结算总额的(　　)。

A. 3%　　B. 5%　　C. 7%　　D. 10%

23. 关于保证金管理的说法，正确的是(　　)。

A. 地方政府投资的项目，保证金统一预留在建设单位

B. 社会投资项目预留保证金的，将保证金交由使用单位管理

C. 采用工程质量担保的，发包人可适当减少预留保证金的比例

D. 采用工程质量保修保险的，发包人不得再预留保证金

24. 某一全部使用政府投资的建设项目，工程价款结算总额为 6600 万元，则该工程的保证金一般为(　　)万元。

A. 396　　B. 198　　C. 330　　D. 660

25. 发包人在接到承包人返还保证金申请并核实后，应当将保证金返还承包人的期限是(　　)。

A. 7 日　　B. 14 日　　C. 28 日　　D. 30 日

26. 根据《建设工程质量管理条例》，下列有关建设工程的最低保修期限的规定，正确的是(　　)。

A. 地基基础工程为 30 年

B. 屋面防水工程的防渗漏为 3 年

C. 供热与供冷系统为 2 个采暖期和供热期

D. 设备安装和装修工程为 1 年

二、多项选择题

1. 竣工决算由(　　)等部分组成。

A. 竣工财务决算说明书　　B. 竣工财务决算报表

C. 工程竣工图
D. 工程竣工造价对比分析
E. 竣工验收报告

2. 竣工决算的费用组成应包括(　　)。
A. 建筑安装工程费
B. 设备、工具及器具购置费
C. 预备费
D. 铺底流动资金
E. 项目营运费用

3. 大、中型建设项目竣工决算报表包括(　　)。
A. 建设项目交付使用资产明细表
B. 建设项目概况表
C. 建设项目竣工财务决算表
D. 建设项目交付使用资产总表
E. 建设项目竣工财务决算总表

4. 关于竣工图的说法，正确的有(　　)。
A. 原设计施工图竣工没有变动的，由施工单位加盖“竣工图”标志后即作为竣工图
B. 原图虽有一般设计变更，但能将原施工图加以修改作为竣工图的，可不重新绘制竣工图
C. 原图有结构形式的重大变更，应由原设计单位在其上修改、补充后作为竣工图
D. 为了满足竣工验收和竣工决算需要，应绘制反映竣工工程全部内容的工程设计平面示意图
E. 竣工图是工程进行竣工验收、维护改建和扩建的依据，是工程的重要技术档案

5. 在工程竣工决算的实际工作中，工程造价比较分析应分析以下(　　)内容。
A. 主要实物工程量
B. 采取的施工方案和措施
C. 考核建筑及安装工程费等执行情况
D. 主要设备材料的价格
E. 主要人工消耗量

6. 竣工决算的编制依据包括(　　)。
A. 批准的设计文件，以及批准的概（预）算或调整概（预）算文件
B. 招标控制价、承包合同及工程结算等
C. 设计变更、现场施工签证等建设过程中的文件及有关支付凭证
D. 竣工图及各种竣工验收资料
E. 竣工验收报告

7. 下列各项在新增固定资产价值计算时，应计入新增固定资产价值的有(　　)。
A. 在建的附属辅助工程
B. 单项工程中不构成生产系统，但能独立发挥效益的非生产性项目
C. 开办费、租入固定资产改良支出费
D. 凡购置达到固定资产标准不需要安装的工具、器具费用
E. 属于新增固定资产价值的其他投资

8. 对于新增固定资产的其他费用，一般情况下，建设单位管理费按(　　)之和做比例分摊。
A. 建筑工程费用
B. 安装工程费用
C. 工程建设其他费用
D. 预备费

E. 需安装设备价值总额

9. 关于无形资产计价的说法，正确的有(　　)。

A. 购入的无形资产，按实际支付的价款计价

B. 自创的专利权的价值为开发过程中的实际支出

C. 自创商标权价值，按照其设计、制作等费用作为无形资产价值

D. 外购非专利技术可通过收益法进行估价

E. 无偿划拨的土地使用权通常不能作为无形资产入账

10. 新增固定资产价值在计算时应注意的事项有(　　)。

A. 保护环境而建设的附属辅助工程，只要建设验收投入使用，就要计入新增固定资产价值

B. 不构成生产系统但能独立发挥效益的非生产性项目，不计算新增固定资产价值

C. 凡购置达到固定资产标准不需安装的设备、工器具，应在交付使用后计入新增固定资产价值

D. 属于新增固定资产价值的其他投资，应随同受益工程交付使用的同时一并计入

E. 分期分批交付生产或使用的工程，应分期分批计算新增固定资产价值

11. 关于交付使用财产的成本，下列计算正确的有(　　)。

A. 房屋、建筑物等固定资产的成本包括建筑工程成果和应分摊的待摊投资

B. 动力设备等固定资产的成本包括设备的采购成本、安装工程成本等建筑工程成本

C. 运输设备及其他不需要安装的设备等固定资产一般仅计算采购成本，不计分摊的“待摊投资”

D. 工具、器具、家具等固定资产一般仅计算采购成本，不计分摊的“待摊投资”

E. 管道、线路等固定资产的成本包括建筑工程成果和应分摊的待摊投资

12. 关于缺陷责任期的说法，正确的有(　　)。

A. 基础设施工程为 50 年，具体可由发、承包双方在合同中约定

B. 可以为 6 个月，具体可由发、承包双方在合同中约定

C. 可以为 12 个月，具体可由发、承包双方在合同中约定

D. 可以为 24 个月，具体可由发、承包双方在合同中约定

E. 可以为 5 年，具体可由发、承包双方在合同中约定

13. 关于缺陷责任期及其计算的说法，正确的有(　　)。

A. 发包人与承包人一般在签订合同的同时签订质量保修书，保修书明确约定缺陷责任期的期限

B. 缺陷责任期从工程通过竣（交）工验收之日起计算

C. 承包人原因导致工程无法按时竣工验收的，期限责任期从实际通过竣（交）工验收之日起计算

D. 发包人原因导致工程无法按时交工验收的，承包人提交竣工验收报告之日起计算

E. 不可抗力原因导致工程无法按时交工验收的，从承包人提交竣工验收报告之日起 7 天后计算

14. 关于缺陷责任期内的维修及费用承担的说法，正确的有(　　)。

A. 缺陷责任期内，由承包人原因造成的缺陷，承包人应负责维修，并承担鉴定及维修

费用

B. 承包人原因造成缺陷且其不愿意维修的，发包人可按合同约定扣除保证金

C. 承包人原因造成缺陷其维修并承担相应费用后，可免除对工程的一般损失赔偿责任

D. 由他人及不可抗力原因造成的缺陷，发包人负责维修，承包人不承担费用

E. 发、承包双方就缺陷责任有争议时，可以申请鉴定，承包方承担鉴定费用

参考答案

一、单项选择题

1. B	2. B	3. C	4. C	5. C	6. C	7. A	8. A	9. A	10. A
11. C	12. B	13. C	14. C	15. C	16. C	17. C	18. A	19. B	20. C
21. C	22. B	23. D	24. C	25. B	26. C				

二、多项选择题

1. ABCD	2. ABC	3. ABCD	4. ABDE	5. ABCD
6. ABCD	7. BDE	8. ABE	9. ABDE	10. ACDE
11. ACDE	12. BCD	13. ABC	14. ABD	

模拟试题一

一、单项选择题（共60题，每题1分，共60分。每题的备选答案中只有一个最符合题意）

1.《中华人民共和国建筑法》规定的建筑工程发包方式为(　　)。

A. 招标发包和邀请发包　　B. 公开招标和直接招标

C. 招标发包和直接发包　　D. 公开招标和邀请招标

2. 合同订立过程必须经过的程序是(　　)。

A. 担保和承诺　　B. 要约和担保　　C. 要约和承诺　　D. 承诺和公证

3. 根据《中华人民共和国合同法》的规定，关于要约和承诺的说法，正确的是(　　)。

A. 撤回要约的通知应当在要约到达受要约人之后到达受要约人

B. 撤回承诺的通知应当在要约确定的承诺期限内到达要约人

C. 要约邀请是合同成立的必经过程

D. 承诺的内容应当与要约的内容一致

4. 关于建筑工程施工许可的说法，错误的是(　　)。

A. 建设资金已经落实

B. 按照国务院规定的权限和程序批准开工报告的建筑工程，不再领取施工许可证

C. 已办理建筑工程用地批准手续

D. 建设单位应当自领取施工许可证之日起2个月内开工

5.《中华人民共和国招标投标法》规定，编制投标文件的时间自招标文件出售之日起到投标人提交投标文件截止之日至，最短不得少于(　　)日。

A. 10　　B. 20　　C. 15　　D. 5

6. 保险合同的主体双方是(　　)。

A. 投保人和保险人　　B. 保险人和被保险人

C. 投保人和被保险人　　D. 保险人和保险收益人

7. 下列各项工作中，不属于一级造价工程师执业范围的是(　　)。

A. 工程经济纠纷的鉴定　　B. 招标文件的编制

C. 项目评价造价分析　　D. 工程设计概算的编制与审核

8. 当分部工程较大或较复杂时，可按材料种类、施工特点、施工程序、专业系统及类别等将其划分为若干(　　)。

A. 子分部工程　　B. 单位工程　　C. 分项工程　　D. 单项工程

9. 根据《建筑工程施工质量验收统一标准》(GB 50300—2013)的规定，下列属于分部工程的是(　　)。

A. 既有工厂的车间扩建工程　　B. 工业车间的设备安装工程

C. 房屋建筑的装饰装修工程　　D. 基础工程中的土方开挖工程

10. 根据《国务院关于投资体制改革的决定》的规定，对于采用直接投资和资本金注入方式的政府投资项目，除特殊情况外，政府主管部门不再审批(　　)。

A. 项目开工报告　　B. 项目初步设计

C. 项目建议书　　D. 项目可行性研究报告

11. 建设项目在开工建设之前要切实做好各项准备工作，其主要内容不包括(　　)。

A. 征地、拆迁、场地平整以及基坑开挖工作

B. 完成施工用水、电、通信、道路等接通工作

C. 组织招标选择工程监理单位、承包单位及设备、材料供应商

D. 准备必要的施工图纸

12. 根据《关于实行建设项目法人责任制的暂行规定》的规定，项目法人应在(　　)正式成立。

A. 项目建议书被批准后　　B. 项目施工图设计文件审查通过后

C. 项目可行性研究报告被批准后　　D. 项目初步设计文件被批准后

13. 某项目实施主体的项目管理不仅仅局限于项目勘察设计阶段，而且要延伸到项目的施工阶段和竣工验收阶段。该项目实施主体是(　　)。

A. 业主方　　B. 工程总承包方　　C. 设计方　　D. 施工方

14. 下列工程项目组织管理模式中，工程造价控制难度较大的模式是(　　)。

A. 总分包模式　　B. 平行承包模式

C. EPC 承包模式　　D. CM 承包模式

15. 下列工程项目管理组织机构形式中，容易形成多头领导的是(　　)。

A. 直线职能制和直线制　　B. 直线制和职能制

C. 职能制和矩阵制　　D. 矩阵制和直线职能制

16. 根据现行建设项目工程造价构成的相关规定，工程造价是指(　　)。

A. 为完成工程项目建造，生产性设备及配合工程安装设备的费用

B. 建设期内直接用于工程建造、设备购置及其安装的建设投资

C. 为完成工程项目建设，在建设期内投入全形成现金流出的全部费用

D. 在建设期预计或实际支出的建设费用

17. 按照住房城乡建设部、财政部《关于印发〈建筑安装工程费用项目组成〉的通知》(建标〔2013〕44 号)的规定，下列属于安装工程费的是(　　)。

A. 设备基础的费用　　B. 与设备相连的工作台的费用

C. 联合试运转费　　D. 金属结构工程费用

18. 建筑安装工程费用中的税金是指按照国家税法规定的应计入建筑安装工程造价内的(　　)。

A. 增值税　　B. 销项税额　　C. 进项税额　　D. 营业税金及附加

19. 某工厂采购一台国产非标准设备，制造厂生产该台设备所用材料费为 20 万元，加工费 2 万元，辅助材料费 4000 元，专用工具费 3000 元，废品损失费率为 10%，外购配套件费 5 万元，包装费 2000 元，利润率 7%，税金 4.5 万元，非标准设备设计费 2 万元，设备运杂费率 5%，该设备购置费为(　　)万元。

A. 38.43　　B. 40.72　　C. 40.35　　D. 38.78

20. 某进口设备FOB价为人民币1200万元，国际运费72万元，国际运输保险费用4.47万元，关税217万元，银行财务费6万元，外贸手续费19.15万元，增值税253.89万元，消费税率5%，则该设备的消费税为(　　)万元。

A. 78.60　　B. 74.67　　C. 79.93　　D. 93.29

21. 下列与建设用地有关的费用中，归农村集体经济组织所有的是(　　)。

A. 土地补偿费　　B. 青苗补偿费

C. 拆迁补偿费　　D. 新菜地开发建设基金

22. 关于工程建设其他费用的说法，正确的是(　　)。

A. 建设单位管理费一般按建筑安装工程费乘以相应费率计算

B. 改扩建项目的场地准备及临时设施费一般只计拆除清理费

C. 研究试验费包括新产品试制费

D. 不拥有产权的专用通信设施投资，列入城市基础设施建设费

23. 下列不属于基本预备费的是(　　)。

A. 局部地基处理增加的费用

B. 自然灾害造成的损失发生的费用

C. 超规超限设备运输增加的费用

D. 为鉴定工程质量所进行隐蔽工程剥离检查的修复费用

24. 已知某项目建筑安装工程费为2000万元，设备购置费3000万元，工程建设其他费1000万元，若基本预备费费率为10%，项目建设前期为2年，建设期为3年，各年投资计划额为：第一年完成投资20%，其余投资在后两年平均投入，年均价格上涨率为5%，则该项目建设期间价差预备费为(　　)万元。

A. 575.53　　B. 648.18　　C. 1311.02　　D. 752.73

25. 从工程费用计算角度分析，工程造价计价的顺序是(　　)。

A. 单位工程造价→分部分项工程造价→单项工程造价→建设项目总造价

B. 单位工程造价→单项工程造价→分部分项工程造价→建设项目总造价

C. 分部分项工程造价→单位工程造价→单项工程造价→建设项目总造价

D. 分部分项工程造价→单项工程造价→单位工程造价→建设项目总造价

26. 根据施工过程工时研究结果，与工人所担负的工作量大小无关的必需消耗时间是(　　)。

A. 基本工作时间　　B. 准备与结束工作时间

C. 辅助工作时间　　D. 多余工作时间

27. 在正常施工条件下，完成$10m^3$混凝土梁浇捣需4个基本用工、0.5个辅助用工、0.3个超运距用工，若人工幅度差系数为10%，则该梁混凝土浇捣预算定额人工消耗量为(　　)工日/$10m^3$。

A. 5.2　　B. 5.28　　C. 5.25　　D. 5.23

28. 若完成$1m^3$墙体砌筑工作的基本工时为0.5工日，辅助工作时间占工序作业时间的4%。准备与结束工作时间、不可避免的中断时间、休息时间分别占工作时间的6%、3%和12%，该工程时间定额为(　　)工日/m^3。

A. 0.659　　B. 0.608　　C. 0.629　　D. 0.581

29. 某出料容量750L的砂浆搅拌机，每一次循环工作中，运料、装料、搅拌、卸料、中断需要的时间分别为150s、40s、250s、50s、40s，运料和其他时间的交叠时间为50s，机械时间利用系数为0.8。该机械的台班产量定额为(　　)m^3/台班。

A. 29.79　　B. 32.60　　C. 36.00　　D. 39.27

30. 从甲、乙两地采购某工程材料，采购量及有关费用表如表1所示。该工程材料的材料单价为(　　)元/t。

表1　某工程材料采购量及其有关费用表

来源	采购量（t）	原价+运杂费（元/t）	运输损耗率（%）	采购及保管费率（%）
甲	600	260	1	3
乙	400	240		

A. 262.08　　B. 262.50　　C. 262.42　　D. 262.16

31. 某大型施工机械预算价格为5万元，机械耐用总台班为1250台班，检修周期数为4，一次检修费为2000元，维护费系数为60%，机上人工费和燃料动力费为60元/台班。不考虑残值和其他有关费用，则该机械台班单价为(　　)元/台班。

A. 112.80　　B. 110.24　　C. 107.68　　D. 52.80

32. 某施工企业生产工人占全员人数的80%，全员年平均开支企业管理费3000元，全年有效施工天数为250天，人工费占人材机费的比例为15%，人工单价为80元，则以人材机费为计算基础的企业管理费费率为(　　)。

A. 2.81%　　B. 1.80%　　C. 12%　　D. 18.75%

33. 某单项工程中，建筑安装工程费为2 000万元，价格指数为108%；设备工器具购置费为2 000万元，价格指数为102%；工程建设其他费用为250万元，价格指数为105%，则单项工程造价指数为(　　)。

A. 315.00%　　B. 105.26%　　C. 104.92%　　D. 105.00%

34. 在决策阶段影响工程造价的主要因素中，决定项目建设规模的环境因素包括(　　)。

A. 劳动力供应　　B. 原材料供应　　C. 资金供应　　D. 燃料动力供应

35. 下列各项中，属于工业建设项目在设计阶段影响工程造价的主要因素是(　　)。

A. 建设规模　　B. 技术方案　　C. 建设标准　　D. 工艺设计

36. 某地2019年拟建一年产30万吨化工产品的项目，建设期两年。根据调查，该地区2017年建设的年产10万吨相同产品的已建项目投资额为1亿元。生产能力指数为0.8，若2017年至2019年工程造价平均每年递增10%，则该拟建项目的静态投资为(　　)亿元。

A. 4.39　　B. 5.12　　C. 4.11　　D. 2.91

37. 按照单位实物工程量投资估算法，下列工程中，以每延长米投资乘以实物工程量计算建筑工程费用的是(　　)。

A. 土石方工程　　B. 矿井巷道衬砌工程

C. 路面铺设工程　　D. 工业窑炉砌筑

38. 某建设项目投产后，应付账款的最低周转天数为15天，预计年销售收入为12000万元，年经营成本9000万元，其中外购原材料、燃料及其他材料费为7200万元，则该项目的应付账款估算额为(　　)万元。

A. 500　　B. 300　　C. 375　　D. 125

39. 单位工程概算按其工作性质可分为单位建筑工程概算和单位设备及安装工程概算两类，下列属于单位设备及安装工程概算的是(　　)。

A. 通风、空调工程概算　　B. 工器具及生产家具购置费概算

C. 电气照明工程概算　　D. 特殊构筑物工程概算

40. 某桥式起重机净重 6t，设备安装费指标为 200 元/t，其中人工费为 60 元/t，则该桥式起重机安装费及其中的人工费为(　　)。

A. 840 元，260 元　　B. 1560 元，360 元

C. 1200 元，360 元　　D. 1200 元，840 元

41. 对设计单位而言，编制施工图预算的目的是(　　)。

A. 检验工程设计在经济上的合理性

B. 控制工程投资和合同价格

C. 进行工程投标和控制分包工程合同价格

D. 确定合同价款、拨付工程进度款及办理工程结算

42. 先计算汇总单位工程人材机费，再计算措施费、企业管理费、利润、规费和税金等，最后汇总单位工程预算造价的施工图预算编制方法是(　　)。

A. 综合单价法　　B. 清单计价法　　C. 工料单价法　　D. 实物量法

43. 政府投资建设某小学的教学楼，根据有关法律规定，其勘察设计合同估算价(　　)万元人民币以上必须招标。

A. 50　　B. 100　　C. 200　　D. 400

44.《中华人民共和国招标投标法》规定的招标方式是(　　)。

A. 公开招标、邀请招标和议标　　B. 公开招标和议标

C. 邀请招标和议标　　D. 公开招标和邀请招标

45. 大型项目投标文件编制和递交同样需要遵循投标保证金及投标有效期的有关规定，其中投标有效期一般为(　　)天。

A. 30　　B. 80　　C. 100　　D. 120

46. 甲、乙两家工程承包公司组成联合体，共同投标一个体育馆工程项目。由于时间紧迫，标书送出之后才商议签订联合投标协议。对此，评标委员会初审时应(　　)。

A. 通知甲或乙补充联合投标协议　　B. 按无效标处理

C. 通知甲补充联合投标协议　　D. 通知甲和乙补充联合投标协议

47.《建设工程施工合同（示范文本）》(GF-2017-0201) 由三部分组成，下列不属于其组成内容的是(　　)。

A. 合同协议书　　B. 通用合同条款

C. 专用合同条款　　D. 技术标准和要求

48. 根据《建设工程施工合同（示范文本）》(GF-2017-0201) 的规定，关于质量保证金的扣留的说法，正确的是(　　)。

A. 在支付的进度款中逐次扣留质量保证金时，质量保证金的计算基数不包括预付款的支付与扣回

B. 发包人累计扣留的质量保证金不得超过工程价款结算总额的5%

C. 工程项目竣工前，承包人已经提供履约担保的，发包人可同时预留工程质量保证金

D. 承包人提交的质量保证金保函不得超过工程价款结算总额的5%

49. 关于招标工程量清单编制的说法，正确的是(　　)。

A. 项目特征描述可采用详见××图集或××图号的方式

B. 暂估价用于支付可能发生也可能不发生的材料及专业工程

C. 暂估价是招标人考虑工程建设工程中不可预见、不能确定的因素而暂定的一笔费用

D. 编制计日工表格时，也可以不给出暂定数量

50. 在编制招标控制价的其他项目费时，若招标人要求对分包的专业工程进行总承包管理和协调，则总承包服务费的计算标准是(　　)。

A. 分部分项工程费的3%～5%

B. 分部分项工程费的1.5%

C. 分包的专业工程估算造价的3%～5%

D. 分包的专业工程估算造价的1.5%

51. 当施工中施工图纸或设计变更与招标工程量清单项目特征描述不一致时，发承包双方应(　　)。

A. 以设计图纸的项目特征确定综合单价

B. 以招标工程量清单的项目特征确定综合单价

C. 以招标人协商后确定的项目特征确定综合单价

D. 以实际施工的项目特征确定综合单价

52. 下列施工成本考核指标中，属于施工企业对项目成本考核的是(　　)。

A. 施工责任目标成本实际降低率　　B. 目标总成本降低率

C. 项目施工成本降低率　　D. 施工计划成本实际降低率

53. 已标价工程量清单中没有适用也没有类似于变更工程项目的，由(　　)根据变更工程资料、计量规则和计价办法、工程造价管理机构发布的信息（参考）价格和承包人报价浮动率，提出变更工程项目的单价或总价，并调整合同价款。

A. 发包人　　B. 监理人　　C. 承包人　　D. 设计人

54. 在现场签证的过程中，现场签证表中的对签证金额的复核由(　　)完成。

A. 监理工程师　　B. 承包人代表　　C. 造价工程师　　D. 发包人代表

55. 关于索赔的说法，正确的是(　　)。

A. 根据索赔的当事人不同，可将工程索赔分为承包人与发包人之间的索赔和总承包人与分包人之间的索赔

B. 由于发生不可抗力事件造成合同非正常终止，承包商不能因其遭受经济损失而提出索赔

C. 按索赔的目的和要求不同可将工程索赔分为工期索赔和质量索赔

D. 在建设工程分包合同履行过程中，索赔事件发生后，如果是发包人的原因所致，分包人可以向发包人索赔

56. 某工程项目总价值1000万元，合同工期为18个月，现承包人因建设条件发生变化需增加额外工程费用50万元，则承包方提出工期索赔为(　　)个月。

A. 1.5　　B. 0.9　　C. 1.2　　D. 3.6

57. 按照《建设工程工程量清单计价规范》(GB 50500—2013)中单价合同的计量的规定，发包人应在收到承包人计量报告后(　　)天内核实，并将核实计量结果通知承包人。发包人未在约定时间内进行核实的，承包人提交的计量报告中所列的工程量应视为承包人实际完成的工程量。

A. 10　　B. 15　　C. 14　　D. 7

58. 单项工程竣工结算一般由(　　)组成。

A. 建设项目竣工结算　　B. 单项工程竣工结算

C. 单位工程竣工结算　　D. 分部工程竣工结算

59. 因承包人违约解除合同时，发包人应在合同解除后(　　)天内核实合同解除时承包人已完成的全部合同价款以及按施工进度计划已运至现场的材料和工程设备货款，按合同约定核算承包人应支付的违约金以及造成损失的索赔金额，并将结果通知承包人。

A. 14　　B. 28　　C. 7　　D. 15

60. 某建设项目由甲、乙两个单项工程组成，其工程费用表如表 2 所示。若项目总勘察设计费为 100 万元，则乙工程应分摊的勘察设计费为(　　)万元。

表 2　某建设项目工程费用表

单项工程	建筑工程费（万元）	安装工程费（万元）	需安装设备价值（万元）
甲	3500	500	2000
乙	1500	300	1200

A. 30.0　　B. 31.0　　C. 33.3　　D. 37.5

二、多项选择题（共 20 题，每题 2 分，共 40 分。每题的备选答案中至少有 2 个或 2 个以上是正确的，至少有 1 个是错误的，选错 1 个选项本题不得分，每选对 1 个选项得 0.5 分）

1. 根据《中华人民共和国建筑法》的规定，关于建筑工程承包的说法，正确的有(　　)。

A. 承包单位应在其资质等级许可的业务范围内承揽工程

B. 大型建筑工程可由两个以上的承包单位联合共同承包

C. 除总承包合同约定的分包外，工程分包须经建设单位认可

D. 总承包单位就分包工程对建设单位不承担连带责任

E. 分包单位可将其分包的工程再分包

2. 属于效力待定合同情形的包括(　　)。

A. 限制民事行为能力订立的合同　　B. 无权代理的行为人代订的合同

C. 滥用代理权的行为人代订的合同　　D. 与第三人恶意串通的代理人的合同

E. 合同双方的代理人为同一人签订的合同

3. 根据《中华人民共和国招标投标法》的规定，下列不符合开标程序的有(　　)。

A. 开标应当在招标文件确定的提交投标文件截止时间的同一时间公开

B. 开标由招标人主持，邀请中标人参加

C. 在招标文件规定的开标时间前收到的所有投标文件，开标时都应当当众予以拆封、宣读

D. 开标由招标办人员主持，邀请中标人参加

E. 开标过程应当记录，并存档备查

4. 建设项目按照项目的投资作用分类有(　　)。

A. 在建项目　　B. 非生产性建设工程项目

C. 筹建项目　　D. 投产项目

E. 生产性建设工程项目

5. 建设工程采用平行承包模式时，建设单位控制工程造价难度大的原因有(　　)。

A. 合同价值小，建设单位选择承包单位的范围小

B. 合同数量多，组织协调工作量大

C. 总合同价不易在短期内确定，影响造价控制的实施

D. 建设周期长，增加时间成本

E. 工程招标任务量大，需控制多项合同价格

6. 建设投资由(　　)构成。

A. 流动资金　　B. 工程建设其他费用

C. 预备费　　D. 铺底流动资金

E. 工程费用

7. 在计算夜间施工增加费时，通常应包括(　　)内容。

A. 临时可移动照明灯具的设置、拆除费用

B. 夜间施工时，施工现场安全标牌的设置费用

C. 施工人员夜班补助

D. 夜间施工劳动效率降低费用

E. 在地下室等特殊施工部位施工所采用照明设备的维护费用

8. 关于建设用地费的说法，正确的有(　　)。

A. 建设用地若通过划拨方式取得，则须承担征地补偿费用和对原用地单位或个人的拆迁补偿费用

B. 拆迁补偿的方式可以实行货币补偿，也可以实行房屋产权调换

C. 被拆迁人或者房屋承租人使用拆迁人提供的周转房时，拆迁人可支付部分临时安置补助费

D. 在有偿出让和转让土地时，政府对地价不做统一规定

E. 通过出让方式获取国有土地使用权的，土地使用者每年应按规定的标准缴纳土地使用费

9. 预算定额的编制原则包括(　　)。

A. 定性与定量分析相结合的原则　　B. 社会平均水平的原则

C. 合理确定定额水平原则　　D. 静态与动态相结合的原则

E. 简明适用的原则

10. 下列材料单价的构成费用，包含在采购及保管费中进行计算的有(　　)。

A. 运杂费　　B. 仓储费

C. 工地保管费　　D. 运输损耗费

E. 仓储损耗

11. 在确定机械台班定额消耗量时，所需要的基础数据包括(　　)。

A. 机械 1h 纯工作正常生产率

B. 基本工作时间

C. 辅助工作时间

D. 施工机械的时间利用系数

E. 工作班延续时间

12. 关于建设项目可行性研究与工程造价的关系的说法，正确的有(　　)。

A. 项目可行性研究结论的正确性是项目工程造价合理性的前提

B. 项目的工程造价是决定项目可行性研究内容的基础

C. 工程造价高低、投资多少也影响可行性研究结论

D. 投资估算的精确度依赖于项目可行性研究的深度

E. 工程造价的控制效果依赖于项目可行性研究的深度

13. 在按形成资产法估算建设投资时，工程费用形成固定资产，工程建设其他费用可分别形成(　　)。

A. 固定资产

B. 流动资产

C. 无形资产

D. 其他资产

E. 速动资产

14. 采用三级预算编制形式的工程预算文件包括(　　)等内容。

A. 主要材料汇总表

B. 编制说明

C. 总预算表

D. 综合预算表

E. 单位工程预算表

15. 根据《中华人民共和国招标投标法》及有关规定，下列建设项目中，属于必须进行招标的项目范围的有(　　)。

A. 利用世界银行贷款新建水电站

B. 某市居民用水水库工程

C. 经济适用住房项目

D. 某市利用国有资金建的垃圾处理场

E. 某高校的图书馆改建工程

16. 根据《建设工程施工合同（示范文本）》的规定，在履行合同过程中，由于(　　)原因造成工期延误和（或）增加费用的，承包人有权要求发包人延长工期和（或）增加费用，并支付合理利润。

A. 发包人未能按合同约定提供图纸的

B. 发包人未能按合同约定提供施工现场、基础资料、许可、批准等开工条件的

C. 发包人未能按合同约定日期支付工程预付款的

D. 异常恶劣的气候条件

E. 分包商质量问题返工

17. 投标人在确定分部分项工程项目综合单价时，应(　　)。

A. 以招标工程量清单项目特征描述为依据

B. 以设计图纸描述的项目特征为依据

C. 以实际施工的项目特征为依据

D. 考虑招标文件中要求投标人承担的风险费用

E. 根据企业的实际消耗量水平，自主报价

18. 现场签证是指由(　　)与承包人现场代表就施工过程中涉及的责任事件所做的签认证明。

A. 发包人现场代表　　B. 授权的工程监理人

C. 授权的工程造价咨询人　　D. 设计单位

E. 授权的承包人

19. 在承包人向发包人索赔时，现场管理费包括承包人完成合同之外的额外工作以及由于发包人原因导致工期延期期间的现场管理费，主要包括(　　)。

A. 管理人员工资　　B. 办公费

C. 通信费　　D. 交通费

E. 财务管理费用

20. 竣工决算中，关于无形资产计价原则和方法的说法，正确的有(　　)。

A. 自创非专利技术的价值为开发过程中的实际支出

B. 专利权转让价格不按成本计价，而是按照其所能带来的超额收益计价

C. 无形资产计价入账后，应在有效使用期内分期摊销

D. 自创商标权的价值主要包括商标权的研制成本和交易成本

E. 当建设单位获得土地使用权是通过行政划拨时，土地使用权应按照支付的补偿费计入无形资产价值

参考答案

一、单项选择题

1. C	2. C	3. D	4. D	5. B	6. A	7. B	8. A	9. C	10. A
11. A	12. C	13. C	14. B	15. C	16. A	17. B	18. B	19. C	20. A
21. A	22. B	23. D	24. C	25. C	26. B	27. B	28. A	29. C	30. D
31. C	32. A	33. C	34. D	35. D	36. D	37. B	38. B	39. B	40. C
41. A	42. C	43. B	44. D	45. D	46. B	47. D	48. A	49. A	50. D
51. D	52. C	53. C	54. C	55. A	56. B	57. D	58. C	59. B	60. A

二、多项选择题

1. ABC	2. AB	3. BD	4. BE	5. CE
6. BCE	7. ABCD	8. BDE	9. BE	10. BCE
11. ADE	12. ACDE	13. ACD	14. BCDE	15. ABD
16. ABC	17. ADE	18. ABC	19. ABCD	20. BC

模拟试题二

一、单项选择题（共60题，每题1分，共60分。每题的备选答案中只有一个最符合题意）

1. 根据《中华人民共和国合同法》的规定，关于格式条款的说法，正确的是（　　）。

A. 对格式条款有两种以上解释的，应由非格式条款提供方负责解释

B. 对格式条款理解发生争议的，应按通常理解予以解释

C. 格式条款与非格式条款不一致的，应由非格式条款提供方确定争议解决方法

D. 就格式条款发生争议的，应由非格式条款提供方确定争议解决方法

2. 关于要约的说法，正确的是（　　）。

A. 要约到达受要约人时生效　　B. 要约人发出要约时要约生效

C. 招标文件到达时要约生效　　D. 投标文件发出时要约生效

3. 根据《中华人民共和国建筑法》的规定，获取施工许可证后因故不能按期开工的，建设单位应当申请延期，延期的规定是（　　）。

A. 以两次为限，每次不超过2个月　　B. 以两次为限，每次不超过3个月

C. 以三次为限，每次不超过2个月　　D. 以三次为限，每次不超过3个月

4. 根据《中华人民共和国招标投标法实施条例》的规定，对于采用两阶段招标的项目，投标人在第一阶段向招标人提交的文件是（　　）。

A. 不带报价的技术建议　　B. 带报价的技术建议

C. 不带报价的技术方案　　D. 带报价的技术方案

5. 根据《中华人民共和国招标投标法实施条例》的规定，招标文件中履约保证金不得超过中标合同金额的（　　）。

A. 10%　　B. 5%　　C. 2%　　D. 20%

6. 建筑工程一切险和安装工程一切险属于（　　）保险。

A. 财产保险　　B. 人身保险　　C. 第三者责任保险　　D. 强制保险

7. 甲级工程造价咨询企业中专职从事工程造价专业工作的人员和取得造价工程师注册证书的人员分别不少于（　　）人。

A. 20、10　　B. 16、8　　C. 12、6　　D. 16、6

8. 下列属于分部工程的是（　　）。

A. 既有工厂的车间扩建工程　　B. 工业车间的设备安装工程

C. 房屋建筑的装饰装修工程　　D. 基础工程中的土方开挖工程

9. 下列按照投资作用进行建设工程项目分类的是（　　）。

A. 生产型建设项目和非生产型建设项目

B. 限额以上和限额以下项目

C. 政府投资项目和非政府投资项目

D. 竞争性项目、基础性项目和公益性项目

10. 根据《国务院关于投资体制改革的决定》的规定，对于采用贷款贴息方式的政府投资项目，政府需要审批(　　)。

A. 项目建议书　　B. 可行性研究报告

C. 资金申请报告　　D. 工程概算

11. 建设项目在开工建设之前完成工程建设准备工作并具备工程开工条件后，由(　　)负责及时办理工程质量监督手续和施工许可证。

A. 建设单位　　B. 施工单位　　C. 监理单位　　D. 设计单位

12. 下列属于工程项目目标被动控制措施的是(　　)。

A. 跟踪目标实施情况，发现目标偏离时及时采取纠偏措施

B. 说明和揭示影响目标实现和计划实施的潜在风险因素

C. 制定必要的备用方案，以应对可能出现的影响目标实现的情况

D. 制定实施计划时，考虑影响目标实现和计划实施的不利因素

13. 建设工程项目管理的核心任务是(　　)。

A. 控制项目采购　　B. 控制项目目标

C. 控制项目风险　　D. 控制项目信息

14. 建设工程采用CM承包模式时，CM单位有代理型和非代理型两种。工程分包商的签约对象是(　　)。

A. 代理型为业主，非代理型为CM单位

B. 代理型为CM单位，非代理型为业主

C. 无论代理型或非代理型，均为业主

D. 无论代理型或非代理型，均为CM单位

15. 下列工程项目管理组织机构形式中，具有较大的机动性和灵活性，能够实现集权与分权的最优结合，但因有双重领导，容易产生扯皮现象的是(　　)。

A. 矩阵制　　B. 直线职能制　　C. 直线制　　D. 职能制

16. 根据我国现行建设项目总投资的构成，建设投资由(　　)三项费用构成。

A. 工程费用、建设期利息、预备费

B. 工程费用、建设期利息、流动资金

C. 工程费用、工程建设其他费用、预备费

D. 建筑安装工程费、设备及工器具购置费、工程建设其他费用

17. 按照住房城乡建设部、财政部《关于印发〈建筑安装工程费用项目组成〉的通知》(建标〔2013〕44号)的规定，人工费、材料费、施工机具使用费、企业管理费和利润包含在分部分项工程费、措施项目费和(　　)中。

A. 规费　　B. 其他项目费　　C. 税金　　D. 临时设施费

18. 下列不属于安全文明施工费计算基数的是(　　)。

A. 定额人工费与机械费之和

B. 定额分部分项工程量＋定额中可以计量的措施费

C. 定额人工费

D. 定额分部分项工程费＋定额措施项目费

19. 在国产非标准设备的原价的计算过程中，可以作为利润计算基数的是(　　)。

A. 包装费　　B. 增值税

C. 外购配套件费　　D. 非标准设备设计费

20. 在设备原价和设备运杂费中都可能包含的费用是(　　)。

A. 供销部门手续费　　B. 包装费

C. 车辆购置税　　D. 采购与仓库保管费

21. 已知工程费用为1000万元，建设单位管理费费率为15%，人工费用为200万元，则建设单位管理费为(　　)万元。

A. 30　　B. 60　　C. 100　　D. 150

22. 采用工程总承包方式发包的工程，其工程总承包管理费应从(　　)中支出。

A. 基本预备费　　B. 建设单位管理费

C. 建筑安装工程费　　D. 建设管理费

23. 下列属于联合试运转费中试运转支出的费用的是(　　)。

A. 试运转中暴露出来的设备缺陷处理费用

B. 单台设备的单机试运转费

C. 试运转中暴露出来的施工缺陷处理费用

D. 施工单位参加试运转人员的工资

24. 关于建设期利息概念的说法，正确的是(　　)。

A. 建设期利息是指项目在建设期发生的为工程项目筹措资金的融资费用及债务资金利息

B. 建设期利息是指项目在建设期发生的为工程项目筹措资金的债务资金利息

C. 建设期利息是指项目在计算期发生的为工程项目筹措资金的融资费用及债务资金利息

D. 建设期利息是指项目在计算期发生的为工程项目筹措资金的债务资金利息

25. 关于建设工程的分部组合计价的说法，正确的是(　　)。

A. 要求将建设项目细分到最基本的构造单元

B. 适用于没有具体图样和工程量清单的建设项目计价

C. 利用产出函数进行计价

D. 具有自上而下、由粗到细的计价组合特点

26. 以下建筑工程造价计价依据的分类中，属于按使用对象分类的是(　　)。

A. 计算分部分项工程人工、材料、机械台班消耗量及费用的依据

B. 计算建筑安装工程费的依据

C. 规范工程计价的依据

D. 规范建设单位（业主）和承包商双方计价行为的依据

27. 下列定额中，项目划分最细的计价定额是(　　)。

A. 预算定额　　B. 劳动定额　　C. 材料消耗定额　　D. 概算定额

28. 劳动定额的主要表现形式为时间定额，但同时也表现为产量定额，时间定额与产量定额的关系是(　　)。

A. 互为倒数　　B. 独立关系　　C. 正比关系　　D. 互为相反数

29. 在工人工作时间中，重砌质量不合格的墙体属于(　　)。

A. 辅助工作时间　　B. 不可避免中断时间

C. 违背劳动纪律损失时间　　D. 损失时间

30. 某材料自甲、乙两地采购，相关信息如表1所示，则其材料单价为(　　)元/t。

表1　某材料采购信息

供货地点	采购量（t）	原价（元/t）	运杂费（元/t）	运输损耗率（%）	采购保管费率（%）
甲	300	50	10	2	3
乙	200	55	8		

A. 63.80　　B. 63.83　　C. 64.26　　D. 64.30

31. 某施工机械设备司机2人，若年制度工作日为254天，年工作台班为250台班，人工日工资单价为80元，则该施工机械的台班人工费为(　　)元/台班。

A. 78.72　　B. 81.28　　C. 157.44　　D. 162.56

32. 某工程现场采用斗容量0.5m^3的挖掘机挖土，每一次循环时间为45s，每两次循环间有5s交叠时间，机械时间利用系数为0.85，则该机械的台班产量定额为(　　)m^3/台班。

A. 320　　B. 272　　C. 360　　D. 306

33. 某工程在建设期初和建设期第一年末实际发生的设备、工器具购置情况如表2所示。与建设期初相比，第一年末的设备、工器具价格指数为(　　)。

表2　某工程设备、工器具购置情况

时间	甲类设备		乙类设备		丙类设备		工器具	
	单价（万元/台）	数量（台）	单价（万元/台）	数量（台）	单价（万元/台）	数量（台）	单价（万元/台）	数量（台）
建设期初	100	5	75	7	50	10	8	60
第一年末	110	5	78	8	48	12	10	65

A. 98.02　　B. 108.11　　C. 110.72　　D. 119.70

34. 国家发展改革委、建设部2006年发布的《建设项目经济评价方法与参数》(第三版）规定：建设项目经济评价包括(　　)。

A. 财务评价和经济效果评价

B. 财务评价和社会评价

C. 财务分析和环境评价

D. 财务分析和区域经济与宏观经济影响分析

35. 一般在设计方案评价、比选时，应以(　　)为对象，通过主要技术经济指标的对比，确定合理的设计方案。

A. 建设项目　　B. 单位工程或子单位工程

C. 单位工程或分部分项工程　　D. 分部工程或子分部工程

36. 关于项目可行性研究阶段投资估算的作用的说法，错误的是(　　)。

A. 项目可行性研究阶段的投资估算是主管部门审批项目建议书的重要依据

B. 项目可行性研究阶段的投资估算是施工企业进行成本核算的重要依据

C. 项目可行性研究阶段的投资估算项目投资决策的重要依据

D. 项目可行性研究阶段的投资估算是设计阶段造价控制的重要依据

37. 关于投资估算生产能力指数法的说法，正确的是(　　)。

A. 一般情况下，生产能力指数得取值范围在 0～1.5 之间

B. 当拟建项目生产规模扩大主要依赖增大设备规模时，生产能力指数取值在 0.8～0.9 之间

C. 这种方法主要适用于投资与规模呈线性关系的类似项目

D. 若已建类似项目的生产规模与拟建项目生产规模相差不大，其比值在 0.5～2 之间，则指数的取值近似为 1

38. 已知某建设项目在达产后年经营成本为 600 万元，年营业费用为 200 万元，其中其他营业费用的比例为 15%，产成品的周转次数为 10 次，则产成品的估算值为(　　)万元。

A. 57　　B. 40　　C. 600　　D. 60

39. 按照国家有关规定，作为年度固定资产投资计划、计划投资总额及构成数额的编制和确定依据是(　　)。

A. 经批准的投资估算　　B. 经批准的设计概算

C. 经批准的施工图预算　　D. 经批准的工程决算

40. 下列各概算文件中，属于单项工程综合概算的是(　　)。

A. 特殊构筑物工程概算　　B. 场外工程（红线以外）概算

C. 一般土建工程概算　　D. 弱电工程概算

41. 在单位设备及安装工程概算编制方法中，综合吨位指标法通常适用于(　　)的安装工程概算。

A. 价格波动不大的定型产品和通用设备产品

B. 设备价格波动较大的非标准设备和引进设备

C. 初步设计较深，有详细的设备清单

D. 初步设计深度不够，设备清单不完备

42. ①了解施工组织设计和施工现场情况；②计算直接费；③套用定额预算单价；④列项并计算工程量；⑤按计价程序计取其他费用，并汇总工程造价；⑥复核；⑦工料分析；⑧主算主材费（未计价材料费）。以上有关施工图预算的编制工作中，其正确的编制步骤是(　　)。

A. ①④③②⑧⑦⑤⑥　　B. ①④③②⑦⑧⑤⑥

C. ①④③②⑦⑧⑥⑤　　D. ①④③②⑧⑦⑥⑤

43. 招标人通过媒体发布招标公告，或向符合条件的投标人发出招标文件，称为(　　)。

A. 要约　　B. 要约邀请　　C. 承诺　　D. 邀请

44. 国家发展和改革委员会规定，施工单项合同估算价在(　　)万元人民币以上的通信基础设施项目必须进行招标。

A. 100　　B. 200　　C. 250　　D. 400

45. 对于实行邀请招标方式的工程项目，招标人应当(　　)。

A. 在国家指定的媒体上发布招标公告

B. 向3家以上符合资质条件的投标人发出投标邀请书

C. 向5家以上符合资质条件的投标人发出投标邀请书

D. 向社会公众明示招标要求

46. 关于投标人行为的说法，正确的是(　　)。

A. 投标人可以低于成本价的报价竞标

B. 投标人应按照合同条款的要求编制投标文件

C. 投标人可与其他单位组成联合体，并以各自的身份投标

D. 投标人应制定在技术、工期和成本等方面对招标人有吸引力的施工方案

47. 在建设工程招投标活动中，在提交投标文件截止时间后到投标有效期终止之前，关于投标文件处理的说法，正确的是(　　)。

A. 投标人可以替换已提交的投标文件

B. 投标人可以补充已提交的投标文件

C. 招标人可以修改已提交的招标文件

D. 投标人撤回投标文件的，其投标保证金将被没收

48.《建设工程施工合同（示范文本)》通用合同条款规定，组成合同的各项文件应互相解释，互为说明。除专用合同条款另有约定外，下列文件中，解释合同文件的优先顺序靠前的是(　　)。

A. 投标函及其附　　　　B. 专用合同条款

C. 已标价工程量清单　　　　D. 技术标准和要求

49. 根据《建设工程施工合同（示范文本)》的规定，关于国家法律、法规、规章和政策发生变化影响合同价款的情形的说法，正确的是(　　)。

A. 对于实行招标的建设工程，一般以建设工程施工合同签订前的第28天作为基准日

B. 如果有关价格（如人工、材料和工程设备等价格）的变化已经包含在物价波动事件的调值公式中，则不再予以考虑

C. 如果由于承包人的原因导致的工期延误，在工程延误期间国家的法律、行政法规和相关政策发生变化引起工程造价变化的，造成合同价款增加的，合同价款应予调整

D. 如果由于承包人的原因导致的工期延误，在工程延误期间国家的法律、行政法规和相关政策发生变化引起工程造价变化的，造成合同价款减少的，合同价款不予调整

50. 下列措施项目中，应编制“总价措施项目清单与计价表”的是(　　)。

A. 脚手架工程　　　　B. 超高施工增加

C. 冬雨季施工　　　　D. 大型机械设备进出场及安拆

51. 进行工程量清单投标报价时，清单单位含量的含义是指(　　)。

A. 每一计量单位清单项目的分部分项工程量清单综合单价

B. 每一计量单位的清单项目所需的人工、材料、机械用量

C. 每一计量单位清单项目的分部分项工程的人工费、材料费与机械使用费

D. 每一计量单位的清单项目所分摊的工程内容的工程数量

52. 按照我国现有规定，成本计划后的成本管理的工作是(　　)。

A. 成本预测　　B. 成本分析　　C. 成本控制　　D. 成本考核

53. 如果工程变更项目出现承包人在工程量清单中填报的综合单价与发包人招标控制价或施工图预算价相应清单项目的综合单价偏差超过一定幅度，变更项目的综合单价可由双方协商调整，这个幅度一般为(　　)。

A. 5%　　B. 10%　　C. 15%　　D. 20%

54. 关于施工过程中的现场签证的说法，正确的是(　　)。

A. 发包人应按照现场签证内容计算价款，在竣工结算时一并支付

B. 没有计日工单价的现场签证，按承包商提出的价格计算并支付

C. 因发包人口头指令实施的现场签证事项，其发生的费用应由发包人承担

D. 经发包人授权的工程造价咨询人，可与承包人做现场签证

55. 关于施工合同履行过程中共同延误的处理原则的说法，正确的是(　　)。

A. 在初始延误发生作用期间，其他并发延误者按比例承担责任

B. 若初始延误者是承包人，则在其延误期内，承包人只能得到工期补偿

C. 若初始延误者是客观原因，则在其延误期内，承包人可得到经济补偿

D. 若初始延误者是发包人，则在其延误期内，承包人可得到经济补偿

56. 当施工机械停工导致费用索赔成立时，台班停滞费用正确的计算方法是(　　)。

A. 按照机械设备台班费计算

B. 按照台班费中的设备使用费计算

C. 自有设备按照台班折旧费计算

D. 租赁设备按照台班租金计算

57. 下列文件和资料中，可作为建设工程工程量计量依据的是(　　)。

A. 造价管理机构发布的调价文件　　B. 质量合格证书

C. 造价管理机构发布的价格信息　　D. 各种预付款支付凭证

58. 关于工程预付款的支付和扣回的说法，正确的是(　　)。

A. 预付款的比例原则上不低于合同金额的10%，不高于合同金额的20%

B. 在发出要求预付通知的14天后，承包人仍未收到预付款时，可以停止施工

C. 承发包双方签订合同后，发包人最晚应在开工日期前14天内支付预付款

D. 发包人应在预付款扣完后14天内一次性将全额预付款保函退给承包人

59. 某分项工程发包方提供的估计工程量1500m^3，合同中规定单价16元/m^3，实际工程量超过估计工程量10%时，调整单价，单价调为15元/m^3，实际经过业主计量确认的工程量为1800m^3，则该分项工程结算款为(　　)元。

A. 28650　　B. 27000　　C. 28800　　D. 28500

60. 某建设项目由甲、乙两个单项工程组成，其工程费用表如表3所示。若项目建设单位管理费为300万元，则乙工程应分摊的建设单位管理费为(　　)万元。

表3　某建设项目工程费用表

单项工程	建筑工程费（万元）	安装工程费（万元）	需安装设备价值（万元）
甲	3500	500	2000
乙	1500	300	1200

A. 90.0　　B. 93.1　　C. 100.0　　D. 112.5

二、多项选择题（共20题，每题2分，共40分。每题的备选答案中至少有2个或2个以上是正确的，至少有1个是错误的，选错1个选项本题不得分，每选对1个选项得0.5分）

1. 甲建设单位改建办公大楼，该工程由乙施工单位承建，根据《中华人民共和国建筑法》的有关规定，关于施工许可证的说法，正确的有（　　）。

A. 该改建工程无需领取施工许可证

B. 应由甲向建设行政主管部门申请领取施工许可证

C. 应由乙向建设行政主管部门申请领取施工许可证

D. 领取施工许可证前，建设资金必须全部到位

E. 领取施工许可证前，建设资金已经落实

2. 根据《中华人民共和国合同法》的规定，可变更或可撤销合同是指（　　）合同。

A. 恶意串通损害国家利益

B. 恶意串通损害集体利益

C. 因重大误解订立

D. 因重大过失造成对方财产损失

E. 订立合同时显失公平

3. 根据《中华人民共和国招标投标法》的规定，关于招标投标的说法，正确的有（　　）。

A. 招标分为公开招标、邀请招标和议标三种方式

B. 联合体中标后，联合体各方应分别与招标人签订合同

C. 招标人不得修改已发出的招标文件

D. 投标文件应当对招标文件提出的实质性要求和条件做出响应

E. 联合体各方应当共同与招标人签订合同，就中标项目向招标人承担连带责任

4. 以下属于单位工程的有（　　）。

A. 教学楼的主体工程　　B. 办公楼的土建工程

C. 住宅楼±0.000以下的工程　　D. 汽车组装车间的工艺设备安装工程

E. 某教学楼桩基工程

5. 建设工程项目采用Partnering模式的特点有（　　）。

A. Partnering协议是工程建设参与各方共同签署的协议

B. Partnering协议是工程合同文件的组成部分

C. Partnering模式需要工程建设参与各方高层管理者的参与

D. Partnering模式强调资源共享和风险分担

E. Partnering模式可以独立于其他承包模式而存在

6. 计算设备进口环节增值税时，作为计算基数的计税价格包括（　　）。

A. 外贸手续费　　B. 到岸价

C. 设备运杂费　　D. 关税

E. 消费税

7. 关于建筑安装工程造价中的税金的说法，正确的有（　　）。

A. 税金是指按照国家税法规定的应计入建筑安装工程造价内的进项税额

B. 采用一般计税方法时，建筑安装工程造价中不包含购买原材料所支付的进项税额

C. 年应税销售额超过 500 万元，但不经常发生应税行为的单位可选择适用简易计税方法计税

D. 一般纳税人以清包工方式提供的建筑服务，可以选择适用简易计税方法计税

E. 采用简易计税方法时，建筑安装工程造价中不包含购买原材料所支付的进项税额

8. 下列建设用地取得费用中，属于征地补偿费的有(　　)。

A. 土地补偿费

B. 安置补助费

C. 搬迁补助费

D. 土地管理费

E. 土地转让金

9. 下列定额测定方法中，主要用于测定材料净用量的有(　　)。

A. 现场技术测定法

B. 实验室试验法

C. 现场统计法

D. 理论计算法

E. 写实记录法

10. 在工人工作时间中，损失时间与产品生产无关，而与(　　)有关。

A. 工作内容

B. 施工组织的缺点

C. 某些偶然因素

D. 工作量的大小

E. 个人过失

11. 关于材料单价的构成和计算的说法，正确的有(　　)。

A. 材料单价指材料由其来源地运达工地仓库的入库价

B. 运输损耗指材料在场外运输装卸及施工现场内搬运发生的不可避免损耗

C. 采购及保管费包括组织材料检验、供应过程中发生的费用

D. 材料单价中包括材料仓储费和工地保管费

E. 材料生产成本的变动直接影响材料单价的波动

12. 在对设计方案进行评价、比选时，当参与对比的设计方案功能项目和水平不同时，应对之进行(　　)可比性换算，使之满足方案评价、比选的条件。

A. 需要可比

B. 费用消耗可比

C. 价格可比

D. 时间可比

E. 建设工期

13. 在可行性研究阶段的建筑工程费用估算中，单位建筑工程投资估算法可以进一步分为(　　)。

A. 单位容积价格法

B. 单位功能价格法

C. 单位实物工程量投资估算法

D. 概算指标投资估算法

E. 单位长度价格法

14. 设计概算可分为(　　)三级。

A. 分项工程概算

B. 分部工程概算

C. 单位工程概算

D. 单项工程综合概算

E. 建设项目总概算

15. 下列工程项目中，必须进行招标的有（　　）。
A. 使用预算资金200万元人民币以上的项目
B. 使用国有企业事业单位资金，并且该资金占控股或者主导地位的项目
C. A1级通用机场
D. 大型体育场馆
E. 国家特许的融资项目

16. 根据《建设工程施工合同（示范文本）》的规定，关于缺陷责任与保修的说法，错误的有（　　）。
A. 合同当事人应在专用合同条款约定缺陷责任期的具体期限，但该期限最长不超过12个月
B. 发包人有权要求承包人延长缺陷责任期，并应在原缺陷责任期届满前发出延长通知
C. 发包人累计扣留的质量保证金不得超过工程价款结算总额的3%
D. 发包人在退还质量保证金的同时按照中国人民银行发布的同期同类存款基准利率支付利息
E. 缺陷责任期届满，承包人仍应按合同约定的工程各部位保修年限承担保修义务

17. 关于暂估价的计算和填写的说法，正确的有（　　）。
A. 暂估价数量和拟用项目应结合工程量清单中的“暂估价表”予以补充说明
B. 材料暂估价应由招标人填写暂估单价，无须指出拟用于哪些清单项目
C. 工程设备暂估价不应纳入分部分项工程综合单价
D. 专业工程暂估价应分不同专业，列出明细表
E. 专业工程暂估价由招标人填写，并计入投标总价

18. 已标价工程量清单中没有适用也没有类似于变更工程项目的，由承包人根据（　　）提出变更工程项目的单价或总价，并应报发包人确认后调整。
A. 变更工程资料
B. 计量规则和计价办法
C. 工程造价管理机构发布的信息价格
D. 承包人报价浮动率
E. 发包人规定的浮动率

19. 按索赔事件的性质分类，索赔可分为（　　）。
A. 工程延误索赔
B. 加速施工索赔
C. 工程变更索赔
D. 合同终止索赔
E. 综合费用索赔

20. 竣工决算的费用组成应包括（　　）。
A. 建筑安装工程费
B. 设备、工具及器具购置费
C. 预备费
D. 铺底流动资金
E. 项目营运费用

参考答案

一、单项选择题

1. B	2. A	3. B	4. A	5. A	6. A	7. A	8. C	9. A	10. C
11. A	12. A	13. B	14. A	15. A	16. C	17. B	18. D	19. A	20. B

21. D	22. D	23. D	24. A	25. A	26. D	27. A	28. A	29. D	30. D
31. D	32. D	33. B	34. A	35. C	36. B	37. D	38. A	39. B	40. B
41. B	42. B	43. B	44. D	45. B	46. D	47. D	48. A	49. B	50. C
51. D	52. C	53. C	54. D	55. D	56. C	57. B	58. B	59. A	60. C

二、多项选择题

1. BE	2. CE	3. DE	4. BD	5. ACD
6. BDE	7. BCD	8. ABD	9. BD	10. BCE
11. CDE	12. ABCD	13. ABE	14. CDE	15. BC
16. AD	17. ADE	18. ABCD	19. ABCD	20. ABC

模拟试题三

一、单项选择题（共60题，每题1分，共60分。每题的备选答案中只有一个最符合题意）

1. 根据《中华人民共和国建筑法》的规定，在建的建筑工程因故中止施工的，建设单位应当自中止施工之日起(　　)个月内向发证机关报告。

A. 1　　B. 2　　C. 3　　D. 6

2. 合同成立的判断依据是(　　)是否生效。

A. 要约　　B. 承诺　　C. 要约邀请　　D. 投标书

3. 根据《中华人民共和国合同法》的规定，执行政府定价或政府指导价的合同时，对于逾期交付标的物的处置方式是(　　)。

A. 遇价格上涨时，按照原价格执行；价格下降时，按照新价格执行

B. 遇价格上涨时，按照新价格执行；价格下降时，按照原价格执行

C. 无论价格上涨或下降，均按照新价格执行

D. 无论价格上涨或下降，均按照原价格执行

4. 根据《中华人民共和国招标投标法》的规定，开标地点应为(　　)。

A. 招标人办公地点　　B. 招标文件中预先确定的地点

C. 政府指定的地点　　D. 招标代理机构办公地点

5. 根据《中华人民共和国招标投标法》的规定，下列不符合开标程序的是(　　)。

A. 开标应当在招标文件确定的提交投标文件截止时间的同一时间公开进行

B. 开标地点应当为招标文件中预先确定的地点

C. 开标由招标人主持，邀请部分投标人参加

D. 开标时都应当当众拆封、宣读投标文件

6. 建筑工程施工人员意外伤害保险属于(　　)保险。

A. 财产保险　　B. 人身保险　　C. 第三者责任保险　　D. 自愿保险

7. 工程造价咨询企业跨省、自治区、直辖市承接工程造价咨询业务的，应当到(　　)所在地省、自治区、直辖市人民政府建设主管部门备案。

A. 工程造价咨询企业注册　　B. 建设工程

C. 工程造价咨询企业分支机构注册　　D. 合同签订

8. 下列属于分部工程的是(　　)。

A. 房屋建筑的装饰装修工程　　B. 工业车间的设备安装工程

C. 既有工厂的车间扩建工程　　D. 基础工程中的土方开挖工程

9. 在项目组织方面，业主变自行管理模式为委托项目管理模式。由项目管理咨询公司作为业主代表或业主的延伸，根据其自身的资质、人才和经验，以系统和组织运作的手段和方法对项目进行管理。这体现了建设工程项目管理的(　　)发展趋势。

A. 信息化　　B. 国际化　　C. 集成化　　D. 规范化

10. 如果初步设计提出的总概算超过可行性研究报告总投资的(　　)以上或其他主要指标需要变更时，应说明原因和计算依据，并重新向原审批单位报批可行性研究报告。

A. 5%　　B. 10%　　C. 15%　　D. 20%

11. 根据《国务院关于投资体制改革的决定》的规定，特别重大的政府投资项目应实行(　　)制度。

A. 网上公示　　B. 专家评议　　C. 咨询论证　　D. 民众听证

12. 项目管理中成本控制、进度控制、质量控制之间是(　　)。

A. 相互矛盾的关系　　B. 相互统一的关系

C. 相互对立统一的关系　　D. 相互独立的关系

13. 在建设工程项目的决策和实施过程中，由于各阶段的任务和实施主体不同，构成了不同类型的项目管理。(　　)是全过程的项目管理，包括项目决策与实施阶段的各个环节。

A. 业主方项目管理　　B. 工程总承包方项目管理

C. 设计方项目管理　　D. 施工方项目管理

14. 关于 CM 承包模式的说法，正确的是(　　)。

A. CM 合同采用成本加酬金的计价方式

B. 分包合同由 CM 单位与分包单位签订

C. 总包与分包之间的差价归 CM 单位

D. 订立 CM 合同时需要一次确定施工合同总价

15. 下列工程项目管理组织机构形式中，易于实现统一指挥的是(　　)。

A. 矩阵制和职能制　　B. 直线制和直线职能制

C. 职能制和直线制　　D. 直线职能制和矩阵制

16. 项目建设期间用于项目的建设投资、建设期利息和流动资金的总和是(　　)。

A. 建设项目总投资　　B. 工程费用

C. 建筑安装工程费　　D. 建设投资

17. 下列属于安装工程费用的内容的是(　　)。

A. 各种炉窑的砌筑工程和金属结构工程的费用

B. 为施工而进行的场地平整，工程和水文地质勘察的费用

C. 环境绿化、美化等工作的费用

D. 为测定安装工程质量，对单台设备进行单机试运转、对系统设备进行系统联运无负荷试运转工作的调试费

18. 按照费用构成要素划分建筑安装工程费用项目，下列属于企业管理费的是(　　)。

A. 高空津贴

B. 工伤保险费

C. 建设单位委托检测机构对建筑安装物进行检测的费用

D. 地方教育附加

19. 用成本计算估价法计算国产非标准设备原价时，需要考虑的费用项目是(　　)。

A. 外购配套件费　　B. 供销部门手续费

C. 成品损失费及运输包装费　　D. 特殊设备安全监督检查费

20. 某项目进口一批工艺设备，其银行财务费为4万元，外贸手续费为19万元，关税税率为20%，增值税税率为16%，抵岸价为1774.9万元。该批设备无消费税和车辆购置税，则该批进口设备的到岸价格（CIF）为(　　)万元。

A. 745.57　　B. 1258.55　　C. 274.93　　D. 4837.84

21. 在取得土地使用权时，若有偿出让的土地在城市规划区内，则应支付的建设用地费包括(　　)。

A. 拆迁补偿费　　B. 拆迁补偿费+出让金

C. 征地补偿费　　D. 征地补偿费+出让金

22. 按照我国的现行规定，建设单位所需的临时设施维修费属于(　　)。

A. 基本预备费　　B. 措施费　　C. 企业管理费　　D. 工程建设其他费

23. 在国内建设项目投资构成中，超规超限设备运输增加的费用属于(　　)。

A. 设备及工器具购置费　　B. 基本预备费

C. 工程建设其他费　　D. 建筑安装工程费

24. 关于建设期利息的说法，错误的是(　　)。

A. 建设期利息要计入固定资产原值

B. 生产期利息要计入固定资产原值

C. 利用国外贷款时，建设期利息包括国外贷款银行收取的手续费、管理费、承诺费

D. 为工程项目筹措资金的融资费用要计入固定资产原值

25. 承包人在进行工程估价时使用定额反映的是(　　)。

A. 社会平均生产力水平　　B. 平均先进生产力水平

C. 该企业技术与管理水平　　D. 施工企业平均的技术与管理水平

26. 按定额的编制程序和用途分类，概算定额的编制对象是(　　)。

A. 单位工程　　B. 扩大的分项工程　　C. 分项工程　　D. 施工过程

27. 编制预算定额中的人工工日消耗量时，完成一定计量单位的分项工程或结构构件的各项工作过程的施工任务所必需消耗的技术工种用工是(　　)。

A. 其他用工　　B. 辅助用工　　C. 人工幅度差　　D. 基本用工

28. 某工种某一等级工人或工人小组在合理的劳动组织等施工条件下，在单位时间内完成合格产品的数量，被称为(　　)。

A. 时间定额　　B. 产量定额　　C. 工期定额　　D. 费用定额

29. 某瓦工班组15人，砌一砖半厚砖基础，需6天完成，砌筑砖基础的劳动定额为1.25工日/m^3，该班组完成的砌筑工程量是(　　)。

A. 112.5m^3/工日　　B. 90m^3/工日　　C. 80m^3/工日　　D. 72m^3/工日

30. 下列属于材料单价中运输损耗的是(　　)。

A. 采购费　　B. 材料在运输装卸过程中不可避免的损耗

C. 仓储损耗　　D. 仓储费

31. 某施工机械配操作人员3名，年制度工作日为250天，年工作台班为220台班，人工日工资单价为80元，则该施工机械的台班人工费为(　　)元。

A. 240.00　　B. 272.73　　C. 207.27　　D. 211.2

32. 某建设项目，计划购置甲、乙两种设备，基期计划采购数量分别为 3 台和 5 台，单价为 10 万元/台和 15 万元/台；报告期实际采购数量均为 4 台，单价为 12 万元/台和 16 万元/台。则该建设项目设备、工器具价格指数为(　　)。

A. 1.133　　B. 1.067　　C. 1.105　　D. 1.120

33. 下列属于单项价格指数的是(　　)。

A. 建设项目造价指数　　B. 设备、工器具价格指数

C. 建筑安装工程造价指数　　D. 工程建设其他费用指数

34. 在民用项目住宅建筑设计中，衡量单元组成、户型设计是否经济合理的指标是(　　)。

A. 结构面积系数　　B. 周长系数　　C. 建筑密度　　D. 占地面积

35. 下列必须进行经济效果评价的是(　　)。

A. 费用效益计算比较简单的项目　　B. 项目建设期和运营期比较短的项目

C. 不涉及进出口平衡的项目　　D. 市场不能有效配置资源的项目

36. 按照形成资产法编制建设投资估算表，下列可计入无形资产费用的是(　　)。

A. 非专利技术使用费　　B. 研究试验费

C. 引进技术和引进设备其他费　　D. 生产准备及开办费

37. 以拟建项目的主体工程费或主要设备为基数，以其他工程费与主体工程费或主要设备费的百分比为系数估算项目总投资的方法称为(　　)。

A. 类似项目对比法　　B. 系数估算法

C. 生产能力指数法　　D. 比例估算法

38. 某新建项目，建设期为 5 年，分年均衡进行贷款，第一年贷款 1000 万元，第二年贷款 2000 万元，第三年贷款 500 万元，年贷款利率为 6%，建设期间只计息不支付，则该项目第三年贷款利息为(　　)万元。

A. 204.11　　B. 243.60　　C. 345.00　　D. 355.91

39. 当工程项目由若干个单项工程组成时，单项工程综合概算中的内容应该包括(　　)。

A. 预备费　　B. 工程建设其他费用

C. 建安工程费　　D. 建设期贷款利息

40. 当设计文件提供的设备属于价格波动较大的非标准设备或者引进设备，且设备清单有设备出厂价、规格和设备质量时，编制设备安装工程费概算最适宜的方法是(　　)。

A. 预算单价法

B. 扩大单价法

C. 设备价值百分比法

D. 综合吨位指标法

41. 某地拟建一工程，与其类似的已完工程单方工程造价为 4500 元/m^2，其中人工费、材料费、施工机具使用费分别占工程造价的 15%、55%和 10%，拟建工程地区与类似工程地区人工费、材料费、施工机具使用费差异系数分别为 1.05、1.03 和 0.98，假定以人、材、机费用之和为基数取费，综合费率为 25%，则用类似工程预算法计算的拟建工程造价指标为(　　)元/m^2。

A. 3699.00　　B. 4599.00　　C. 4590.75　　D. 4623.75

42. 在用预算单价法编制施工图预算时，当分项工程的主要材料品种与预算单价或单位估价表中规定材料不一致时，应(   )。

A. 直接套用预算单价

B. 需要按实际使用材料的价格换算预算单价

C. 需要按实际使用材料的消耗量换算预算单价

D. 需要按实际使用材料的消耗量与价格换算预算单价

43. 根据《中华人民共和国招标投标法》的规定，可以不进行招标的项目是(   )。

A. 大型基础设施项目 B. 国家融资的项目

C. 使用专有技术的项目 D. 全部使用国有资金的项目

44. 根据《中华人民共和国招标投标法》及有关规定，下列说法正确的是(   )。

A. 公民个人投资的项目一律不需要招标

B. 施工单项合同估算价为500万元的项目都必须招标

C. 使用国际组织贷款的项目，如果规模标准达不到法定要求可以不招标

D. 所有总投资额在3000万元人民币以上的项目都必须招标

45. 下列各项工作中，属于资格审查与投标工作阶段的是(   )。

A. 编制资格预审文件 B. 发售招标文件

C. 投标文件初评 D. 发布资格预审公告

46. 甲、乙两个施工单位组成施工联合体投标某图书馆工程，甲为施工总承包一级资质，乙为施工总承包二级资质，则下列说法错误的是(   )。

A. 该施工联合体应按施工总承包二级资质确定等级

B. 如果该施工联合体中标，甲、乙应就各自承担的工程分别与建设单位签订合同

C. 如果该施工联合体中标，甲、乙应就中标项目向建设单位承担连带责任

D. 如果在合同履行过程中，乙破产，则甲应当承担原由乙承担的工程任务

47. 某施工企业投标一个城市基础设施项目，该企业报价为4000万元，则其应交的投标保证金最高数额为(   )万元。

A. 40 B. 150 C. 100 D. 80

48. 关于《建设工程施工合同（示范文本)》中有关合同价格和费用的说法，不正确的是(   )。

A. 签约合同价包括暂列金额

B. 合同价格是发包人和承包人在合同协议书中确定的总金额

C. 合同价格包括在履行合同过程中按合同约定进行的变更和调整

D. 费用是指为履行合同所发生的或将要发生的所有必需的开支，包括管理费和应分摊的其他费用，但不包括利润

49. 根据《建设工程施工合同（示范文本)》的规定，关于质量保证金扣留的说法，正确的是(   )。

A. 在支付的进度款中逐次扣留质量保证金时，质量保证金的计算基数不包括预付款的支付与扣回

B. 发包人累计扣留的质量保证金不得超过工程价款结算总额的5%

C. 工程项目竣工前，承包人已经提供履约担保的，发包人可同时预留工程质量保证金

D. 承包人提交的质量保证金保函不得超过工程价款结算总额的5%

50. 关于招标控制价及其编制的说法，正确的是(　　)。

A. 综合单价中包括应由招标人承担的风险费用

B. 招标人供应的材料，总承包服务费应按材料价值的1%计算

C. 措施项目费中的安全文明施工费可以作为竞争性费用

D. 招标文件提供暂估价的主要材料，其费用应计入其他项目清单费用

51. 当投标报价确定分部分项工程综合单价时，下列做法错误的是(　　)。

A. 当出现招标文件中分部分项工程量清单特征描述与设计图纸不符时，投标人应以分部分项工程量清单的项目特征描述为准，确定投标报价的综合单价

B. 承包人不应承担由于法律、法规、规章或有关政策出台导致工程税金、规费、人工发生变化而产生的风险

C. 招标文件中在其他项目清单中提供了暂估单价的材料，应按其暂估的单价计入分部分项工程量清单项目的综合单价中

D. 对于主要由市场价格波动导致的价格风险，一般采取的方式是承包人承担8%以内的材料价格风险，15%以内的施工机械使用费风险

52. 下列施工成本管理方法中，可用于施工成本分析的是(　　)。

A. 技术进步法　　B. 定率估算法　　C. 因素分析法　　D. 挣值分析法

53. 在工程变更引起的措施项目费调整中，若承包人未事先将拟实施的方案提交给发包人确认，则视为(　　)。

A. 按常规施工方案所引起的措施项目调整

B. 相应的措施项目费调整已经成立

C. 承包人放弃调整措施项目费的权利

D. 计算时无需考虑承包人报价浮动率

54. 发包人在收到承包人现场签证报告后的(　　)h内未确认也未提出修改意见的，视为承包人提交的现场签证报告已被发包人认可。

A. 24　　B. 28　　C. 56　　D. 48

55. 在建设工程分包合同履行过程中，索赔事件发生后，无论是发包人的原因还是总承包人的原因所致，分包人都只能向(　　)提出索赔要求。

A. 发包人　　B. 总承包人　　C. 监理人　　D. 咨询人

56. 承包人在工程施工期间，出现不可预见的地下水，按照索赔事件的性质分类，属于(　　)。

A. 合同终止的索赔　　B. 工程变更索赔

C. 不可抗力事件的索赔　　D. 不可预见的不利条件索赔

57. 根据《建设工程工程量清单计价规范》(GB 50500—2013）的规定，在具备施工条件的前提下，业主应在双方签订合同后的一个月内或不迟于约定的开工日期前的(　　)天内预付工程款。

A. 10　　B. 15　　C. 7　　D. 14

58. 承包人对发包人提出的工程造价咨询机构竣工结算审核意见有异议的，在接到该审核意见后(　　)天内，可以向有关工程造价管理机构或者有关行业组织申请调解，调解不成

的，可以依法申请仲裁或者向人民法院提起诉讼。

A. 28　　B. 30　　C. 14　　D. 15

59. 关于竣工结算支付，发包人签发竣工结算支付证书后的(　　)天内，按照竣工结算支付证书列明的金额向承包人支付结算款。

A. 14　　B. 28　　C. 7　　D. 15

60. 某项目的建筑工程费、需安装的设备费、安装工程费分别为1000万元、1200万元和300万元，土地征用费是40万元。某车间的建筑工程费、需安装的设备费以及安装工程费分别为600万元、600万元和100万元，则该车间应分摊的土地征用费是(　　)万元。

A. 32.0　　B. 25.5　　C. 24.0　　D. 20.0

二、多项选择题（共20题，每题2分，共40分。每题的备选答案中至少有2个或2个以上是正确的，至少有1个是错误的，选错1个选项本题不得分，每选对1个选项得0.5分）

1. 下列属于缔约过失责任构成条件的有(　　)。

A. 当事人有过错，若无过错，则不承担责任

B. 有损害后果的发生。若无损失，亦不承担责任

C. 当事人的过错行为与造成的损失有因果关系

D. 缔约过失责任发生在合同的履行过程中

E. 缔约过失责任发生于合同无效的缔约过程

2. 根据《中华人民共和国保险法》的规定，有下列(　　)情形之一的，除合同另有约定外，保险人应当降低保险费，并按日计算退还相应的保险费。

A. 据以确定保险费率的有关情况发生变化　B. 保险标的的危险程度明显减少的

C. 保险标的的保险价值明显减少的。　D. 保险人解除合同的

E. 被保险人解除合同的

3. 根据《工程造价咨询企业管理办法》的规定，甲级工程造价咨询企业的资质标准有(　　)。

A. 技术负责人从事工程造价专业工作15年以上

B. 注册造价工程师不少于10人

C. 企业注册资本不少于200万元

D. 专职从事工程造价专业工作的人员不少于12人

E. 注册造价工程师人数不低于出资人总数的60%

4. 重大项目和技术复杂项目，工程设计工作一般划分为(　　)。

A. 扩大初步设计阶段　B. 方案设计阶段

C. 初步设计阶段　D. 施工图设计阶段

E. 技术设计阶段

5. 关于强矩阵制组织形式的说法，正确的有(　　)。

A. 项目经理具有较大权限

B. 需要配备训练有素的协调人员

C. 项目组织成员绩效完全由项目经理考核

D. 适用于技术复杂且对时间紧迫的项目

E. 项目经理直接向最高领导负责

6. 按照住房城乡建设部、财政部《关于印发〈建筑安装工程费用项目组成〉的通知》(建标〔2013〕44号)的规定，下列属于建筑安装工程费中施工机械使用费的有(　　)。

A. 折旧费
B. 维护费
C. 校验费
D. 仪器仪表使用费
E. 机械操作人员的工资

7. 按照住房城乡建设部、财政部《关于印发〈建筑安装工程费用项目组成〉的通知》(建标〔2013〕44号)的规定，关于措施项目费的说法，错误的有(　　)。

A. 安全文明施工费包括临时设施费
B. 项目竣工验收后，对已完工程采取的必要保护措施所发生的费用属于措施项目费
C. 项目由于在高海拔地区施工而增加的费用属于措施项目费
D. 施工企业为进行大型机械设备安装所需的辅助设施所发生的费用不属于措施项目费
E. 施工企业为进行大型机械设备安装所需的试运转费属于措施项目费

8. 建设项目竣工验收前进行联合试运转，根据工程造价构成，应计入联合试运转费的有(　　)。

A. 单台设备试车费用
B. 试运转所需的原料、燃料和动力费用
C. 试运转所需的机械使用费
D. 施工单位参加联合试运转人员的工资
E. 系统设备联动无负荷试运转工作的调试费用

9. 关于概算定额与概算指标关系的说法，正确的有(　　)。

A. 概算定额以单位工程为对象，概算指标以单项工程为对象
B. 概算定额以预算定额为基础，概算指标主要来自各种预算和结算资料
C. 概算定额适用于初步设计阶段，概算指标不适用于初步设计阶段
D. 概算指标比概算定额更加综合与扩大
E. 概算定额是编制概算指标的依据

10. 在下列工人工作时间中，属于损失时间的有(　　)。

A. 多余和偶然工作时间
B. 休息时间
C. 施工本身造成的停工时间
D. 不可避免的中断时间
E. 违反劳动纪律的损失时间

11. 材料原价是指材料、工程设备的(　　)。

A. 出厂价格
B. 进口材料抵岸价
C. 商家供应价格
D. 进口材料到岸价
E. 材料单价

12. 在可行性研究阶段对建设期利息估算时，国外贷款利息应包括国外贷款银行根据贷款协议向贷款方以年利率方式收取的(　　)。

A. 手续费
B. 转贷费
C. 担保费
D. 管理费
E. 承诺费

13. 下列属于单位建筑工程概算的有(　　)。
A. 一般土建工程概算
B. 弱电工程概算
C. 特殊构筑物工程概算
D. 电气设备及安装工程概算
E. 工具、器具及生产家具购置费用概算
14. 施工图预算对投资方的作用主要表现在(　　)。
A. 根据施工图预算进行优化设计
B. 是确定工程招标控制价（或编制标底）的依据
C. 是控制造价及资金合理使用的依据
D. 作为拨付工程进度款及办理工程结算的依据
E. 是控制工程成本的依据
15. 下列工程项目中，必须进行招标的有(　　)。
A. 新能源基础设施项目
B. 抢险救灾工程
C. 采用专用技术作为施工主要技术的项目
D. 使用外国政府援助资金的项目
E. 供气、供热等市政工程项目
16. 关于联合体投标的说法，错误的有(　　)。
A. 联合体参加资格预审并获通过的，资格预审后联合体增减、更换成员的，其投标无效
B. 联合体各方必须指定牵头人，并应当向招标人提交由联合体成员牵头人签署的授权书
C. 联合体投标的，联合体各方必须指定牵头人，并必须以联合体牵头人的名义提交投标保证金
D. 联合体各方在同一招标项目中以自己名义单独投标或者参加其他联合体投标的，相关投标均无效
E. 联合体投标时，以联合体中牵头人名义提交的投标保证金，对联合体各成员具有约束力
17. 根据《建设工程工程量清单计价规范》(GB 50500—2013）的规定，招标控制价中，综合单价应考虑的风险因素包括(　　)。
A. 项目管理的复杂性
B. 项目的技术难度
C. 人工单价的市场变化
D. 材料价格的市场风险
E. 税金、规费的政策变化
18. 工程变更的范围和内容包括(　　)。
A. 取消合同中某一项工作转由发包人或其他人实施
B. 改变合同中任何一项工作的质量或其他特性
C. 改变合同工程的基线、标高、位置或尺寸
D. 改变合同中任何一项工作的施工时间或改变已批准的施工工艺或顺序
E. 为完成工程需要追加的额外工作

19. 按施工索赔的目的和要求可将索赔分为(　　)。

A. 地质变化索赔　　B. 加速施工索赔

C. 工期索赔　　D. 工程延误索赔

E. 费用索赔

20. 竣工决算由(　　)等部分组成。

A. 竣工财务决算说明书　　B. 竣工财务决算报表

C. 工程竣工图　　D. 工程竣工造价对比分析

E. 竣工验收报告

参考答案

一、单项选择题

1. A	2. B	3. A	4. B	5. C	6. B	7. B	8. A	9. C	10. B
11. B	12. C	13. A	14. A	15. B	16. A	17. D	18. D	19. A	20. B
21. B	22. D	23. B	24. B	25. C	26. B	27. D	28. B	29. D	30. B
31. B	32. D	33. D	34. A	35. D	36. A	37. B	38. A	39. C	40. D
41. B	42. B	43. C	44. C	45. B	46. B	47. D	48. B	49. A	50. B
51. D	52. C	53. C	54. D	55. B	56. D	57. C	58. B	59. A	60. C

二、多项选择题

1. ABC	2. ABC	3. ABE	4. CDE	5. ACDE
6. ABE	7. BD	8. BCD	9. BD	10. ACE
11. ABC	12. ADE	13. ABC	14. BCD	15. AD
16. BC	17. ABD	18. BCDE	19. CE	20. ABCD

参考文献

[1] 中华人民共和国住房和城乡建设部．工程造价术语标准：GB/T 50875—2013[S]. 北京：中国计划出版社，2013.
[2] 中华人民共和国住房和城乡建设部．建设工程工程量清单计价规范：GB 50500—2013[S]. 北京：中国计划出版社，2013.
[3] 中华人民共和国住房和城乡建设部．建设工程造价咨询规范：GB/T 51095—2015[S]. 北京：中国计划出版社，2015.
[4] 全国造价工程师执业资格考试培训教材编审委员会．建设工程计价[M]. 北京：中国计划出版社，2017.
[5] 全国造价工程师执业资格考试培训教材编审委员会．建设工程造价管理[M]. 北京：中国计划出版社，2017.
[6] 中国建设工程造价管理协会．建设项目全过程造价咨询规程[M]. 北京：中国计划出版社，2009.
[7] 中国建设工程造价管理协会．建设项目施工图预算编审规程[M]. 北京：中国计划出版社，2010.
[8] 中国建设工程造价管理协会．建设项目投资估算编审规程[M]. 北京：中国计划出版社，2007.
[9] 中国建设工程造价管理协会．建设项目设计概算编审规程[M]. 北京：中国计划出版社，2007.
[10] 中国建设工程造价管理协会．建设工程造价管理基础知识[M]. 北京：中国计划出版社，2014.
[11] 国家发展改革委、建设部．建设项目经济评价方法与参数[M]. 3 版．北京：中国计划出版社，2006.
[12] 马楠，张丽华．建筑工程预算与报价[M]. 北京：科学出版社，2010.
[13] 马楠，周和生，李宏欣．建设工程造价管理[M]. 2 版．北京：清华大学出版社，2012.
[14] 马楠．建设工程造价管理理论与实务[M]. 北京：中国计划出版社，2008.
[15] 郭倩娟．工程造价管理[M]. 北京：清华大学出版社，2015.